Aveux et désaveux d'un psychiatre

Du même auteur, chez le même éditeur

Famille, qu'apportes-tu à l'enfant ? Montréal : Éditions de l'Hôpital Sainte-Justine, 2001.

Du même auteur

Les groupes de jeunes inadaptés sociaux : rôle du jeune meneur. Paris : PUF, 1961.

L'enfant agressif (traduction). 2 tomes. F. Redl et D. Winman. Paris : Fleurus, 1964.

Les fonctions de l'éducateur spécialisé de jeunes inadaptés. Paris : PUF, 1968.

Psychopathologie juvénile. 2 tomes. Paris : Fleurus, 1973.

Le diagnostic en psychiatrie infantile. Paris : Fleurus, 1976.

J'ai mal à ma mère : approche thérapeutique du carencé relationnel. Paris : Fleurus, 1979. (nouv. éd. rev. en 1993)

L'éclosion psychique de l'être humain. Paris : Fleurus, 1983.

Les psychoses infantiles. 2 tomes. Paris : Fleurus, 1987.

De l'éducation spécialisée. (Avec M. Capul) Ramonville : Érès, 1996.

L'autisme aujourd'hui. Paris : Éditions Odile Jacob, 2004.

Michel Lemay

Aveux et désaveux d'un psychiatre

Dialogues

Éditions du CHU Sainte-Justine
Centre hospitalier universitaire mère-enfant

Catalogage avant publication de Bibliothèque et Archives Canada

Lemay, Michel

Aveux et désaveux d'un psychiatre : dialogues

Comprend des réf. bibliogr.

ISBN 2-89619-037-6

1. Enfants - Psychopathologie. 2. Enfants - Psychiatrie. 3. Psychiatrie - Pratique. 4. Lemay, Michel - Entretiens. I. Titre.

RJ499.L45 2006 618.92'89 C2005-942411-7

Illustration de la page couverture : Marc Mongeau

Maquette et infographie : Nicole Tétreault

Diffusion-Distribution au Québec : Prologue inc.
en France : CEDIF (diffusion) – Casteilla (distribution)
en Belgique et au Luxembourg : S.A. Vander
en Suisse : Servidis S.A.

Éditions du CHU Sainte-Justine
3175, chemin de la Côte-Sainte-Catherine
Montréal (Québec) H3T 1C5
Téléphone : (514) 345-4671
Télécopieur : (514) 345-4631
www.chu-sainte-justine.org/editions

ISBN 2-89619-037-6

Dépôt légal : Bibliothèque nationale du Québec, 2006
Bibliothèque nationale du Canada, 2006

Le masculin est utilisé pour désigner les deux sexes, sans discrimination, et dans le seul but d'alléger le texte.

Je dédie ce livre à tous ceux qui m'ont construit:
ma famille d'origine, mon épouse, mes enfants
et mes petits-enfants, mes enseignants, mes collègues
antérieurs et actuels, mes jeunes patients
et leurs familles qui ont finalement
constitué mes meilleurs professeurs.

Une vie professionnelle et personnelle,
c'est une histoire d'attachements et
de détachements nécessaires qui nous permet
de créer un petit espace de liberté
où on tente d'exprimer autant son amour
que son savoir sans jamais nier l'importance
du doute et de ses convictions.

Michel Lemay dialogue avec...

Claude Bilodeau, psychoéducateur et directeur de Boscoville.

Johanne Boivin, psychiatre au CHU Sainte-Justine.

Yvon Forget, psychiatre au CHU Sainte-Justine et psychanalyste.

Patricia Garel, psychiatre et chef du Département de psychiatrie du CHU Sainte-Justine.

Yvon Gauthier, psychiatre et psychanalyste. Il a longtemps été doyen de la Faculté de médecine de l'Université de Montréal.

Denis Lanctôt, travailleur social et psychologue.

Brigitte Leblanc, ergothérapeute. Elle est l'inspiratrice de ces dialogues avec Michel Lemay.

Jean Lemire, psychoéducateur. Il coordonne actuellement les services des soins spécialisés à l'enfance de la région de Joliette.

Suzanne Mineau, psychoéducatrice au CHU Sainte-Justine et à l'Hôpital Rivière-des-Prairies.

Sylvain Palardy, psychiatre au CHU Sainte-Justine et chef du Département de psychiatrie de l'Université de Montréal.

Michel Tousignant, professeur titulaire au Département de psychologie de l'Université du Québec à Montréal.

Table des matières

Avant-propos

J'ai eu la chance de rencontrer Michel Lemay et sa femme Édith lors d'une formation en psychodrame d'orientation analytique donnée par le couple en 1988. Je ne vous dirai pas mon âge, mais j'étais jeune et très impressionnée par les autres protagonistes, ces vieux thérapeutes de 40 ans ! En fait j'étais surtout impressionnée par les Lemay, chaleureuse et rieuse Édith, et par Michel, pour sa présence généreuse. Leur maison nous était ouverte pour pratiquer entre nous les techniques de psychodrame, techniques que nous allions observer par la suite auprès d'enfants de l'Hôpital Sainte-Justine ou du centre d'accueil La Clairière. Cet apprentissage nous permettait de participer par la suite aux jeux des enfants à travers le psychodrame.

Cet apprentissage fut intense, quelquefois difficile, souvent extraordinaire. Le docteur Lemay « supportait » toutes nos projections. Dans les jeux, il était tour à tour le père, le collègue, le conjoint.

Je l'ai observé devenir, avec les enfants, chien, monstre ou frère avec authenticité, engagement, et je vous l'avoue un talent certain d'acteur. Par la suite, j'ai vu le docteur Lemay soigner, enseigner, rédiger articles et livres, et donner des conférences, le tout avec autant de ferveur et de talent.

J'ai donc désiré un jour lui rendre hommage. J'ai pensé à un livre où il parlerait de façon plus personnelle de sujets comme la famille et dont le cadre serait l'interview. Sans le savoir, ce livre ressemblait à celui qu'il allait publier peu après aux Éditions de l'Hôpital Sainte Justine sous le titre *Famille, qu'apportes-tu à l'enfant ?* Je voulais surtout que l'argent récolté avec la vente de ce livre soit donné à une fondation qui porterait son nom et qui servirait à des projets en lien avec la pédopsychiatrie de Sainte-Justine.

Évidemment, j'aurais dû mieux connaître le docteur Lemay, qui a refusé que la fondation porte son nom. En blague, il m'a dit: «Je ne suis pas mort, voyons!» Mais il trouvait intéressant d'utiliser l'argent pour des projets particuliers comme, par exemple, du matériel pour les enfants autistes.

Il a lui même redessiné le projet. Son idée était de demander à plusieurs collègues et autres professionnels qu'il a côtoyés tout au long de sa pratique de plus de 40 années, d'échanger sur des sujets qui le touchaient: sujets de l'heure comme l'abus sexuel, la délinquance, mais aussi d'autres sujets comme la formation en pédopsychiatrie au Québec dont il pouvait plus facilement et librement parler ayant vécu diverses époques de la psychiatrie et ayant, on l'imagine, le recul nécessaire. Ce livre est donc devenu une série d'entretiens enregistrés puis retranscrits.

Ce qui me frappe le plus dans ces entretiens, en dehors des qualités de vulgarisateur du docteur Lemay tant dans ses livres que dans ses nombreuses conférences, c'est qu'il a fréquenté des clientèles nombreuses, diverses, complexes et aux défis multiples. Il a exploré avec enthousiasme des mondes exigeants, difficiles, même s'il n'avait pas toutes les réponses à ses questions et aux questions de l'époque. Il ne s'est jamais assis sur ses lauriers après avoir travaillé avec une de ces clientèles. Il a sans cesse relevé d'autres défis, pour tenter peut-être d'élucider certains de ses doutes.

Quand on lit ce livre, ce qui saute aux yeux chez Michel Lemay, c'est l'authenticité de sa démarche, son ouverture aux différents courants et son flair, celui d'aller chercher les points forts des différentes approches. En lisant, vous serez étonné de son cheminement peu orthodoxe: pédopsychiatre, éducateur, famille d'accueil en plus d'avoir eu 5 enfants! On peut dire de lui qu'il a un léger côté rebelle (ou hors normes) qui a dû lui servir avec certaines clientèles ou pour occuper certaines fonctions.

Michel Lemay a des prises de positions claires, que ce soit sur la trop grande fermeture des centres d'accueil ou sur l'importance d'une formation solide pour tous les intervenants en santé mentale.

Tout en prenant position, il a ce don de toujours nous montrer l'envers de la médaille. Le doute lui sied bien, loin du dogme, mais toujours près du cœur des enfants. Il donne des pistes de solutions (par exemple, le retour des petits centres d'accueil en lien avec les CLSC), parle de prévention, d'une société qui doit s'engager dans son ensemble pour trouver des solutions. Il nous redit l'importance d'un suivi avec le moins possible de brisures, suivi si nécessaire à long terme même si, à un moment donné, celui-ci se fait de façon plus sporadique. Il nous interpelle dans nos habitudes et nous invite à « déséquilibrer notre savoir ».

Les divers entretiens que vous allez lire forment chacun un petit livre que vous pouvez savourer en lui même. Certains se recoupent parce qu'il y a eu plusieurs intervieweurs et que des sujets en ont fait résonner d'autres.

En terminant je veux vous citer cet extrait qui représente bien la pensée de Michel Lemay : « La vie sans conflit est une illusion. Si on est pas un peu blessé, si on ne porte pas de cicatrices, on ne peut pas mobiliser ses anticorps psychiques pour se défendre. »

Merci docteur Lemay.

Brigitte Leblanc

C'est par une succession de rencontres qu'on se bâtit progressivement une identité professionnelle

Dialogue avec Brigitte LEBLANC

On ne peut comprendre un auteur que si on connaît les influences qui l'ont marqué.

Brigitte Leblanc, ergothérapeute et inspiratrice de ce regroupement de dialogues, s'entretient avec le docteur Michel Lemay sur ses rencontres successives et sur les livres qu'il a écrits comme des sortes de jalons de son parcours.

B.L. : Je veux aborder avec vous un vaste sujet, celui des influences qui ont modelé et guidé votre carrière. Quand je regarde votre parcours, je suis frappée par la diversité des rôles que vous avez joués dans votre vie. Vous avez été — et vous demeurez — éducateur, pédopsychiatre, directeur de centre, cofondateur de l'École des éducateurs spécialisés de Bretagne, psychodramaticien, professeur à la Faculté de médecine de l'Université de Montréal, conférencier sur plusieurs continents, auteur d'une dizaine de livres et de multiples articles. Et on ignore ce que l'avenir vous réserve ! Vous avez donc beaucoup de facilité à vous mettre en action. Je me demandais quel est le principal ou les principaux moteurs qui expliquent chez vous cette facilité. S'agit-il de la soif de savoir, de la curiosité devant l'inconnu, d'une certaine éducation altruiste, du doute, du manque ? Pouvez-vous nous en parler ?

M.L. : C'est difficile de répondre à cela. Je ne connais pas tous les moteurs en cause, cependant il y a certainement l'attirance du doute. Cette caractéristique, je la mettrais en premier. S'il y a une chose que je déteste, c'est de rencontrer quelqu'un qui dit « Je sais. » Je me méfie de toutes les écoles de pensée tout en les trouvant nécessaires. En France, on m'a souvent proposé de m'inscrire à l'Institut de psychanalyse et j'ai refusé. Non pas que je considère la psychanalyse comme problématique, au contraire, elle est passionnante, mais les instituts me paraissent des organismes figés. De même, j'ai refusé de créer ici un institut de psychodrame, malgré les sollicitations, y compris de votre part !

B.L. : Vous êtes donc hérissé par tout ce qui est dogme, tout ce qui est rigide ?

M.L. : Ce qui est dogme ne m'intéresse pas, c'est de l'acquis ou cela risque d'être considéré comme acquis. C'est dans l'absence de certitudes que je trouve la vitalité.

B.L. : Vous parlez du doute, mais le manque, l'avez-vous rencontré ?

M.L. : Oui, très fortement. D'ailleurs, tous les ouvrages que j'ai écrits étaient des tentatives pour combler un manque. Cela est très clair pour moi.

B.L. : Vous avez écrit vos premiers ouvrages dans les années 60. Ils étaient consacrés aux éducateurs et aux groupes d'enfants inadaptés. Vous avez repris ce thème plus tard avec Maurice Capul, en 1996, dans le livre *De l'éducation spécialisée*. Qu'est-ce qui vous a poussé vers ce métier d'éducateur ? On sent dans vos écrits un grand respect pour cette profession et pour la difficulté d'exercer ce métier.

M.L. : C'est une longue histoire et elle a démarré très tôt. Cela m'amène à parler de mon enfance, somme toute assez banale. Je vivais dans une famille unie, avec deux sœurs aînées. Ma mère (je le réalise en ce moment même) aimait bien manier le doute et elle soulignait souvent à quel point il est intéressant de ne pas trop croire ou savoir, pour aller voir plus loin ce qui apparaît. J'ai été un enfant de la guerre et cette guerre a sûrement joué un rôle par rapport à l'incertitude. Nous ignorions si nous allions vivre le lendemain, nous étions dans une ville où il y avait souvent des alertes et des bombardements. Le lendemain d'un bombardement, en classe, on se comptait pour voir s'il n'y avait pas d'absents. À deux reprises, il y en a eu et ces disparitions nous amenaient à nous demander qui serait le suivant. C'est dans cette atmosphère que, vers la fin de la guerre, en 1945, j'ai commencé à m'intégrer au scoutisme. Cela allait constituer une étape importante pour moi, à la fois parce que cela m'offrait la possibilité de vivre des aventures et d'échapper à l'école, qui ne m'intéressait pas du tout. Je trouvais les cours ennuyeux et répétitifs.

B.L. : Vous remettiez déjà en question ce qui était établi.

M.L. : On nous présentait les choses comme des faits acquis et, en dehors du français qui me passionnait, je m'ennuyais comme la pluie à faire du latin, du grec ou des mathématiques. Avec le scoutisme, je découvrais l'autre. À 14 ans, je suis parti en Bretagne faire un camp dans un centre qui s'appelait Kergoat. Ce centre regroupait des enfants en difficulté d'adaptation sociale. Comme il avait été créé pendant la guerre, les pères étaient absents et des familles entières avaient disparu dans les bombardements. Des bandes d'enfants erraient dans les rues. Des personnes engagées, sur le plan social, les regroupaient dans des établissements et Kergoat était l'un d'eux.

Nous sommes arrivés là un soir, les lieux étaient sordides. Pour ce qui est des locaux, il y avait de vieux baraquements, à peu près sans lumière, qui faisaient office de dortoirs et de salles de jeu, le tout au milieu des bois.

Dans ce cadre, j'ai pourtant découvert beaucoup de joies et beaucoup de chants. J'ai aussi rencontré pour la première fois Paul Lelièvre, un homme qui a eu sur moi une influence très forte au point de vue de l'identification. Paul était éducateur, il avait 21 ans et c'est lui qui dirigeait ce centre de 70 gamins.

B.L. : Incroyable !

M.L. : En réalité, ce centre avait été dirigé deux ans auparavant par un homme plus âgé, qui s'appelait Georges Bessis et qui faisait de la résistance. Il avait caché quelques Juifs, il avait été repéré par les nazis, qui l'avaient envoyé en camp de concentration où il est mort. Paul, malgré son âge, n'avait pas le choix et il a pris la succession. Je n'ai vécu que deux jours dans cet établissement. J'ai joué un peu avec les enfants, j'ai rencontré ce jeune homme, d'ailleurs assez distant à mon égard lors de ce premier contact, et ce fut le déclic. Je devins convaincu que moi aussi, je travaillerais dans cette direction.

B.L. : Quelle fut la cause de ce déclic ? La souffrance personnelle de ces jeunes ? Le choc par rapport à votre éducation ? Les valeurs du scoutisme ?

M.L. : Les valeurs défendues par le scoutisme ont sûrement joué un rôle déterminant pour moi, mais aussi la convivialité étonnante qui existait dans cette maison, ma soif d'aventure, mon besoin de m'identifier à une personne un peu extraordinaire. En tout cas, j'ai fait le choix, à ce moment-là, non pas d'être nécessairement éducateur, mais de m'occuper de jeunes en difficulté. J'ai continué mes études, tout en ayant envie de les arrêter. Puis, dès la fin de mon secondaire, je suis parti me présenter à une autre personne, Jacques Guyomach, qui dirigeait un centre du nom de La Prévalaye. Il m'a accepté tout de suite et j'ai commencé à y travailler comme éducateur.

Mon père et ma mère n'étaient pas d'accord pour que j'arrête mes études et voilà que, quelques mois plus tard, je rencontrais une autre personne fascinante, Henri Joubrel. Il était avocat et coordonnait tout ce qui se faisait en France dans le domaine de l'enfance en difficulté sociale. Il me déclara ceci : « Tu as tort de ne pas aller à l'université, on a certes besoin de gens dévoués, mais surtout de gens ayant des connaissances, afin d'établir le métier d'éducateur spécialisé et bien d'autres disciplines connexes. Lance-toi ! Étudie la médecine générale et, ensuite, tu feras la pédiatrie. »

B.L. : Je ne vois pas très bien le lien entre éducateur et pédiatrie.

M.L. : Joubrel avait le pressentiment qu'une nouvelle profession médicale allait surgir de la pédiatrie. Il y avait bien Georges Heuyer, à Paris, qui commençait à penser à la création d'une telle spécialité, mais il était assez seul. J'ai donc démarré ma médecine, tout en redevenant éducateur durant les grandes vacances. À partir de la troisième année, les études devenaient un peu moins prenantes et j'ai réorganisé mon horaire. En accord avec mon patron de médecine, j'allais le matin à l'hôpital comme étudiant, tandis que l'après-midi, je restais éducateur. Après le coucher des enfants, je reprenais mes cours.

B.L. : Déjà, vous aimiez porter plusieurs chapeaux ! Maintenant, j'aimerais revenir un peu sur la guerre. Quand on sait que l'on va peut-être mourir, est-ce que cela ne crée pas en nous un désir et une urgence de vivre et d'être dans l'action ?

M.L. : Oui, il y avait peut-être de cela, une soif d'action et aussi de vie en groupe. Dans ce centre de La Prévalaye, j'ai trouvé une ambiance assez extraordinaire. Avec le recul, je vois que la vie y était folle. Nous vivions dans des baraquements non chauffés, sauf les salles de réunion et les classes. Nous mangions très mal, nous ne nous lavions pas beaucoup, nous partagions totalement la vie des jeunes et la moyenne de travail dépassait les 90 heures par semaine. Cependant, nous étions des pionniers et tout cela se faisait dans une telle atmosphère d'enthousiasme que nous n'avions pas conscience de l'immensité de la tâche à accomplir. C'était vraiment le plaisir dans le travail.

B.L. : Vous utilisez le mot « pionnier ». Quand vous êtes venu en Amérique, vous avez arrêté vos études de médecine pour être à la fois éducateur à mi-temps et étudiant à mi-temps à l'Université Columbia aux États-Unis.

M.L. : Entretemps, il s'était passé certains événements marquants pour moi. J'ai fait ma troisième et quatrième année de médecine tout en étant éducateur, mais durant ce temps, j'avais appris à connaître quelques médecins, un peu plus âgés que moi, qui coordonnaient des établissements pour enfants.

À Paris, il y avait Georges Amado, à Toulouse, Claude Chaurand et, à Strasbourg, Mathis. De temps en temps, ces médecins m'invitaient chez eux et me donnaient peu à peu l'idée que je pourrais m'orienter vers la psychiatrie. Grâce à eux, je suis parti une année à Paris chez Georges Heuyer, qui commençait à constituer ce qu'on appelait, à ce moment-là, la neuropsychiatrie infantile.

Après cette cinquième année, Henri Joubrel me proposa un stage aux États-Unis. J'avais une bourse pour 14 mois, pendant lesquels j'ai travaillé, trois jours par semaine, comme éducateur dans un centre situé tout près de White Plains. Les autres jours, j'allais à mes cours à la Columbia.

Nous étions en 1956-1957 et la rencontre avec les États-Unis fut pour moi un grand choc. Après la guerre, la vie en Europe était bien étrangère aux modes d'existence des Américains. Nous n'avions pas encore d'autoroute, pas de gratte-ciel, relativement peu de voitures, pas de téléviseurs.

Aux États-Unis, je découvrais aussi une ébauche de méthodologie de l'éducation spécialisée. Je recherchais depuis longtemps ce genre de points de repère. Ce que nous faisions en France était inspiré du scoutisme, des mouvements de jeunesse ouvrière chrétienne et des anciens mouvements pétainistes. On ne connaissait pratiquement pas la psychanalyse et la psychologie des petits groupes. Au centre pour enfants Hawthorn Cedar Knolls School, il y avait une véritable structure de soins. À la Columbia, j'ai connu Nathan Ackerman, qui démarrait la thérapie familiale, ainsi que Slavson, qui bâtissait la thérapie de groupe. J'ai également fait la connaissance de Halt, un psychanalyste. Celui-ci me dit un jour, brusquement, «Tu prends ce divan et tu vas commencer une analyse pendant les trois jours de travail et les deux jours de fin de semaine.» Je n'ai pas discuté et je me suis étendu sur le divan.

Tout cela, je l'ai vécu pendant 14 mois, aussi intensément que le reste. Je m'ouvrais à des dimensions que je ne connaissais absolument pas jusque-là. Vers la fin de mon séjour, je fis la connaissance de deux personnes qui ont joué un grand rôle dans ma vie. Le premier fut Fritz Redl, qui avait constitué un petit centre d'éducation spécialisée à Pionner House. L'autre, c'était Bruno Bettelheim, à l'École orthogénique, qui tentait lui aussi de conceptualiser l'action éducative.

Ces deux personnes comblaient un manque, surtout la première puisque j'ai relativement peu connu Bettelheim. Jusque-là, j'avais l'impression que le métier d'éducateur était formidable, mais qu'il était empirique. J'avais un peu connu la pédopsychiatrie chez Heuyer, mais elle restait surtout d'orientation neurobiologique. Et voilà qu'on me proposait dans les deux champs une méthodologie structurante !

Vers la fin de mon séjour, mon superviseur me dit, sans savoir que cela déclencherait un tournant de ma vie, «Va donc voir ce qui se passe à Montréal. Toi qui t'intéresses à l'inadaptation sociale, tu vas y trouver deux expériences extraordinaires autour de Jeannine Guindon et de Gilles Gendreault.»

J'ai pris l'avion et j'ai passé deux mois tantôt à l'École de psychoéducation que créait Jeannine, tantôt à Boscoville que dirigeait Gilles. Puis, je suis revenu en France avec ce bagage.

Nous étions en 1957, il fallait que je termine mes études de neuropsychiatrie, tout en faisant mon service militaire, ce qui m'a amené à 1961. Entre-temps, j'avais écrit deux livres. L'un était intitulé *Le groupe de jeunes inadaptés sociaux*, qui était ma thèse de médecine et où je relatais ce que j'avais découvert aux États-Unis. L'autre était la traduction du livre de Fritz Redl et de David Wineman, *L'enfant agressif*, où j'avais enfin trouvé une méthodologie éducative.

B.L. : C'est en 1963 que vous avez fondé l'École d'éducateurs spécialisés de Bretagne avec Paul Lelièvre ?

M.L. : Dès 1961, Jacques Guyomarch, dont j'ai déjà parlé, me demanda d'accepter l'intérim de direction du Centre de La Prévalaye, où j'avais d'abord été stagiaire. J'ai donc pris la responsabilité de ce centre en étant mi-psychiatre, mi-directeur, mi-éducateur. Pendant ces deux ans, nous avons réorganisé l'établissement et préparé des superviseurs pour la future école d'éducateurs, qui a ouvert ses portes en même temps qu'un centre médico-psychopédagogique (CMPP).

Au CMPP, nous recevions en cure ambulatoire des enfants qui présentaient des difficultés psychiques. C'était une sorte de CLSC qui se serait spécialisé dans les consultations médico-psychopédagogiques et qui était composé d'une équipe formée inévitablement d'un psychiatre, d'un éducateur, d'une orthophoniste, d'une psychomotricienne.

De 1963 à 1973, j'ai donc eu à assumer la direction des études de l'École d'éducateurs spécialisés de Bretagne et la codirection du Centre médico-psychopédagogique avec un ami psychologue, Yann Malefant.

B.L. : C'est à ce moment-là que vous vous êtes lancé et que vous avez écrit votre plus gros livre, qui contient 1 280 pages ! Vous avez terminé en 1973 ce livre intitulé *Psychopathologies infantiles*. Vous y recensiez tout ce qui se disait alors sur les diagnostics, les différents syndromes juvéniles et les traitements, tant en Europe qu'aux États-Unis et au Québec. Étiez-vous conscient de l'énormité du travail dans lequel vous vous embarquiez ?

M.L. : Non ! Si j'en avais été conscient, je ne l'aurais probablement pas fait, car c'était un peu fou d'entreprendre cette tâche, à cette étape de ma formation. Il s'est passé beaucoup de choses en 1963, c'est à ce moment-là que j'ai rencontré mon épouse Édith et qu'au bout de deux mois, nous avons décidé de nous marier.

B.L. : Alors vous, vous êtes vraiment dans l'action ! Au bout de deux mois !

M.L. : Je me marie donc avec Édith qui, à l'époque, enseignait l'histoire et la géographie. Elle aussi se mit à se passionner pour le domaine de l'enfance, et elle commença une psychanalyse. J'étais moi-même sur le divan depuis un peu plus de deux ans.

L'un comme l'autre, nous avons été un peu insatisfaits de notre expérience psychanalytique sur le divan. Nous cherchions quelque chose de plus dynamique et ce fut le psychodrame.

Avec un groupe de personnes, une douzaine de praticiens, nous avons contacté le groupement français de psychodrame, de sociométrie et de dynamique de groupe, dirigé à Paris par Mme Ancelin Schützenberger. Elle venait un certain nombre de week-ends par an et, pendant quatre ans, nous avons suivi cette formation de psychodrame. Assez vite, nous avons eu deux enfants très rapprochés, Catherine et Jean-Patrick, puis trois autres qui nous apportaient beaucoup de bonheur.

Sur le plan du travail, je me rendais compte qu'il y avait, à ce moment-là, très peu de choses écrites en français sur les problèmes de psychopathologies infantiles. Il y avait eu le manuel de psychiatrie de Georges Heuyer, mais c'était un tout petit livre. Il y avait, surtout, le travail d'Ajuriaguerra, mais il avait été pensé uniquement pour les médecins. Je me disais, « Il manque un manuel de psychopathologies infantiles pour des personnes plus centrées sur l'action. »

J'ai donc démarré ce projet. Avec le recul, je me dis que c'était terriblement prématuré. En fait, c'était comme si, après cinq ans de résidence et trois ans de pratique, un psychiatre décidait actuellement d'écrire un manuel. L'époque exigeait qu'on soit un peu fou !

J'ai trouvé à ce moment-là des gens qui m'ont beaucoup soutenu. Je pense en particulier à Roger Mucchuelli, un psychiatre qui me disait de foncer, tout en m'invitant parallèlement à transformer ce travail en une thèse de doctorat ès lettres dont il est devenu au début mon patron. J'ai donc écrit ce manuel de 1965 à 1973 et ce fut Kaufmann, un professeur psychanalyste, qui m'aida à terminer ce travail.

B.L. : Arrivé à cette étape de notre discussion, je voudrais vous poser une question plus générale. Quelles sont les écoles de pensée qui vous ont le plus marqué ?

M.L. : La première école de pensée était très orientée vers les aspects biologiques. Rappelons-nous qu'entre 1954 et 1960, la psychiatrie en France était une école essentiellement d'orientation neurologique. D'ailleurs, à la fin de ma formation, j'ai dû choisir entre neurologie et psychiatrie.

Cette école m'a marqué de manière assez intéressante, car elle m'a décidé à rester médecin, m'intéressant à l'aspect physique, par exemple en me préoccupant du domaine neuro-développemental.

Bien sûr, il y eut aussi l'influence de l'éducation spécialisée et, dans mon approche, j'ai toujours gardé des préoccupations éducatives.

La psychanalyse fut une expérience déterminante. C'est tout à fait étonnant de découvrir comment se fait le transfert envers son analyste. Brusquement, on éprouve à son égard des émois hétérosexuels et homosexuels, des désirs de se mettre en dépendance, une sorte de curiosité invraisemblable pour sa vie privée, une forte hostilité. En même temps, comme il reste un sujet neutre, on entre en soi pour comprendre comment ces désirs se sont organisés, tout le long de son enfance, et vers qui ils se sont alors dirigés.

Je ne renie pas cette expérience, car elle est très importante, mais elle m'apparaissait égocentrique et nombriliste pour ce qui est de l'action. L'autre en tant que présence réelle n'apparaissait pas beaucoup dans le jeu de la rencontre, dans la responsabilité envers lui. On avait beau me dire que, grâce à cette situation exceptionnelle, je pourrais mieux manier le contre-transfert, j'avais l'impression d'être punaisé sur ce divan et cela m'agaçait.

Avec le psychodrame, j'ai trouvé beaucoup de satisfaction bien que les phénomènes transférentiels étaient moins intenses. J'ai surtout connu le fait d'affronter l'autre, de façon aussi réelle qu'imaginaire. J'ai également appris à gérer une situation de groupe, ce qui m'a beaucoup aidé, par la suite, à diriger des équipes éducatives ou des équipes pédopsychiatriques.

B.L. : Vous avez suivi cette formation et votre épouse l'a également entreprise ?

M.L. : Oui, et ce travail ensemble fut une immense source de satisfaction. Nous avons fait d'abord du psychodrame de groupe, au Centre médico-psychopédagogique et au Centre d'observation de La Prévalaye. Nous avons fait aussi des séances de dynamique de groupe à l'École d'éducateurs spécialisés. Par la suite, nous avons continué le psychodrame quand nous sommes arrivés au Canada.

B.L. : Édith semble avoir eu une grande influence sur vous et vous avez développé ensemble une grande connivence sur le plan professionnel, n'est-ce pas ?

M.L. : En effet. Cette union est étonnante, car nous nous sommes toujours aimés. Nous avons eu cinq enfants et nous avons fait du psychodrame ensemble. De plus, la pauvre, elle m'a supporté et soutenu pendant les sept années où j'écrivais tous les soirs, après le travail et le coucher des enfants, *Psychopathologies juvéniles*.

B.L. : C'était tous les soirs et, en plus, les fins de semaine ?

M.L. : À partir de 21 heures, et tous les week-ends pendant plusieurs heures, je m'enfermais dans mon bureau pour écrire ce fameux bouquin. Au lieu de me freiner, elle m'a toujours soutenu dans cette démarche-là.

B.L. : Et les enfants, ils vous encourageaient aussi ?

M.L. : Les enfants étaient bien trop petits pour pouvoir m'encourager ! S'ils avaient pu, ils m'auraient plutôt dit « Fais-en moins et occupe-toi plus de nous ! » Je dois faire là un *mea culpa*, mais en fin de compte, ils ne sont pas trop plaints de tout cela, et j'essayais de rester disponible malgré cet emploi du temps bien chargé.

B.L. : Pourquoi n'avez-vous pas écrit un livre sur le psychodrame ?

M.L. : J'ai écrit quelques articles, un ou deux chapitres dans des livres collectifs, mais il y avait déjà beaucoup de livres consacrés au psychodrame. Il y avait celui de Lebovici, celui d'Anzieu, celui d'Ancelin.

B.L. : En 1976, après *Psychopathologies infantiles*, vous avez écrit un livre sur le diagnostic en psychiatrie infantile. Dans quel but ?

M.L. : Ce livre marque une étape dans ma vie professionnelle. Je l'ai écrit après être arrivé au Canada, mais il découlait tout naturellement d'événements que j'avais vécus en France. De 1968 à 1972, nous avons connu une époque très troublée et très riche qui remettait en cause bien des notions psychiatriques antérieures. Un courant dit « anti-psychiatrique » — autour de Laing, Cooper, Basaglia et toute une fraction des psychanalystes — remettait en cause la démarche diagnostique. On disait qu'elle pouvait être aliénante. On dénonçait son côté intrusif, sa tendance à fixer la personne comme un objet à regarder et non comme un sujet à accompagner.

Avec ces arguments non sans valeur, il se produisit un mouvement de balancier et on se mit à condamner en bloc le diagnostic. Tout le monde devait écouter sans porter le moindre jugement et en refusant les évaluations standardisées, ainsi que toute nosographie. Je sentais bien les apports nouveaux de ces prises de position, mais je les trouvais tout aussi dangereuses. Derrière leur apparente générosité, elles finissaient par nier l'existence des troubles mentaux.

Mon livre sur le diagnostic en psychiatrie infantile était une tentative pour affirmer que le diagnostic restait nécessaire et devait s'appuyer sur une vision à la fois biologique, psychanalytique, cognitive et sociale. Je défendais l'idée d'une vraie pluridisciplinarité et non pas d'une fusion des disciplines, comme on semblait le vouloir. J'en arrivais à la conviction que les interventions thérapeutiques ne pouvaient avoir de valeur que si elles dépassaient les impressions subjectives et qu'elles osaient s'appuyer sur une lecture symptomatique et syndromatique.

B.L. : Pour vous, le diagnostic est l'étape nécessaire avant tout traitement ?

M.L. : Si on s'engage dans une thérapie préconçue avant de faire un diagnostic, on risque de placer la personne dans une situation qui n'est pas forcément celle dont elle a besoin. À ce moment-là, et c'est parfois encore le cas maintenant, on reste enfermé dans des conceptions figées. C'est tout de même inquiétant de savoir que c'est le hasard qui nous fait tomber sur un psychiatre surtout intéressé par la thérapie familiale ou par la psychanalyse ou par le psychodrame ou par la médication, etc. Tous ces moyens d'intervention sont envisageables — et il y a en d'autres —, mais à condition de se donner des objectifs précis, qui reposent non seulement sur la lecture d'une demande, mais aussi sur la réalité des processus psychiques perturbés.

B.L. : Tout à fait. Et vous soulignez le problème des écoles de pensée. Est-ce que le poids des traditions a joué un rôle dans votre venue au Canada en 1973 ? J'aimerais en même temps vous poser une deuxième question. Puisque vous avez une expérience d'homme et de médecin sur les deux continents, cette double aventure a-t-elle influencé votre pratique de pédopsychiatre et votre vision des choses ?

M.L. : Lorsque je suis venu à Montréal pour la première fois, j'étais bien loin de penser que je finirais par y rester pour de bon. Cela me rappelle un souvenir : le premier film que j'ai vu quand j'étais enfant fut *Maria Chapdelaine*. Je me souviens alors d'avoir dit à ma mère « Il faut être complètement fou pour habiter un pays pareil ! »

En fait, entre 1961 et 1973, je suis resté en rapport avec Mme Guindon et M. Gendreault, qui m'invitaient régulièrement au Québec. De la même manière, l'abbé Paulhus, de l'Université de Sherbrooke, me proposait de venir faire des conférences et d'animer des sessions. Donc, à peu près tous les deux ans, j'étais soit à Sherbrooke soit à Montréal. J'étais fasciné par le dynamisme et l'intelligence des équipes que je rencontrais. Un beau jour, Jeannine Guindon, tel un bulldozer, débarqua chez moi à Rennes avec une adjointe de l'Université de Montréal, et toutes les deux proposèrent à mon épouse et à moi-même de nous installer au Canada.

B.L. : Merci Jeannine.

M.L. : Elle m'affirma que je pourrais y faire de la recherche, continuer à écrire des livres, tout en assumant un travail en clinique. Mon épouse et moi, nous avons réfléchi, hésité, puis nous sommes venus. Il faut dire aussi que nous vivions dans une ville de province et, à l'époque, cela nous plongeait un peu dans la solitude. On y devenait très vite des petits roitelets qui répétaient les connaissances acquises, sans pouvoir se perfectionner beaucoup et sans pouvoir avancer dans les pratiques. Je ressentais donc une certaine lassitude. De plus, nous avons fait le bond avec le soutien d'un autre psychiatre, Laurent Houde, qui dirigeait le service de psychiatrie de Sainte-Justine. Il me proposa un poste de médecin à l'Hôpital Sainte-Justine, tout en enseignant à l'École de psychoéducation.

B.L. : Je reviens sur le deuxième point de ma question. Le fait de connaître l'Europe, d'y avoir été élevé, d'y avoir travaillé comme médecin et le fait de venir ici, est-ce que cela vous a permis de connaître le meilleur des deux mondes ? Pensez-vous avoir acquis, grâce à cela, une compréhension plus large et plus ouverte ?

M.L. : Une des choses qui m'a attiré ici, au Québec, c'est qu'il y a une vision psychiatrique moins dogmatique qu'en France. J'aime beaucoup la France, mais ce pays n'a jamais fait le deuil de ses rois. Le Français est toujours à la recherche d'une monarchie, que ce soit au plan politique ou idéologique. Il en résulte qu'il y a toujours un gourou, à un moment donné, qu'il s'appelle Lacan ou Françoise Dolto, dont l'école de pensée devient prégnante. Si on n'y adhère pas, on est vu comme marginal. Cela m'agaçait. Au Québec, je trouvais certes des influences françaises, mais aussi les influences anglaises et américaines. Il y avait donc un très riche brassage d'idées et une liberté de pensée que je n'avais pas trouvée en France. Ce fut sûrement l'un des facteurs qui m'a amené à faire le bond de l'autre côté de l'Atlantique. C'est aussi ce qui intéressait Édith.

B.L. : Quelques années plus tard, vous avez publié votre livre sur la carence, *J'ai mal à ma mère.*

M.L. : Lui aussi était préparé de longue date. Dans les centres d'accueil où j'avais travaillé, j'avais été frappé du nombre d'enfants qui avaient connu des pertes extrêmement importantes dans leurs relations affectives et qui avaient été ballottés à droite et à gauche, de famille en famille, sans jamais s'enraciner. Ils correspondaient aux descriptions de René Spitz sur l'hospitalisme et la dépression anaclitique.

Il y avait des livres sur la petite enfance écrits par John Bowlby, Myriam David ou Jenny Aubry, mais on ne retrouvait pas d'ouvrages abordant le problème de ces enfants à partir de la période de latence, hormis le petit livre d'Anna Freud, *Enfance sans famille.*

Je trouvais qu'il y avait là un manque à combler. D'autre part, mon épouse et moi avions fait en France, quelques années auparavant, une expérience dure, douloureuse, mais pleine d'enseignements. Un service nous avait demandé de prendre en charge une jeune fille avec un passé carentiel. Cette jeune fille vécut à peu près deux ans chez nous. Nous avions été très impressionnés par les symptômes qu'elle présentait, à savoir son avidité affective, sa jalousie envers Édith, envers moi-même et nos enfants, son incapacité à tolérer les frustrations et son ambivalence vis-à-vis des marques d'affection. Cette symptomatologie n'était pas sans ébranler notre couple et nous déroutait parfois, mais cela m'ancrait dans l'idée qu'il fallait l'étudier. En effet, les familles adoptives, les placements familiaux et les centres d'accueil se retrouvent souvent devant de tels jeunes. Je sentais combien ces garçons et ces filles avaient mal à leur mère, d'où le titre choisi.

B.L. : Dans nos conversations, j'ai compris que lorsque vous dirigiez le centre d'accueil La Prévalaye, vous preniez souvent dans votre famille des enfants en difficulté pendant les fins de semaine. Cela ne se ferait plus aujourd'hui.

M.L. : Je me rends compte que nous accomplissions à l'époque un tas de choses qui seraient à présent presque considérées comme des transgressions. Pour nous tous, il était évident que s'il restait en fin de semaine sept ou huit enfants dans notre centre, il aurait été cruel de ne pas les prendre dans nos familles. On se les distribuait, entre éducateurs, et on les amenait chez nous. Il ne s'est guère passé de semaine entre 1963 et 1973 sans que nous ayons un ou deux enfants la fin de semaine dans notre famille. On le faisait même avec les enfants qu'on recevait en psychothérapie, de quoi faire hérisser les cheveux des psychanalystes actuels. Et je n'étais pas le seul ! Winnicott, ce célèbre analyste anglais, décrit des situations absolument identiques où il prenait chez lui un adolescent qu'il recevait au même moment en psychanalyse. Cette chaleur humaine, cet engagement, cette disponibilité faisaient partie du tableau de l'époque. On fonçait, parfois on se cassait la gueule, mais on fonçait tout de même.

B.L. : La carence, vous l'avez donc vécue de l'intérieur en la partageant avec votre famille.

M.L. : Oui, nous l'avons vécue très fortement, dans notre chair.

B.L. : Au bout de deux ans, qu'est devenue la jeune fille ?

M.L. : Elle avait 18 ans. Elle ne voulait plus de nous et elle a repris sa propre trajectoire en nous donnant parfois de ses nouvelles. Il en a été de même pour les autres enfants. Certains nous écrivent encore à l'âge adulte.

B.L. : Concluez-vous que, malgré la carence, ce qui sauve les sujets, ce qui les rend résilients, ce sont les figures positives qu'ils rencontrent au cours de leur vie ?

M.L. : L'étude des enfants carencés m'a convaincu d'une chose : le principal outil thérapeutique est la continuité de l'intervention auprès des jeunes. Cette continuité est actuellement menacée, on ferme les dossiers et on change de travailleurs sociaux ou d'éducateurs. Cela est un drame.

B.L. : Dans votre livre, vous donnez une place relativement grande au psychodrame comme moyen d'aide pour les jeunes carencés.

M.L. : Oui, prendre un enfant carencé en thérapie individuelle est une aventure terrible, car très vite, cet enfant entre dans une sorte de relation symbiotique. Il devient un crabe qui s'attache à nous, tout en étant très agressif parce que nous réveillons des affects qu'il ne peut assouvir. On est dans une situation mi-transférentielle et mi-réelle qui est bien difficile à résoudre. Dans le psychodrame, étant donné qu'il y a plusieurs personnes, si le sujet s'attache plus particulièrement à l'un des psychodramaticiens, celui-ci est soutenu par les autres thérapeutes, et il risque moins de s'enliser dans une relation duelle.

B.L. : Dans ce livre, *J'ai mal à ma mère,* mais aussi dans celui qui est consacré aux psychoses, vous accordez une importance particulière aux approches corporelles, par exemple à la psychomotricité. D'où vient cette idée ?

M.L. : C'est vrai, je suis toujours resté médecin, je veux dire médecin du corps en même temps que je m'occupais des problèmes psychiques. Beaucoup d'enfants, qu'il s'agisse de sujets négligés, délinquants ou carencés, vivent un mal-être qui inclut leur corps. Ils ont donc besoin d'être aidés aussi sur ce plan.

Quand je pense à mon travail au centre d'adolescents de Boscoville, bien des jeunes gens m'ont d'abord demandé de traiter leur acné ou leurs multiples bobos avant d'arriver à établir avec moi une relation plus intime. Il en était de même chez beaucoup de jeunes carencés qui se plaignaient de leur ventre, de leur cheville ou de leur tête.

Tout se passait comme si le corps, n'ayant pas eu sa ration d'apport sensoriel, exigeait régressivement qu'on s'occupe de lui. Le corps parle, demande, appelle, et tous ces jeunes criaient leur détresse par des manifestations psychosomatiques et somatopsychiques dont il fallait s'occuper si on ne voulait rester pour eux des étrangers.

B.L. : J'aimerais parler d'une autre publication, *L'Éclosion psychique de l'être humain,* parue en 1983. Vous y abordez la construction et l'élaboration de l'identité chez les 0-5 ans. Vous y parlez des courants biologique, cognitif, psychanalytique et sociologique. Vous évoquez des auteurs anglo-saxons, américains, français, québécois. Vous avez accompli là un travail de moine. L'avez-vous fait pour le plaisir d'écrire ? Pour satisfaire votre côté archéologue, voire anthropologue ?

M.L. : Il est vrai que j'aurais aimé être archéologue, c'est une profession qui m'aurait intéressé. D'ailleurs, j'ai éprouvé un grand plaisir quand l'une de mes filles a choisi cette orientation, pour devenir finalement muséologue.

L'Éclosion psychique de l'être humain correspondait pour moi à un virage. Au départ, j'avais pensé écrire un deuxième tome de *J'ai mal à ma mère.* Je voulais faire le recensement des recherches sur les jeunes laissés à l'abandon. J'avais commencé ce regroupement, puis j'ai découvert qu'un Tchèque avait déjà écrit, en anglais, un livre remarquable sur ce sujet. Il aurait donc été absurde de vouloir le concurrencer.

Comme j'avais déjà accumulé des documents, je me suis dit qu'il manquait un ouvrage de synthèse sur les différents courants biologique, cognitif, psychanalytique, social abordant l'aube de la vie psychique de l'enfant. Je me suis donc lancé dans ce travail, effectivement assez monacal, parce qu'il fallait déchiffrer beaucoup d'articles et de livres. J'ai été aidé en cela par l'École de psychoéducation qui m'a offert les services d'une remarquable technicienne de recherche, Hélène Sauvageau. Elle a beaucoup contribué à la réussite de ce travail, et je l'en remercie.

B.L. : On voit ici votre talent de vulgarisateur et votre désir d'être entendu par tous les professionnels de la santé.

M.L. : Oui, il faut utiliser son talent et, en effet, je crois que je fais bien les synthèses. Cependant, la principale raison était ailleurs. Elle correspondait à ce désir, dont j'ai déjà parlé, de ne pas rester fixé sur une école de pensée, mais de voir comment les courants s'interpénètrent, au lieu de s'opposer, et peuvent être complémentaires. C'est toujours la même idée sous-jacente : je veux dire aux gens que s'ils sont chercheurs, ils vont inévitablement se spécialiser dans un secteur donné, et cela est tout à fait normal, mais que s'ils sont praticiens, ils doivent associer les différents courants pour avoir une vue d'ensemble, non pas une vue globale, car cela est impossible, mais la vue la plus large possible.

B.L. : Un autre ouvrage très important a été publié en 1986 : *Les psychoses infantiles, contenant déserté, contenant envahi*. Les enfants psychotiques, vous les avez beaucoup suivis, à l'Hôpital Sainte-Justine, et c'est une clientèle avec laquelle vous avez une grande expérience.

M.L. : Les psychoses infantiles constituaient pour moi un grand défi. Beaucoup de travaux leur sont consacrés, mais ces ouvrages restent surtout d'orientation psychanalytique. Et le terme de psychose infantile est d'ailleurs fortement remis en cause en ce moment (psychose ou trouble envahissant du développement chez des sujets dont le monde imaginaire est moins présent). Quoiqu'il en soit, les auteurs décrivent très peu l'enfant psychotique dans son quotidien, à l'école ou dans sa famille. Or, quand on travaille comme consultant psychiatrique dans un établissement ou quand on parle avec des parents, on découvre que ces enfants sont percutés par une étrange symptomatologie.

Il manquait donc un travail sur la psychose infantile vue dans le quotidien. J'avais également envie de faire quelques liens entre le point de vue psychanalytique, les perspectives systémiques et les apports cognitifs. Le premier tome est justement consacré à une présentation globale des différents courants de l'époque. Dans le deuxième tome, je m'adresse aux parents et aux éducateurs, c'est-à-dire à ceux et celles qui partagent la vie de ces jeunes. Je voulais les aider à mieux comprendre ces enfants afin de les accompagner dans leur trajectoire. Je ne l'écrirais plus maintenant de la même manière en raison des changements nosographiques, mais l'effort de compréhension resterait le même.

B.L. : Ces différentes clientèles, touchées par la carence, la délinquance, l'autisme ou les psychoses, ce sont toutes des clientèles difficiles, lourdes et complexes. On sent que vous avez toujours été attiré par ces clientèles problématiques. Qu'est-ce qu'elles vous ont apporté ?

M.L. : Ce sont ces gens qui m'ont le plus appris. Nous savons si peu de choses sur eux ! Et ils nous amènent à chercher. Il n'est pas intéressant d'écrire un livre sur quelque chose de trop connu. Ce qui me passionne, c'est de me casser un peu le nez pour essayer d'aller plus loin. Ce n'est donc pas par hasard si j'ai été attiré par ces jeunes.

Je vous disais que le doute était le moteur de mes motivations. Quand on se trouve devant l'inconnu ou devant l'échec, mais aussi devant quelques réussites, on a envie de redonner espoir aux praticiens, de résoudre, pour eux et pour soi, certaines contradictions.

D'ailleurs, ces enfants compliqués sont d'excellents professeurs, ils nous apprennent à affiner nos approches. À présent, quand je me trouve devant un enfant dont les troubles sont beaucoup moins profonds, je suis frappé de voir comme la relation m'apparaît simple.

En fin de compte, j'ai été aidé et éduqué par ces jeunes en difficulté.

B.L. : En 1996, grâce à un livre sur l'éducation spécialisée écrit avec Maurice Capul, vous êtes revenu à vos préoccupations premières. Dans ce livre, *De l'éducation spécialisée*, on vous sent particulièrement intéressé par la dimension du groupe. Quelles raisons vous ont amené à écrire cet ouvrage ?

M.L. : Le groupe m'a toujours intéressé. Aux États-Unis, j'ai été marqué par ma rencontre avec Slavson, car il m'a sensibilisé à la thérapie de groupe. Le psychodrame a encore accentué mon intérêt, qu'il s'agisse de psychodrames de groupe avec enfants ou des groupes de formation (dont vous-même avez fait partie).

Une équipe pédopsychiatrique, c'est un groupe ayant une dynamique souvent particulière et parfois très chargée. La vision groupale est utile pour comprendre les tensions d'équipe et permettre de les élucider. J'avais aussi traîné ma bosse dans plusieurs endroits où des personnes se préoccupaient du groupe, comme Redl, Bettelheim, Guindon, Gendreault, Chaurand.

Près de Paris, j'avais connu Maurice Capul, cet éducateur étonnant, avec qui j'ai longtemps travaillé à l'Association internationale des éducateurs de jeunes inadaptés sociaux. Outre son expérience éducative, il était sociologue et passionné par l'histoire de l'éducation spécialisée. Les éditions Érès nous ont donc contactés, Capul et moi, pour nous demander un livre conjoint sur l'histoire et la réalité de l'éducation spécialisée, en Europe ainsi qu'au Québec et un peu aux États-Unis. Capul avait déjà écrit un livre sur les groupes de jeunes, il avait un doctorat d'État ès lettres pour avoir traité de l'histoire de l'adoption depuis le Moyen Âge. Il avait des connaissances historiques que je ne possédais pas et moi, j'avais une expérience clinique différente. Cette combinaison nous a permis de faire aboutir l'ouvrage intitulé *De l'éducation spécialisée.*

B.L. : Tout à l'heure, nous avons dit un mot sur vos mentors. Vous avez parlé de Paul Lelièvre, rencontré quand vous étiez jeune. J'aimerais savoir quelles sont les autres personnes qui vous ont influencé, en particulier du côté anglophone.

M.L. : Au Canada, il y a eu Georges, qui a fait parler de lui à Toronto. Aux États-Unis, il y avait un homme remarquable du nom de Papaneck : il avait un centre à Poughkeepsie, près de New York. Cet éducateur était courageux puisqu'en 1956, il regroupait des petits Noirs et des petits Blancs dans le même établissement, ce qui était presque un scandale à l'époque. Aussi, j'ai été beaucoup impressionné par l'expérience de Civitaveccua avec les villages d'enfants. Pour revenir aux États-Unis, j'ai rencontré là-bas Gisella Konopka, qui s'occupait de « groups work ». Elle avait particulièrement réfléchi à l'approche institutionnelle. Adler, mon superviseur, m'a aussi aidé.

B.L. : Et en France, en Angleterre, est-ce qu'il y a eu aussi des mentors ?

M.L. : Je citerais Serge Levovici. J'ai déjà parlé de Georges Amado, de Claude Chaurand et je citerais aussi Henri Daussy chez qui j'ai fait une longue résidence de même que Myriam David et Geneviève Appel. En fin de compte, on a toujours besoin de sujets de référence qu'on admire. Bien sûr, ces pôles identificatoires passent un peu et, maintenant, quand je relis Fritz Redl, j'adhère moins à ses idées, mais cela n'a pas d'importance, parce qu'à un moment donné, il a contribué à l'organisation de ma vie affective et intellectuelle. Par exemple, je me suis un peu séparé de Jeannine Guindon du fait d'engagements qui sont devenus un peut différents. N'empêche que je l'admire profondément et que, de façon générale, elle continue à être une référence déterminante pour moi. Je pourrais continuer ainsi mon énumération. Parfois, le tournant est provoqué par des livres. Entre 1955 et 1959, j'ai dévoré à peu près tout l'œuvre de Sigmund Freud. Je le lisais avec une sorte d'avidité incroyable, le soir, jusqu'à des heures impossibles.

B.L. : Vous n'avez jamais parlé de Françoise Dolto, qui a pourtant été écoutée et aimée chez nous dans les années 70 et 80. Pourquoi ?

M.L. : J'ai raté ma rencontre avec Françoise Dolto. Je l'ai pourtant côtoyée à quelques reprises, en particulier lors d'une longue session à Royaumont. J'ai aussi discuté avec elle, à quelques reprises. Une fois, ce fut grâce à Ancelin Schützenberger, qui a été également une personne très importante pour moi. Pourquoi n'ai-je pas aimé l'œuvre de Françoise Dolto ? Elle m'agaçait par ses affirmations péremptoires. Pourtant, elle a fait des choses très importantes en redonnant à l'enfant un statut à part entière et en nous apprenant à le respecter comme une personne. Par contre, j'ai senti son désir d'être un gourou qui voulait avoir raison et qui tendait un peu à écraser les autres. Cela m'a raidi et explique sans doute ce ratage dans notre rencontre.

B.L. : Votre avant-dernier livre, *Famille qu'apportes-tu à l'enfant ?*, a été publié en 2001 dans la Collection de l'Hôpital Sainte-Justine pour les parents. On y parle des rôles de la mère, du père, de la fratrie, des grands-parents, du divorce, de toutes sortes de choses. Vous abordez aussi votre propre famille, vos origines, vos enfants, vos petits-enfants. Je suis sûre qu'ils ont eu une très grande influence dans votre vie, mais est-ce qu'on peut dire qu'ils ont aussi eu une grande influence sur votre carrière ?

M.L. : C'est une expérience incroyablement enrichissante d'avoir des enfants, d'être un couple qui en est maintenant à plus de

40 ans de vie commune, tout en accompagnant des enfants de soi et des autres. Nos enfants continuent à nous voir régulièrement et à nous apporter leur affection, leur sécurité, leur amour. C'est d'abord au sein de ma propre famille, puis dans cette nouvelle famille (que nous avons constituée avec mon épouse et mes enfants) que nous découvrons la source de nos attachements. Cet attachement, que mes parents m'ont donné, nous l'avons transmis à nos enfants, qui nous l'ont redonné à nouveau, tout en mettant au monde, à leur tour, des petits garçons et des petites filles qui nous hissent dans le rôle de grands-parents. C'est donc une formidable réciprocité. Bien sûr, toute cette expérience a inspiré mon dernier livre, *Famille, qu'apportes-tu à l'enfant ?*, du moins la première partie.

B.L. : Y compris dans les difficultés ?

M.L. : Bien sûr. Les difficultés renferment aussi de grandes richesses. Une famille sans conflits, cela n'existe pas et ceux qui se séparent trop vite devraient s'en rappeler.

B.L. : Un dernier mot : vous venez de publier un livre sur l'autisme, intitulé *L'autisme aujourd'hui*. Je sais que vous allez en parler dans une autre entrevue, mais pouvez-vous en glisser un mot ici ?

M.L. : J'y relate l'aventure d'une clinique spécialisée dans l'autisme, à Sainte-Justine. Cette aventure a été possible grâce à la rencontre avec une équipe étonnante de dynamisme. Par bien des aspects, cet handicap reste un grand mystère. Et vous vous doutez bien qu'avec ma soif d'incertitude, ce sujet constituait un thème privilégié à traiter. Je n'en dirai pas plus, puisque j'aborde cette question ailleurs.

B.L. : Merci.

Qu'on le veuille ou non, on se trouve entraîné par de grands courants théoriques

Dialogue avec Sylvain PALARDY

Quarante-cinq années de pratique pédopsychiatrique permettent de jeter un regard sur les différents courants théoriques ayant jalonné un parcours professionnel.

Le docteur Sylvain Palardy, psychiatre, chef du Département de psychiatrie de l'Université de Montréal, pose la question suivante:

« Si vous aviez à nous brosser un tableau des courants qui ont prévalu en psychiatrie et en pédopsychiatrie dans votre vie, qu'auriez-vous à nous dire ? »

S.P. : Ensemble, nous allons parler des courants qui ont prévalu en pédopsychiatrie et en psychiatrie au cours des dernières années. Sans vous vieillir indûment, je peux tout de même affirmer que vous avez été présent à presque toutes les tables où notre organisation sociale a fait l'objet d'une réflexion. Vous avez aussi été témoin de multiples tendances dans les soins et les traitements. Vous avez abondamment écrit sur ce sujet et on vous a invité à en parler sur plusieurs tribunes. Je vous lance donc, simplement, la question suivante: si vous aviez à nous brosser un tableau des courants qui ont prévalu en psychiatrie et en pédopsychiatrie pendant votre vie, qu'auriez-vous à nous dire ?

M.L. : Tant de choses ! Si je jette un coup d'œil en arrière, je vois, comme praticien, plusieurs courants très différents. Cela m'a déséquilibré chaque fois, ce qui a entraîné des résistances, suivies d'intéressants rebonds. Je vous parlerai à titre personnel, sans prétendre couvrir l'ensemble conceptuel des théories qui ont successivement marqué ma génération.

Au début de ma formation en psychiatrie, qui s'est déroulée entre 1950 et 1960, je vivais en France, dans une ville de province où l'on subissait très peu l'influence de Paris, la capitale, manifestement plus en avance. Les courants qui prédominaient alors et dans lesquels je baignais étaient dits « organicistes ». Ils reposaient sur l'idée que le malade mental était un dégénéré, qu'il soit enfant, adolescent ou adulte. Nous étions encore sous l'influence de la théorie de la dégénérescence, définie par Magnan[1], la maladie mentale étant vue comme une sorte de régression du cerveau.

Selon un autre courant assez puissant, qui défendait plutôt la théorie de l'auto-intoxication cérébrale, on croyait que le corps fabriquait des toxines d'origine héréditaire qui détruisaient progressivement le cerveau. Dans cette optique, il y avait la théorie de l'hérédosyphilis, de l'hérédotuberculose, de l'hérédoalcoolisme...

Un troisième courant, nettement mieux organisé, était celui que le psychiatre français Henri Ey[2] avait décrit dans un manuel assez remarquable sur le plan de la sémiologie. On parlait alors d'organodynamisme. Selon cette théorie, le malade mental était un être retourné à une étape antérieure de son organisation cérébrale. Avec la neurologie, on avait découvert que le système nerveux constitue une sorte de pyramide où le cortex domine les zones inférieures du cerveau. On pensait que ces zones sous-jacentes étaient libérées chez les sujets atteints, ce qui entraînait impulsivité, dépressions ou idées délirantes. Le malade devenait un être en sous-palier, qui ne parvenait pas à fonctionner comme la moyenne des gens.

Toutes ces théories nous rendaient assez impuissants au point de vue de la thérapeutique. Cependant, on tentait quelques traitements, d'ailleurs assez brutaux, comme le coma insulinique, les électrochocs à répétition, les abcès de fixation et — hélas — la lobotomie.

Je ne renie pas cette époque. Elle s'est révélée décevante et même redoutable sur le plan de la thérapie, mais en revanche elle se fondait sur une étude des syndromes incroyablement fine sur le plan de la sémiologie. On essayait de distinguer les différentes formes de schizophrénie, de dépression et de névrose. D'ailleurs, il ne serait pas mauvais qu'on relise aujourd'hui ces descriptions. Elles ne sont pas aussi dépassées qu'il y paraît.

Peu à peu, les théories psychanalytiques se glissèrent dans les milieux où je travaillais. Il est difficile d'imaginer à l'heure actuelle ce que la psychanalyse a apporté comme révolution. Elle affirmait que le sujet affligé de problèmes mentaux n'était pas en sous-palier, mais un être comme les autres, essayant de résoudre les conflits qui le submergeaient. Le psychiatre logeait à la même enseigne que son patient, puisque lui aussi tentait de résoudre les conflits éveillés par son histoire. Ce que je vais vous résumer, tout le monde le sait à présent, mais je vous jure qu'à l'époque, cela a provoqué un tollé général dans ma région.

Dès sa petite enfance, l'humain ressent des désirs d'emprise et de conservation et il est imprégné de pulsions sexuelles, mais il doit progressivement se soumettre aux principes de la réalité. Cheminant par stades et affrontant des nœuds conflictuels, à la fois fondateurs et désorganisants, la personne doit sans cesse trouver des compromis qui s'expriment par des symptômes. Entre le moi, le ça et le surmoi se livre donc une bataille dont personne ne sort totalement vainqueur, puisque la vie constitue toujours un cheminement périlleux.

Alors que nous avions été élevés dans la différence rassurante entre le malade mental et le sujet sain, voilà qu'on nous disait que nos pulsions tentaient perpétuellement de se réaliser. Le message se résumait en gros à ceci :

« Vous êtes engagé dans une sorte de conflit. Pour trouver l'équilibre, vous construisez des représentations censurées, condensées et modifiées qui forment votre inconscient. Ce dernier cherche à remonter à la surface et votre moi veut trouver des compromis. Cela réussit parfois et échoue d'autres fois. Les gens que vous rencontrez vivent aussi dans les aléas de ce cheminement. Peut-être sont-ils plus fragiles que vous, puisque certains se déstructurent et d'autres, non. Cependant, il y a un continuum absolu entre la vie psychique normale et la vie mentale pathologique. »

S.P. : Vous avez donc connu une véritable révolution avec l'arrivée de la psychanalyse dans cette période, dite organiciste. Y a-t-il eu un schisme entre les deux phases, ou a-t-il été possible d'intégrer les éléments des théories antérieures dans cette vision nouvelle ?

M.L. : Là où je vivais, il y eut d'abord une fin de non-recevoir. Quand arrivèrent les premiers psychanalystes, le doyen de la faculté de médecine de l'époque réunit les psychiatres et proclama devant eux une sorte d'interdiction d'aller se pervertir avec des notions qui, selon lui, ne servaient absolument à rien. Comme j'avais un peu envie de transgresser ses ordres, je suis parti faire une analyse non loin de l'endroit où je travaillais. Cependant, j'avais presque l'impression de commettre une faute et je n'étais pas sans craindre que mon patron apprenne ce qu'il aurait appelé une dérive.

S.P. : Vos deux conceptions s'opposaient vraiment !

M.L. : En effet, deux concepts s'affrontaient de manière extraordinaire. J'ignore si le Québec a connu une telle passion, mais en France on a assisté à un véritable affrontement qui dura plusieurs années. Sachant cela, on comprend mieux qu'il y ait toujours, dans les livres français s'inspirant de la psychodynamique, une crainte de voir resurgir le courant organiciste. On regarde donc avec suspicion les neurosciences.

Les choses se compliquèrent quand les tenants de la psychanalyse eux-mêmes commencèrent à se critiquer entre eux. Au nom de Freud, deux tendances s'affrontaient, et chacune se présentait comme un porte-étendard. Il y avait ceux qui s'intéressaient surtout à la psychanalyse de l'inconscient, c'est-à-dire au contenu refoulé, et ceux qui se préoccupaient davantage de la psychanalyse du *moi*. Ceux-là voulaient comprendre comment le *moi* parvenait à s'ajuster aux principes de réalité et quels mécanismes il mettait en place pour y arriver.

Assez vite les peuples latins, et plus particulièrement les francophones, ont penché vers la psychanalyse de l'inconscient, en accord avec leur côté philosophique et leur attirance pour le verbe. L'Amérique du Nord fut plus attirée par la psychanalyse du *moi*, et ce n'est sans doute pas un hasard, car l'Américain est nettement plus pragmatique. Quant à l'Angleterre, elle se situait, comme toujours, entre les deux positions. D'un côté, on étudiait l'univers de l'inconscient à l'école de Mélanie Klein et, de l'autre côté, la psychanalyse du *moi* était représentée par Anna Freud, Winnicott et un peu Bion.

Malgré sa proximité, le monde anglo-saxon restait un continent isolé, qui nous influençait relativement peu. Aujourd'hui, ces luttes ne sont pas terminées. Si un freudien orthodoxe et surtout un lacanien parle de la psychanalyse du *moi*, il dira : « Mais ce sont des notions épouvantables, nous allons dans le normatif, nous trahissons l'œuvre de Sigmund Freud ! »

Il est encore très difficile d'établir un pont entre les multiples courants…

S.P. : Pourriez-vous, pour nos lecteurs, décrire ce qui distingue fondamentalement ces deux courants psychanalytiques ?

M.L. : Il me semble que la psychanalyse de l'inconscient cherche à approfondir toutes les représentations condensées, déformées et refoulées qui s'agitent en nous. Ces représentations constituent à la fois une force positive et une explication de certains aléas de notre vie mentale. Quant à la pédopsychiatrie, elle valorise surtout la vision kleinienne et la vision lacanienne.

Mélanie Klein[3] a eu ce génie de pressentir que dès la toute petite enfance, le bébé était habité par une intense vie inconsciente. Elle affirma que les pulsions étaient présentes dès l'aube de l'existence et qu'elles imprégnaient les personnes ou des zones des personnes. Selon elle, des représentations archaïques existent dès les premiers mois de l'existence, et le bébé est déjà un être en conflit, qui éprouve des sentiments d'envie, de haine, d'amour et de fusion. Il fait un clivage : sa mère est tantôt toute bonne, tantôt toute mauvaise.

L'enfant franchit ensuite ce qu'elle appelait la position schizo-paranoïde. Il y parvient par sa propre maturation et grâce à un environnement qui, à la fois contrôlant et aidant, lui permet de s'apercevoir que sa mère n'est ni toute bonne ni toute mauvaise. Il fait donc le deuil des images idéalisées pour entrer dans une autre position, la position dépressive. À partir de là, découvrant la relation diversifiée avec une mère et un père, l'enfant affronte le schéma œdipien classique décrit par Freud.

Quand les premiers écrits de Mélanie Klein furent connus[3], nous étions fascinés et dérangés par ces affirmations où il est difficile de départager l'hallucination et la réalité. Comme l'interview d'un bébé sur son monde préimaginaire n'a jamais rien donné, on ne sait pas ce qui relève du génie dans ce courant et ce qui relève de présupposés. Quels que soient les abus de style, Klein a été la première à nous faire comprendre que dès les premiers mois, le petit être humain a une personnalité. En lui se glissent probablement des représentations archaïques, des images d'un monde psychique qui devra par la suite s'organiser et se construire.

Quant au courant lacanien[4], il est difficile à saisir, car il est terriblement énigmatique dans ses termes et, par là même, chacun y projette ses propres explications. En tant que pédopsychiatre, ce que j'ai surtout retenu des conférences de Lacan (qu'un beau-frère m'avait envoyées sur ruban magnétique), ce sont les éléments suivants : le petit humain se présente d'emblée comme un sujet de désir et il est en grande partie créé par le désir de l'autre.

Ce grand Autre, c'est d'abord la mère qui porte le bébé et l'imagine en rêve selon sa propre histoire. Elle comble ce désir et se comble elle-même par la présence fusionnée de ce petit être. Elle apporte ainsi des ingrédients essentiels pour la sécurité et l'estime de soi, mais sa toute-puissance aliène celui qui doit devenir individué. Pour que la mère accepte progressivement de se retirer, elle doit posséder en elle, et si possible à côté d'elle, un interdit représenté par la métaphore paternelle. Voici ce que dit cette métaphore : « Donne une place à la Loi, que j'assume en tant que sujet créateur, mais séparé. Laisse-moi donner mon nom à l'enfant et accepte que je pose l'interdit (le Non) par rapport au maintien de la symbiose que souhaite une partie de toi. Ton désir et celui de ton enfant doivent devenir distincts. C'est par cette castration que tu retrouveras ta liberté en redécouvrant aussi celui qui est ton amant. Et c'est par cette même castration que ton enfant, pouvant se tourner vers d'autres personnes, entrera non seulement dans sa propre peau, mais s'inscrira dans un ordre dit symbolique. »

L'enfant n'étant plus comblé, il dépassera le réel, l'imaginaire étant utilisé ici dans le sens de « fusion », pour se tourner vers le symbolique. Autrement dit, il remplacera ses demandes impossibles par des substituts créatifs, comme le langage, les jeux, les évocations ou les réalisations. Il découvrira ainsi les règles d'une collectivité.

Ce qu'apporte d'intéressant ce courant lacanien, pour un pédopsychiatre, c'est l'importance des désirs morbides, projetés sur l'enfant par ceux qui veulent le créer au lieu de le laisser se créer. L'enfant, qui est toujours une partie de nous et qui nous renvoie à notre noyau originaire, est victime de notre emprise tout en étant bâti par elle. Nous voulons le dominer et le conserver pour nous réparer, pour refaire notre vie antérieure. Par sa sexualité primitive, qu'il exprime crûment, l'enfant nous replonge dans les relents jamais totalement résolus de notre prégénitalité. Nous mettant face à nos origines, et donc à ce que nous n'avons pas été d'avoir été créé, il réveille en nous nos pulsions de mort.

Une partie de la pathologie infantile peut s'expliquer ainsi, par les désirs aliénants qu'un parent ressent envers son enfant. Toutes ces propositions théoriques ne se contredisent pas. En fait, elles se complètent, mais trop souvent elles aboutissent à des positions rigides.

Voilà, en gros, ce que je mettrais en tant que pédopsychiatre sous le vocable « psychanalyse de l'inconscient ».

La psychanalyse du *moi* est mieux connue de ce côté-ci de l'Atlantique. Elle pose toute la question de savoir comment le *moi* se construit et s'adapte. Par exemple, la théorie de l'attachement, issue des travaux de Bowlby[5] et, antérieurement, de ceux de Spitz[6], nous a permis de constater que l'enfant s'attache très tôt à une ou plusieurs personnes qui répondent bien à ses premières demandes d'interaction.

Sous un éclairage différent, cette théorie rejoint la conviction de Klein, à savoir que le petit humain possède dès le départ la capacité de se tourner vers son entourage. En s'appuyant sur les proches qui réagissent à ses premiers messages affectifs et gestuels, l'enfant acquiert un sentiment de sécurité, de maîtrise et de confiance en lui, ce qui lui permet de créer son avenir.

La psychanalyse du *moi* a aussi bénéficié de l'apport de Winnicott[7]. Ce dernier a montré comment s'établissent les premiers liens d'un parent avec son enfant. Il a mis en valeur le concept de maintien. Il a indiqué à quel point il est important de savoir présenter au bon moment l'objet désiré, de savoir anticiper, contenir et respecter la mise en place des objets transitionnels afin que l'enfant supporte la séparation. Voilà autant de suggestions qui nous viennent de cet auteur.

N'oublions pas que la psychanalyse du *moi* a été l'une des premières à s'opposer aux déterminismes trop rigides de l'inconscient. Rapaport[8], Hartmann[9] et Erickson[10] ont suggéré qu'il existe des zones libres de conflits peuvant être mobilisées par une action éducative ou par une transformation des conditions de vie du milieu.

Je ne veux surtout pas opposer toutes ces notions que j'énumère, car chacune éclaire une facette de l'être humain. Les concepts s'avèrent plus ou moins vérifiables, mais ils nous forcent à réfléchir sur la petite enfance. Les études récentes sur le développement, par exemple celles de Brazelton[11], nous ont révélé que le tout-petit n'est pas ce tube digestif qu'on nous présentait autrefois. Dès les premières semaines de la vie, l'enfant possède des capacités perceptuelles intégratives tout à fait étonnantes. Loin d'être un sujet qui subit passivement les influences de son environnement, il se met déjà en quête de stimuli, de signaux, d'apports affectifs sans lesquels il ne peut se construire.

Pour en revenir à la psychanalyse, elle représenta une véritable fontaine de Jouvence à une certaine époque, quels que soient ses courants. On possédait enfin une théorie cohérente du développement de la personnalité et des propositions sur la nature du trouble mental. On entendait ce message extraordinaire: le symptôme a un sens, il n'est pas seulement le produit d'une dégénérescence ou celui d'une auto-intoxication. On s'apercevait qu'il y avait un continuum entre la santé mentale et la pathologie mentale.

En même temps, on recevait une gifle magistrale pour notre ego et, bien sûr, cela déclenchait des résistances. Il n'y avait plus tant de différences entre le schizophrène et le psychiatre qui le soignait, entre le dépressif et son médecin. Nous étions tous des êtres bourrés de conflits et de représentations censurées.

Le malade mental réveillait tout cela. Si nous ne voulions pas nous engluer dans des processus contre-transférentiels, nous devions aller sur le divan afin que, par le jeu des associations, du regard sur nos rêves et du transfert établi avec notre analyste, nous apprenions à mieux nous connaître et, de là, à mieux soigner.

Cette exigence, présentée parfois comme une obligation, nous a embarqués dans une singulière aventure. Non seulement il fallait faire de longues études médicales, des études psychiatriques complexes, mais pendant cinq, six ou sept ans, à raison de trois séances par semaine, nous devions dépenser temps et argent pour prétendre, de façon un peu naïve, dépasser nos conflits.

Vous comprenez que le jour où arrivèrent d'autres théories, en particulier les approches groupales et systémiques qui exigeaient des perfectionnements coûteux, les mêmes crispations se produisirent.

Vinrent ensuite l'antipsychiatrie[12], qui remettait en cause nos pratiques, et les courants behavioraux, qui ébranlaient le mythe du symptôme toujours nécessaire puisqu'il est un compromis.

Chaque fois, il fallait reprendre une démarche de formation, d'autant plus que chaque protagoniste de ces théories rigidifiait ses positions pour se faire accepter et pour ébranler les certitudes de l'époque.

S.P.: Dans la première partie de l'histoire que vous venez d'exposer, on se centrait essentiellement sur la compréhension de la personne et sur les mécanismes qui la bâtissent. Voilà que vous abordez maintenant des façons de penser qui élargissent les problèmes en faisant appel au système familial, aux phénomènes sociaux, aux variations culturelles. Parlez-nous d'abord des théories familiales.

M.L. : Avant d'en parler, j'aimerais rappeler que les études se sont d'abord intéressées à la dynamique des petits groupes. Deux noms émergent ici : Lewin et Bion. Lewin [13] développa l'idée, en 1951 je crois, que tout groupe possède ses propres lois de fonctionnement et est animé par des forces d'attraction, de rejet ou d'indifférence. Ces forces se constituent grâce à des interactions dans lesquelles prennent beaucoup de place les rivalités, les rôles et les phénomènes hiérarchiques. Lewin a développé ce qu'on a appelé, un peu plus tard, la psychologie des petits groupes.

En Angleterre, Bion [14] apportait d'autres éléments sur la compréhension de l'enfant. Il démontrait que les groupes d'enfants réagissent fort différemment selon le type de leadership qui s'exerce sur eux. Je crois que les idées de Bion sont arrivées vers 1948, un peu avant celles de Lewin.

Ces deux noms constituèrent le point de départ d'un courant qui a joué un grand rôle en pédopsychiatrie, puisqu'il a débouché à la fois sur la famille en tant que groupe, sur l'utilisation du groupe comme moyen thérapeutique et sur la thérapie dite « de milieu ».

Par exemple, entre 1956 et 1970, aux États-Unis, les travailleurs sociaux se sont subdivisés en plusieurs catégories. Il y eut les « case workers » qui s'appuyaient sur la relation individuelle, les « groups workers » qui réunissaient des enfants ou des parents dans des établissements appelés « settlement houses », pour les amener à découvrir les richesses d'une expérience collective, et les « community workers » qui pratiquaient l'approche communautaire.

Comme je me trouvais aux États-Unis à cette époque, j'ai vu travailler les « groups workers ». Ils entreprenaient des recherches passionnantes sur les petits groupes, en particulier dans les établissements pour enfants. Je pense, par exemple, à Gisella Konopka [15].

De son côté, Slavson établissait là où je me trouvais les concepts de la thérapie de groupe. C'était passionnant de le voir réunir les enfants, le soir, et entreprendre des activités avec eux. Dans l'ici-et-maintenant, il les invitait à reconnaître les processus interactionnels qui les animaient.

Moreno aussi devint un personnage important, sur le plan de la compréhension du groupe, en publiant son célèbre livre sur la sociométrie [16]. Il avait également ouvert à New York une sorte de théâtre, qui a fonctionné pendant longtemps et où les gens venaient faire du psychodrame. On les invitait à créer ensemble des scénarios, à développer leur spontanéité, à sortir de leur solitude, à se projeter dans les rôles qu'ils souhaitaient assumer.

Ces expériences furent reprises avec des enfants. Peu à peu se développa le psychodrame (tant individuel qu'en groupe), pour les uns dans une perspective interactionnelle, pour les autres dans une perspective psychanalytique (je pense à Lebovici[17] et à Anzieu[18] en France). Ainsi, le jeu devenait la voie royale pour exprimer l'inconscient. C'est d'ailleurs avec Anne Ancelin Schützenberg[19] que, pour ma part, j'ai suivi une formation de psychodrame, à la fois individuelle et collective, après avoir vu les travaux de Moreno à New York.

Évidemment, nombre d'éducateurs s'intéressèrent aux petits groupes et appliquèrent ces notions dans les internats, les semi-internats, puis dans les soins de jour et, parfois, dans les soins dits « du soir ». Ce fut le début de ce qu'on appela, en Europe, la thérapie institutionnelle.

Ce courant m'intéressa particulièrement, compte tenu de mon expérience éducative antérieure et de ma formation en psychodrame. Je l'ai beaucoup appliqué en France, dans divers établissements et, une fois au Canada, dans des milieux comme Clair Séjour, Boscoville et l'Hôpital Sainte-Justine.

À partir des recherches de Lewin, certains praticiens ont compris que la famille constituait aussi un petit groupe, qu'elle obéissait à des lois, qu'on y trouvait des phénomènes de leadership et qu'on y jouait des rôles. Il y avait le petit, le grand, le rejeté, celui qui ne savait pas très bien comment se situer parce qu'il est au milieu. Dans une famille, il y a des rivalités, des sous-groupes, des conflits intergénérationnels, des attirances réciproques, et tout cela se modifie au fur et à mesure que le temps passe et que l'âge de chacun change.

À partir de là, on a compris qu'on ne pouvait pas traiter un sujet uniquement sur le plan individuel. On devait s'occuper d'une famille dysfonctionnelle. L'un des premiers qui a tenté la chose fut Nathan Ackerman, de la Colombia University à New York. Il publia un livre qui reste tout à fait passionnant et qui s'intitule *The Psychodynamics of Family Life*[20]. Peu à peu, de nombreuses écoles se constituèrent pour aboutir à ce qu'on appelle, maintenant, les « thérapies familiales » et les « approches familiales ». Ackerman défendait surtout un concept interactionnel.

De son côté, Minuchin[21] défendait un concept structural. Il affirmait qu'il faut modifier la structure de la famille, la remodeler de manière différente pour transformer le système familial en entier.

Des psychanalystes s'intéressèrent aussi à la famille. Ils comprirent que chacun de ses membres possède un inconscient individuel et collectif qui contribue au fonctionnement du groupe. Cela explique l'apparition de conflits et le surgissement de symptômes qui, en fin de compte, sont des compromis pour résoudre des situations conflictuelles. Si les parents ont des enfants de rêve dans leur tête, les enfants ont également des parents de rêve. Et tout cela influence considérablement les processus familiaux.

Par conséquent, autant la documentation sur les petits groupes diminua progressivement, autant les livres sur la thérapie familiale devinrent nombreux. Le docteur Claude Villeneuve[22], à Sainte-Justine, a fait une belle synthèse des différentes écoles qui sont apparues successivement aux États-Unis, en Italie, puis en France. En France, l'apparition fut plus tardive, car il y eut longtemps de fortes résistances à la thérapie familiale.

S.P. : Tout à l'heure, vous avez distingué les courants psychanalytiques des choix américains. Croyez-vous qu'au point de vue de la thérapie familiale et des thérapies systémiques, des courants complexes s'enchevêtrent, tant aux États-Unis qu'en Europe, et même entrent parfois en rivalité les uns avec les autres ?

M.L. : Je le crois, mais je ne me sens pas très qualifié pour répondre à votre question. J'ai suivi un cours avec Nathan Ackerman, quand j'étudiais à New York, puis j'ai un peu pratiqué la thérapie familiale à Sainte-Justine, mais je ne suis pas un spécialiste de cette approche.

En regardant les différences entre les approches de thérapie familiale en Europe et en Amérique du Nord, je dirais que chez les Latins francophones, la lecture du thérapeute se fait beaucoup dans le sens de l'analyse des processus inconscients, qu'ils soient transférentiels ou contre-transférentiels. On est réservé vis-à-vis des approches plus normatives, par exemple celle de Minuchin, dont les interventions sont particulièrement intrusives.

En Amérique du Nord, on se centre davantage sur l'analyse de l'ici-et-maintenant à partir de discussions, de jeux de rôle et d'exercices. On aide les gens à se situer les uns par rapport aux autres. On tente de leur donner la parole. On essaie, de manière assez active, de transformer les interactions entre les membres.

S.P. : On voit donc se profiler à nouveau des différences de perspectives entre les courants psychanalytiques américains et européens, comme si les influences de la thérapie individuelle s'étaient également propagées à l'approche systémique et familiale.

M.L. : Les recherches en thérapie familiale n'ont pas toujours eu pour but de reconstruire le système. À un moment donné, on a voulu croire, dans les grandes écoles américaines, par exemple celle de Palo Alto ou celle de Yale, que les syndromes schizophréniques pouvaient être déclenchés par des systèmes familiaux aliénants. On se trouvait alors à mi-chemin entre une vision interactionnelle et une vision psychanalytique. Rappelons-nous Gregory Bateson [23], avec son concept de double lien, ou Wynne [24] avec celui de la pseudo-mutualité.

Ces auteurs découvraient que des formes particulières de relation pouvaient se produire, qui étaient très déséquilibrantes pour tel ou tel sujet. Ainsi, dans le « double-bind », traduit en français par « double lien », deux messages contradictoires sont constamment envoyés, par exemple à l'enfant à qui on laisse théoriquement la possibilité d'un choix tout en le coinçant en réalité par la force du désir d'un parent tout-puissant.

Dans la pseudo-mutualité, le climat familial est tel que tout affrontement entre les membres devient subtilement interdit, ce qui supprime les richesses du conflit et altère la construction d'une identité individuée.

D'ailleurs, j'ai moi-même expérimenté cette pseudo-mutualité à Harlem. Grâce à un ami noir, je m'étais intégré dans une secte, celle de Father Divine. Celui-ci se prétendait Dieu et immortel (le pauvre, il est mort depuis…). Father Divine interdisait tout conflit entre ses fidèles et dès que nous commencions à discuter sur un sujet, tout désaccord devait s'arrêter si quelqu'un levait la main et disait le mot « paix ».

Heureusement, je me suis rapidement rendu compte de la force pathologique de ce procédé. Tout devait passer par le gourou et, peu à peu, nous devenions des esclaves de sa volonté en perdant notre individualité.

C'est là un bel exemple de la manière dont un milieu peut devenir déséquilibrant. D'ailleurs, cela rejoint les influences pathogènes des sectes.

S.P. : Vous nous montrez bien comment une pensée peut se déstructurer…

M.L. : Si vous le voulez bien, revenons au concept des thérapies familiales. Ces thérapies m'ont déséquilibré, par rapport à ma formation analytique première où la relation duelle était l'unique agent thérapeutique. Les thérapeutes m'ont fait comprendre que nous sommes toujours plongés dans un système et non dans le vase clos d'une relation à deux. Par exemple, si une mère est pathogène, elle ne l'est pas seule. C'est qu'elle n'est ni aidée ni soutenue par un réseau qui devrait lui permettre de s'exprimer et d'interagir avec les autres.

Ces théories familiales m'ont aussi amené à me poser la question suivante: la pathologie mentale peut-elle être créée par un système familial perturbant ? Certes, les théories en vigueur à Palo Alto ou à Yale sur l'origine de la schizophrénie étaient fausses, mais elles nous permettaient de comprendre les souffrances existentielles terribles des personnes qui vivent avec un schizophrène. Elles nous faisaient découvrir l'alchimie des interrelations. La schizophrénie n'est pas créée par la famille, mais celle-ci est profondément perturbée du fait de côtoyer un schizophrène. Certains auteurs l'ont remarquablement démontré, comme Henry[25], élève de Bettelheim. Même si les perspectives sont différentes, nous pouvons relier ces constatations cliniques aux écrits d'auteurs pourtant apparemment éloignés de ces concepts.

Je pense par exemple à Maud Mannoni[26], qui a très bien décrit l'impact du symptôme d'un parent sur l'enfant, et aussi l'impact du symptôme de l'enfant sur les membres de sa famille. Le courant des thérapies familiales nous a montré que le malaise du sujet, voire l'apparition de ses symptômes, sont parfois liés directement à la dynamique du groupe dans lequel il est inscrit.

Parfois, ce malaise aggrave et détériore même les relations entre les membres. L'exemple classique, c'est l'enfant qui s'oppose à un couple déjà fragile et qui précipite alors une rupture.

Les symptômes peuvent aussi être exacerbés par le cocon familial dans la mesure où le sujet est hyper protégé, ce qui provoque une anxiété excessive.

Nous constatons également qu'une famille peut, à la longue, être transformée par la pathologie de l'un des enfants. Ainsi, un enfant autiste oblige à tellement de soins et à tellement d'attentions qu'il induit un parent à devenir salvateur. Le reste du groupe risque d'être mis de côté et les membres de la fratrie peuvent vivre une rivalité effroyable. Le père qui investit trop abandonne la partie ou cherche dans une relation extraconjugale un bonheur qu'il ne trouve pas chez lui, et cela installe une sorte de spirale interactive pathogène.

Le courant familial m'a aussi appris que pour essayer de trouver un équilibre, une famille tente parfois, et même à son insu, d'exacerber certains mécanismes adaptatifs de l'un de ses enfants. Par exemple, si un enfant autiste possède une zone sauvegardée dans le domaine du dessin, la famille peut hypertrophier ce secteur au détriment d'autres aptitudes qui devraient être travaillées.

À partir du moment où l'on regarde ces processus familiaux, on ne peut plus continuer à voir l'enfant comme le produit d'un seul parent pathogène, et encore moins comme la résultante d'un processus uniquement neurobiologique. L'enfant fait partie d'un système et c'est sans doute à partir de cette prise de conscience qu'on a débouché sur la vision systémique.

Cette perspective systémique est intéressante, car elle tente d'établir des ponts entre différentes théories. La théorie des systèmes a d'abord été élaborée par L. Van Bertalanffy[27] qui s'est intéressé à la cybernétique et un peu aux concepts issus des recherches de Lewin sur la communication, dont j'ai déjà parlé.

Différents systèmes se combinent donc pour constituer une personnalité : un système familial, un système culturel, un système social, un système symbolique, un système neurobiologique. Cette vision contient l'affirmation suivante : l'homme est un sujet biopsychosocial qui prend forme et devient de plus en plus une réalité.

S.P. : Je sais que vous vous êtes beaucoup préoccupé, dans votre pratique, d'enfants dont les parents souffraient de maladies psychiatriques. Il est intéressant de voir comment, sur le plan relationnel, la dynamique de l'enfant s'intègre à celle du parent. En effet, les difficultés sont différentes pour un parent déprimé qui côtoie un enfant hyperactif ou pour un parent déprimé qui vit avec un enfant inhibé.

M.L. : Tout à fait. Cela démontre que plusieurs variables s'inscrivent les unes par rapport aux autres. Il est d'ailleurs très difficile de sensibiliser les psychiatres d'adultes au fait que leurs patients peuvent avoir des problèmes de compétence parentale du fait de leur maladie mentale. Reprenons l'évolution des théories. Tout semblait s'éclairer et les théories commençaient à se côtoyer au moment où un nouveau courant nous a encore une fois profondément ébranlés : celui de la vision dite « antipsychiatrique ».

Historiquement, ce courant a commencé à s'affirmer vers 1960-1961. Plusieurs personnes s'étant d'abord intéressées à l'approche familiale ont adopté par la suite les perspectives antipsychiatriques. Il y eut Laing[28], en Angleterre, et Cooper[29], qui travaillait d'abord en Angleterre lui aussi, mais qui a rejoint ensuite le groupe de Palo Alto aux États-Unis. Je citerai également Yvan Illich et Basaglia.

Tous ces gens, d'abord intéressés par l'approche familiale (sauf Illich), nous envoyèrent le message révolutionnaire suivant : la maladie mentale, l'inadaptation sociale, le handicap proviennent de sociétés inadéquates. Si la famille ou l'établissement ne conviennent pas aux malades, c'est qu'ils reflètent la société, elle-même aliénante.

Brusquement, alors que nous étions si bien dans nos bureaux, nous plongions dans l'inconnu, car on s'attaquait aux institutions, à nos pratiques privées et aux hôpitaux psychiatriques. On nous déclarait : « Vous voulez changer le sujet pour l'adapter à tout prix à une société qui n'est même pas bonne ! Vous, psychiatres, éducateurs, psychologues, vous êtes payés par une société qui ne veut surtout pas changer ses rapports de force. Elle vous achète pour se trouver des alibis, pour se donner bonne conscience et continuer à être ce qu'elle est, c'est-à-dire injuste, protégeant les nantis et plaçant les pauvres dans des situations marginales. Vos faux diagnostics, vos tentatives d'étiquetage aliènent encore plus le sujet, sans que vous réfléchissiez aux conditions sociales de son existence. Il faut donc fermer ces hôpitaux psychiatriques et ces centres pour enfants délinquants, car la seule chose qui compte vraiment, c'est d'accompagner le malade dans ce que Laing appelait son " grand voyage libérateur ". »

Après la psychanalyse, ce fut une deuxième gifle à la fois utopique, injuste et salutaire. *Utopique*, parce que ce mouvement niait l'existence de la maladie mentale, jetait par-dessus bord tout ce qui avait été découvert en neurobiologie, en psychanalyse ou avec l'approche cognitive. Les traitements conseillés par Laing, à savoir une sorte de simple accompagnement de la maladie mentale, ont abouti à un certain nombre de catastrophes. *Injuste*, parce que les affirmations semblaient occulter les immenses efforts qui avaient été accomplis, en particulier dans des établissements pour enfants vivant des difficultés sociales. Ces affirmations négligeaient également certaines tentatives d'ouverture, par exemple dans le cadre de l'action en milieu ouvert, dans celui des centres de jour, etc. *Salutaire*, parce qu'il existait, en effet, un grand nombre d'établissements mortifères et de milieux psychiatriques qui ne faisaient que du gardiennage au lieu de traiter leurs patients.

L'antipsychiatrie nous a amenés à nous demander si nous n'étions pas effectivement à la solde de pouvoirs publics se donnant bonne conscience en proposant des solutions qui, en fait, auraient dû être assumées par la collectivité. Bien sûr, la désinstitutionnalisation est loin d'avoir été une réussite, même si on parle souvent de Turin, qui représente une exception. En effet, beaucoup de malades psychiatriques se sont retrouvés dans la rue, comme itinérants, ce qui ne représentait pas une meilleure solution, d'après moi, que de vivre entre les quatre murs d'un établissement. Il n'empêche que cela entraîna une réorganisation de la conception de l'internat et du semi-internat.

Cela participa surtout au mouvement de la sectorisation, qui avait pour but d'organiser, du moins théoriquement, une approche globale dans un lieu géographique donné, en s'appuyant sur les structures naturelles de la collectivité et en assurant une continuité d'interventions.

Personnellement, qu'ai-je tiré du courant antipsychiatrique ? Il est vrai que nous pouvons être aliénés par les personnes dont nous nous occupons et inversement nous pouvons les rendre étrangers à eux-mêmes. Nous pouvons, en toute bonne foi, prolonger inutilement des séjours institutionnels. Pensant que le sujet continue à être perturbé, nous croyons qu'il a éternellement besoin de nos traitements. Lorsque les thérapies brèves sont apparues, on a découvert qu'elles permettaient parfois des résultats à peu près semblables aux thérapies très longues.

L'antipsychiatrie provoqua donc une grande remise en cause, nécessaire malgré tous les excès qu'elle a déclenchés.

S.P. : Pendant quelles années ce courant a-t-il été le plus influent ?

M.L. : Je dirais entre 1965 et 1975. Et il a entraîné un bouleversement, non seulement de nos conceptions thérapeutiques, mais aussi de nos visions diagnostiques. Au Québec, on n'a pas beaucoup parlé d'antipsychiatrie, mais on a fermé des établissements au cours des dix années suivantes. Ce que j'entendais alors revenait passablement à ce que j'avais déjà entendu chez Laing et Cooper, du moins en ce qui concerne les justifications.

S.P. : Pensez-vous que les fermetures actuelles soient dictées par une pensée antipsychiatrique ?

M.L. : Plusieurs variables se sont additionnées, y compris des variables financières. Le courant expérimental aussi a joué un grand rôle, car des études longitudinales ont montré que les résultats sur lesquels nous nous appuyions étaient beaucoup moins brillants que ce que nous pensions.

Ce qui reste pour moi un discours antipsychiatrique, c'est d'affirmer que l'institution n'est pas bonne, qu'elle a des effets iatrogènes, qu'elle provoque des sous-groupes pathogènes qui se marginalisent, qu'elle se coupe de la famille, etc.

Cela est peut-être vrai, mais de nombreux exemples démontrent que les choses ne sont pas aussi simples. Il y a une dizaine d'années, Yvan Illich a été invité au Québec. Il n'est pas venu, mais il avait envoyé une vidéo qui a fait grand bruit, en particulier dans les milieux des Centres jeunesse.

S.P. : Si nous reprenons notre cheminement, nous arrivons aux années 80, au moment où d'autres courants apparaissent progressivement.

M.L. : Un autre courant, bien antérieur aux années 80, s'était déjà fortement installé en Amérique du Nord : je pense aux approches behaviorales. Au départ, il n'y avait eu presque aucune communication entre les quatre grandes écoles behaviorales et le courant psychanalytique.

Citons l'école russe, avec Betcherev[30] et Pavlov[30], ce dernier s'étant intéressé à bien d'autres choses que le fameux chien toujours cité. Pavlov s'était aussi penché sur le problème de la névrose obsessionnelle et de l'hystérie. Quant à Betcherev, il avait étudié le phénomène des perversions sexuelles et la possibilité ou non d'en modifier les effets. Dès 1950, il existait une école sud-africaine, avec Wolpe[30], dont on parlait très peu. Aux États-Unis, il y avait eu le fameux courant défendu par Skinner[30], courant ayant abouti à des pédagogies scolaires très particulières. À Londres, on étudiait les approches behaviorales au Mausley Hospital avec Eisenck[30].

Ce que l'on peut reprocher aux approches behaviorales, c'est le côté simplificateur de leurs théories. Cependant, celles-ci nous rappellent un fait évident : dès la petite enfance, nous nous construisons à partir de renforçateurs positifs de type « tu es un bon garçon ou une bonne fille » quand l'enfant se conduit selon nos normes. Et quand l'enfant ne suit pas le bon chemin, nous utilisons plutôt des renforçateurs négatifs (en faisant de gros yeux ou en donnant des sanctions).

Ces renforçateurs jouent un très grand rôle, car on sait que vers la deuxième année, même la meilleure des mères adresse des messages renforçateurs positifs ou négatifs dans environ 70 % de la vie quotidienne de son petit. Ces messages proviennent d'une certaine conception que nous avons de l'enfant et ils peuvent être excessifs, contradictoires, déviants ou morbides. L'environnement modèle donc la personne et la transforme à partir de ces renforçateurs. Ceux-ci peuvent créer ce qu'on appelle de « mauvaises habitudes », qu'on intitule aussi des « symptômes ».

Par des techniques particulières, qui reposent d'ailleurs sur une qualité relationnelle, on espère pouvoir rectifier ces conduites et faire en sorte que le sujet sorte par exemple de ses états anxieux, de ses états obsessionnels, de certaines déviations sexuelles ou de certains comportements délinquants.

Je ne vois pas très bien comment, à partir de cette théorie, on peut expliquer les grandes maladies mentales. Cependant, il est vrai que pour des troubles de la conduite et pour certains symptômes, ce type d'approche a démontré sa valeur.

Là encore, cela nous a déséquilibrés en nous obligeant à remettre en cause certains messages qui nous avaient été adressés auparavant. Par exemple, on nous avait dit : « Ne vous attaquez pas directement au symptôme, parce qu'il est la résultante d'un compromis dans un conflit. Si vous le supprimez, un autre symptôme apparaîtra, qui sera peut-être encore plus gênant. »

Toutefois, ce n'est pas ce que nous constatons. Sans doute avait-on négligé le fait qu'un symptôme est souffrant en soi, il est aliénant, provoque par sa présence des réactions souvent désagréables de l'entourage et déclenche le rejet. Donc, si on libère le sujet d'un symptôme particulièrement perturbant pour l'entourage ou pour lui-même, on le délivre en même temps d'un poids considérable.

Par conséquent, l'approche behaviorale représente non seulement un ensemble de stratégies de traitement, comme l'immersion ou la réponse paradoxale, mais aussi une véritable théorie du développement qui, associée à d'autres théories, nous permet peut-être de mieux comprendre la manière dont se construit l'humain. Le concept de messages aliénants ou morbides n'est d'ailleurs pas si éloigné qu'on le pense de certaines positions psychanalytiques, car en fin de compte, le fait d'envoyer des messages déviants consiste à faire sortir l'être humain de sa propre histoire, de sa propre enfance.

Une autre idée très pragmatique des approches behaviorales consiste à dire ceci: «Arrêtons de chercher à tout prix les étiologies des maladies mentales alors que nous ne sommes même pas encore arrivés à en saisir la genèse. Occupons-nous plutôt du symptôme, afin que l'individu puisse se normaliser au sein d'une collectivité.»

Bien sûr, le terme «normatif» est dangereux en soi. Quand on a affaire à des comportements de type agressif, délinquant ou pervers, il est tentant d'utiliser des renforçateurs négatifs et de jouer sur son pouvoir d'intervenant pour modifier le sujet, non pas dans le sens de sa liberté, mais dans le sens de ce qui nous paraît bon pour lui. Et on sait à quel point de telles orientations peuvent conduire à des transgressions et à des abus.

S.P. : J'aime que vous souligniez le fait que le behaviorisme est une théorie du développement.

M.L. : Absolument. La psychanalyse reproche parfois aux autres orientations de n'avoir pas proposé de théories cohérentes. Cela est faux. Les théories familiales, les théories systémiques, le behaviorisme, les théories interactionnelles ont aussi proposé des hypothèses au sujet de la construction de la personnalité.

Le drame survient quand une personne pense que seule sa théorie est juste. Je crois que le pari que nous devons faire maintenant, que ce soit en psychiatrie ou en pédopsychiatrie, c'est d'oser amalgamer ces théories pour tenter de mieux saisir la manière complexe dont se constitue un être humain.

Pour en revenir aux approches behaviorales, il est évident que, par exemple, les traitements d'immersion ont démontré leur intérêt pour les personnes phobiques, pour certains troubles obsessionnels et aussi pour certains états anxieux. Je constate également que bien des praticiens s'intéressant aux théories behaviorales ont retrouvé l'importance de l'observation dans l'ici-et-maintenant, c'est-à-dire dans leur vie quotidienne.

On reprend des éléments de sémiologie, on s'interroge sur les situations et sur les personnes qui rendent anxieux, on se demande quelles sont les modalités émotives présentes pour le sujet. On avait quelque peu oublié toutes ces observations pourtant très fines.

Ainsi, dans le domaine de l'autisme, en particulier pour les autistes profonds, les approches comportementales comme celles de Schopler ou de Lovaas sont intéressantes, à condition qu'on ne les considère pas comme la seule solution à l'approche éducative du sujet autiste. D'ailleurs, nous constatons peu à peu que ce qu'on appelait le behaviorisme s'ouvre à autre chose. Par exemple, on parle du behaviorisme social et les courants cognitifs tendent à se rapprocher des courants comportementalistes.

Sur le plan historique, les courants cognitifs sont de trois ordres : il y a les courants phénoménologiques, les courants piagetiens et la psychologie cognitive, qui a débouché sur ce qu'on appelle maintenant les « thérapies cognitives ».

Sur le plan phénoménologique, l'idée principale c'est que la vision de soi et de son propre monde détermine énormément son comportement. Peu à peu, à l'intérieur de soi, on se construit un certain nombre de représentations et, à partir de cette connaissance qu'on a du monde, on adopte telle ou telle attitude. Par exemple, on peut se sentir tout le temps en échec, tout le temps persécuté. Il se produit alors des distorsions qui peuvent être travaillées, distorsions cognitives qu'on avait sûrement un peu trop négligées.

L'autre courant, c'est le structuralisme, représenté en particulier par Jean Piaget, qui a montré comment un être humain se développe par stades. Piaget nous a indiqué que chacun de ces stades s'enchaîne aux autres. Ainsi, on passe de la pensée purement sensorimotrice à une succession d'étapes, pour déboucher sur la pensée symbolique.

Si ces notions de Piaget[31] sont à revoir au fur et à mesure de l'évolution de la culture, elles ont été et restent de grands apports pour ce qu'on appelle maintenant la « psychologie cognitive » avec l'influence des croyances et des concepts personnels, avec l'intrication de l'affectif, du cognitif et du comportemental.

Quand je lis les auteurs qui s'intéressent à ces perspectives cognitives, je suis toujours impressionné par l'intérêt qu'ils accordent à la collecte de données. Selon eux, il faut savoir déterminer un problème, définir des buts, engager activement le patient dans une démarche, établir une relation thérapeutique fondée sur la collaboration. Il ne faut pas hésiter à adopter une approche assez directive, dans la mesure où le patient donne son accord. Il faut convenir qu'on va agir dans un temps limité, se préoccuper de la prévention des récidives et essayer de voir à quel moment et dans quel cadre les distorsions cognitives peuvent ressurgir et donc de quelles façons on peut les éviter.

On voit chez les auteurs qui se sont récemment réclamés du cognitif qu'ils ne s'attachent plus seulement aux symptômes et qu'ils reviennent à des notions de structure de personnalité. D'ailleurs, je crois que certains auteurs plus anciens et considérés comme des psychanalystes (je pense par exemple à Bion) seraient maintenant beaucoup plus considérés comme des cognitivistes.

S.P. : Ce dernier point est très intéressant. On sent émerger une espèce de regroupement entre des paramètres qui paraissaient jusque-là irréconciliables. De l'inconscient en passant par l'interactionnel, le comportementalisme, le behaviorisme et le cognitivisme, on revient peu à peu aux liens possibles entre des perturbations psychiques et un éventuel dysfonctionnement biologique. La boucle se trouve ainsi reconstituée.

M.L. : Effectivement. Tout ce cheminement me fascine, d'autant plus que j'ai moi-même été amené à le suivre, par des rencontres successives. J'ai d'abord baigné dans un courant organiciste, puis dans un courant psychanalytique, puis dans un courant interactionnel, puis dans un courant de thérapie familiale, puis dans un courant dit « expérimental ». De plus, j'ai rencontré les cognitivistes et les behavioristes, même si je n'ai pas beaucoup pratiqué leurs approches.

Et voilà que nous nous retrouvons maintenant avec de nouveaux apports sur le plan des connaissances neurocérébrales ! Les progrès des neurosciences nous amènent à ne pas rester uniquement dans la subjectivité, mais à nous demander comment se construit la pensée, dans le sens le plus large possible.

Certes, l'environnement peut dérégler nos circuits neuronaux, mais le trouble de ces circuits peut être primaire et entraîner une certaine manière de ressentir, de penser et d'agir. Grâce à de nouvelles technologies, comme l'imagerie cérébrale, l'étude des potentiels évoqués, les techniques par positron ou par imagerie cérébrale fonctionnelle (beaucoup moins invasives), et malgré nos nombreuses limitations, on comprend un peu mieux certaines distorsions de la pensée que l'on retrouve, par exemple, dans les grandes maladies mentales ou dans certains troubles du comportement, comme l'hyperactivité.

Le corps reprend de l'importance et, dans ce corps, on donne toute sa place au cerveau, dont le fonctionnement dépend de l'ensemble des autres organes. Nous sommes à l'aube d'une science fascinante et qui fait peur, parce qu'elle touche à nos processus affectifs, relationnels, sociaux et cognitifs. Cependant, elle prépare sans doute de grandes découvertes dans le domaine des maladies mentales dont les traitements nous échappent encore. Nous le sentons dans les synthèses psychiatriques récentes telles celle sous la direction de P. Lalonde, J. Aubut et F. Grunberg[32] qui s'intitule *Psychiatrie clinique. Une approche bio-psycho-sociale.*

Plus les neurosciences progresseront, plus la psychopharmacologie s'affinera, plus on verra que le cerveau n'est pas un organe isolé, mais qu'il dépend plutôt du fonctionnement général du corps, et plus le psychiatre devra redevenir médecin, non seulement de l'esprit, mais aussi du corps.

Vous savez à quel point nous avons vécu avec le tabou selon lequel nous ne devions pas nous occuper du corps de nos malades, que nous ne devions pas pratiquer l'examen physique, que nous ne devions ausculter ou toucher aucun patient. Cette interdit m'a toujours paru absurde. Je me demandais bien pourquoi le psychiatre faisait d'aussi longues études médicales si c'était pour se dépêcher d'oublier son savoir par la suite.

S.P.: Vous m'amenez à une dernière question. Vous nous avez donné une description précise d'une bonne partie des courants qui ont influencé la pratique psychiatrique. Selon vous, dans quelle direction irons-nous au cours des prochaines années?

M.L.: Avant de répondre à cette question, je voudrais souligner deux dernières influences, celle des recherches à caractère expérimental et celle de l'ethnopsychiatrie. Pendant longtemps, nous avons vécu avec l'idée que nos actions n'étaient pas mesurables. Je me rappelle la phrase célèbre de Favez-Boutonnier: «Dans les sciences humaines, l'objectivité c'est la rencontre de deux subjectivités et rien n'est mesurable.»

Aujourd'hui, on remet en cause de telles affirmations, que ce soit par des études épidémiologiques, par des études avec groupes-témoins, par des questionnaires standardisés ou par des observations extrêmement précises en fonction de grilles préparées à l'avance. Ainsi, nous pouvons mieux détecter l'évolution des patients que nous recevons en traitement et comparer l'efficacité de ces derniers.

On commence à oser dire aux psychiatres: «Vous ne pouvez pas continuer à vous centrer sur une théorie unique, simplement parce qu'elle vous plaît et parce qu'elle répond à vos conceptions philosophiques. Vous êtes des médecins et, comme pour tous les praticiens de cette discipline, il vous faut connaître les résultats de vos différents traitements. Si, à un moment donné, telle approche réussit mieux qu'une autre, vous ne pouvez pas rester sur une théorie antérieure. Ce serait inadmissible en cardiologie ou en gastroentérologie. Pourquoi serait-ce acceptable en psychiatrie ou en pédopsychiatrie ? » La deuxième influence est l'ethnopsychiatrie. Ce n'est pas un hasard qu'à l'ère de la mondialisation, on cherche à mieux saisir ce qui est propre à tous les humains et ce qui est lié aux activités, aux modèles de vie et de pensée d'une culture donnée.

Il y a donc finalement une révolution à accomplir dans les mentalités. Par rapport à votre question « Quels seront les grands changements qui s'annoncent ? », je pense pour ma part qu'il y en aura au moins deux. D'abord, nous oserons élaguer les théories proposées et en retirer ce qui demeure incertain, incomplet, hallucinatoire et dépassé. La psychanalyse restera certainement une science des représentations, une magnifique vision humaniste de l'être humain et un mode de soutien dans les souffrances existentielles. Cependant, si elle n'élague pas ses concepts, elle disparaîtra peu à peu. Si elle veut défendre à tout prix des points de vue étiopathogéniques qui se révèlent faux, on finira par en rire et on oubliera un certain nombre d'apports fondamentaux de cette théorie. Ce serait dramatique.

Le deuxième changement est un peu le corollaire du premier. Nous ne pouvons pas rester des philosophes de la vie humaine. Nous sommes des médecins et nous établissons nos actes en fonction des données scientifiques du moment, en sachant bien que les connaissances évoluent.

J'espère que les générations à venir utiliseront avec prudence les nouvelles connaissances sur les organisations cérébrales, tout en continuant à voir l'importance de la relation, sans toutefois figer à nouveau la psychiatrie dans une direction univoque et sans tomber dans une forme de violence qui nous guette, celle de transformer les personnalités grâce à une psychopharmacologie qui va devenir de plus en plus performante et donc attirante, dans le sens de « faire vite et de supprimer des symptômes sans se poser de questions ».

Références bibliographiques

1. MAGNAN, J. *Leçons cliniques sur la maladie mentale*. Paris : Publications du progrès médical, 1891.
2. EY, H. *Manuel de psychiatrie*. Paris : Masson, 1963.
3. KLEIN, M. *La psychanalyse des enfants*. Paris : PUF, 1959.
4. LACAN, J. *Écrits*. Paris : Éditions du Seuil, 1966.
5. BOWLBY, J. *Attachement et perte*. Paris : PUF, 1978.
6. SPITZ, R.A. *De la naissance à la parole, la première année de vie*. Paris : PUF, 1968.
7. WINNICOT, D.W. *Processus de maturation chez l'enfant : développement affectif et environnement*. Paris : Payot, 1970.
8. HARTMAN, H. *Ego Psychology and the Problem of Adaptation*. New York : International Universities Press, 1958.
9. RAPAPORT, D. « Psychoanalysis as developmental psychology » in B. Kaplan et S. Wapner (eds) *Perspectives in Psychological Theory*. New York : International Universities Press, 1960.
10. ERIKSON, E.H. « Identity and the life cycle : selected papers » *Psychological Issues* 1959 1 (1): 1-171.
11. BRAZELTON, T.B. et B. CRAMER. *Les premiers liens : l'attachement parents/bébé vu par un pédiatre et un psychiatre*. Paris : Stock, 1991.
12. BOSSEUR, Ch. *Clefs pour l'antipsychiatrie*. Paris : Seghers, 1974.
13. LEWIN, K. *Personality and Behaviour Disorders*. New York : Ronald Press, 1974.
14. BION, W.R. *Recherches sur les petits groupes*. Paris : PUF, 1965.
15. KONOPKA, G. *Group Work in the Institution : a modern challenge*. New-York : Whiteside and Morrow, 1954.
16. MORESNO, J. L. *Fondements de la sociométrie*. Paris : PUF, 1954.
17. LEBOVICI, S., R. DIATKINE et E. KERTEMBERG. « Bilan de dix ans de pratique au psychodrame analytique chez l'enfant et l'adolescent ». *Psychiatrie de l'enfant* 1958 (1) : 63-179.
18. ANZIEU, D. *Le psychodrame analytique chez l'enfant*. Paris : PUF, 1956.
19. ANCELIN SCHÜTZENBERGER, A. *Précis de psychodrame*. Paris : Éd. Universitaires, 1966.
20. ACKERMAN, N. *The Psychodynamics of Family Life*. New York : Basic Books, 1958.

21. MINUCHIN. S. *Families and Family Therapy*. Cambridge: Harvard University Press, 1974.

22. VILLENEUVE, C. et A. Toharia. *La thérapie familiale apprivoisée.* Montréal: Presses de l'Université de Montréal, 1997.

23. BATESON, G. *Vers une écologie de l'esprit.* 2 vols. Paris: Éditions du Seuil, 1977 et 1980.

24. WYNNE, L. C., I. Rychoff, J. Day et S. Hirsch. « Pseudomutuality in the family relations of schizophrenics ». *Psychiatry* 1958 (21): 205-220.

25. HENRY, J. *Pathways to Madness*. New York: Random House, 1965.

26. MANNONI, M. *L'enfant, sa maladie et les autres*. Paris: Éditions du Seuil, 1967.

27. BERTALANFFY, Von L. *General System Theory*. New York: Braziller, 1968.

28. LAING, R. D. *La politique de l'expérience*. Paris: Stock, 1969.

29, COOPER, D. *Mort de la famille*. Paris: Éditions du Seuil, 1972.

30. C. M. FRANKS (eds) *Behavior Therapy: Assesment and Status.* New York: McGraw Hill, 1969.

31. PIAGET, J. *Psychologie et épistémologie*. Paris: Éditions Gonthier, 1970.

32. LALONDE, P., J. AUBUT, F. GRUNBERG et coll. *Psychiatrie clinique: une approche bio-psycho-sociale.* 2 vols. Boucherville: Gaëtan Morin Éditeur, 2001

L'art, le savoir et la science sont-ils compatibles ?

Dialogue avec Sylvain PALARDY

Influences personnelles et courants théoriques ayant été discutés, une question a tout naturellement surgi :

« L'art, le savoir et la science sont-ils compatibles au fil des journées de travail ? »

Cette question avait fait l'objet du thème d'un congrès récent des psychiatres du Québec et le docteur Michel Lemay avait fait une conférence sur ce sujet à cette occasion.

Le docteur Sylvain Palardy lui demande de continuer la discussion entamée lors de ce congrès.

L'art, le savoir et la science sont-ils compatibles ?

S.P. : Docteur Lemay, nous savons que la pédopsychiatrie évolue rapidement depuis quelques années. Comment percevez-vous, dans notre profession, le fragile équilibre entre l'art, la science et le savoir ?

M.L. : Cet équilibre est toujours précaire, car nous sommes en continuelle recherche. Bien que cela semble paradoxal, c'est sans doute autour de l'art que je répondrai avec le plus de facilité à votre question. Dans la démarche de la pédopsychiatrie et de la psychiatrie tout court, une partie de notre action repose sur la qualité de la relation, et il faut un art pour établir cette relation.

Il est plus difficile de parler du savoir. Celui-ci permet de reconnaître les difficultés dans le développement d'un enfant, de construire des hypothèses étiologiques et de dégager des orientations thérapeutiques. Quand je regarde mon cheminement depuis une quarantaine d'années, je découvre à quel point le savoir, tout en se répétant, se modifie, s'enrichit mais aussi se rigidifie ou encore se contredit.

Enfin, pour ce qui est du thème de la science, c'est-à-dire ce sur quoi nous appuyons notre savoir, j'ai l'impression que nous sommes à l'aube de la connaissance.

S.P. : Voulez-vous dire qu'il y a encore énormément de choses à découvrir dans ce que nous faisons ?

M.L. : Oui. Certes, nous savons déjà un certain nombre de choses. Nous avons fait des progrès réels dans la connaissance du développement de l'enfant. Par exemple, grâce à l'œuvre considérable de Piaget, nous savons mieux comment l'enfant développe sa motricité et comment se construit son intelligence. Cependant, nous nous sommes rendu compte que l'enfant avait des capacités cognitives beaucoup plus précoces que Piaget ne l'avait perçu lorsqu'il parlait des étapes où la symbolisation se construit et qui ont lieu au cours des deux premières années de vie.

Nous remettons en question nos connaissances sur le développement intellectuel, et pourtant elles concernent un domaine où il est possible de passer des tests et de faire des observations systématiques... Que dire alors du domaine qui concerne la préhistoire de l'imaginaire ?

L'œuvre de Mélanie Klein, pour ne citer qu'elle, nous montre combien il est illusoire et difficile de distinguer de façon scientifique les projections et les hypothèses d'un auteur. Qu'est-ce qui est scientifique et qu'est-ce qui est hallucinatoire ?

La biologie nous permet d'apercevoir des lueurs à ce sujet. Ainsi, nous commençons à établir des liens entre telle zone cérébrale et la captation de tel signal. Je pense par exemple aux découvertes sur le gyrus fusiforme, un organe qui semble capter les signaux du visage et les décoder. Or, le gyrus fusiforme est bien petit par rapport à l'ensemble du cerveau. Il faudra encore des décennies avant que nous fassions des liens étroits entre le développement de l'enfant et sa maturation. Il faudra sans doute encore plus de temps pour savoir où se loge telle pathologie mentale.

En plus, le fait de découvrir l'élément neurobiologique causal ne nous dit pas pour autant quelle est la place de l'environnement dans l'évolution de la pathologie. On en trouve un bel exemple dans le mongolisme. On le sait maintenant : il s'agit là d'une aberration chromosomique touchant le chromosome 21. Pourtant, nous n'avons pas avancé d'un millimètre sur le traitement à donner !

S.P. : Il y a trente ou quarante ans, on croyait pouvoir aborder les problèmes d'un enfant à partir de son histoire relationnelle antérieure et des traumatismes de ses premières relations. Aujourd'hui, on parle davantage de biologie, de plasticité cérébrale, de génétique. Dès lors, comment dépasser les programmes informatiques, les analyses de données et, de là, les prescriptions de tel traitement spécifique ? Où se retrouve l'art dans notre travail ?

M.L. : Nous avons suffisamment de recul, ne serait-ce que par le témoignage de nos petits patients, pour affirmer que le sujet peut échapper à la souffrance dans une certaine mesure si nous arrivons à établir avec lui et sa famille une relation dite thérapeutique.

À ce propos, une chose est fascinante : nous utilisons ici les mêmes mots que si nous abordions le domaine de la compétence parentale. Cela ne veut pas dire que la situation est la même, mais les termes sont identiques. Savoir s'attacher à quelqu'un pour s'appuyer sur cette personne suppose des caractéristiques relationnelles quasi universelles.

Prenons le mot « empathie » : on dit qu'une mère doit avoir de l'empathie, et on souligne l'importance de cette attitude pour tout pédopsychiatre ou n'importe quel intervenant en santé mentale. Que veut-on signifier par là ? Bien que la situation diffère, on veut dire la même chose. Tout échange exige de ne pas confondre ce qui émerge des désirs et des discours de l'autre avec ce qui émerge de nos propres désirs et de notre propre aventure intérieure. Si le thérapeute ne prend pas de distance, s'il n'arrive pas à entendre le ressac de ses émotions, il risque de ne voir l'autre que selon ses propres projections.

Prenons un autre terme : celui que Bion appelle la « fonction de contenant ». Une maman doit absorber la rage, la douleur, la souffrance de son petit enfant, elle doit l'assimiler. Puis, afin que son petit se sente reconnu et accepté, elle doit redonner tout cela, d'une manière transmissible, en utilisant des mots, des gestes, de la tendresse. Dans notre pratique aussi, nous devons accueillir quotidiennement la souffrance, la peine et la rage, et l'assimiler, même si cela fait mal. Nous devons aussi prendre suffisamment de distance pour ne pas être submergés par ces émotions. Dans une écoute authentique et vibrante, nous proposons ou reformulons un certain nombre de choses, tout en les rendant acceptables. Grâce à nos mots, l'enfant ou l'adulte s'apaise et peut aller plus loin dans le regard porté sur lui-même.

Prenons une troisième attitude, intitulée « l'anticipation positive ». Un parent voit rarement son enfant tel qu'il est. Il veut tellement le voir progresser et bien communiquer qu'il en arrive à décoder un sourire avant qu'il ne sourie, il l'entend parler avant qu'il ne parle. Par cette sorte d'attente hallucinée, il lui renvoie ainsi, comme dans un miroir, l'image de ce qu'il sera un jour. Avec la maturation, l'enfant capte peu à peu ces images, découvre des points de repère fondateurs et prend confiance en lui. L'ensemble des difficultés familiales, personnelles et sociales vécues par un enfant aboutit parfois à une telle somme de conflits que, dans notre pratique, nous nous sentons submergés, impuissants, découragés. Nous pouvons alors devenir mortifères en ne croyant plus à l'évolution du petit humain et en formulant un pronostic qui finit par empêcher l'évolution, puisqu'il renvoie au sujet l'image d'une implacable chronicité.

On pourrait analyser bien d'autres attitudes de la même manière. Cette analyse reste valable quelle que soit l'époque, en 1960 comme en 2005. On peut encore en ajouter d'autres, selon l'école de pensée à laquelle nous nous rattachons. Les uns prônent le rôle de la séduction ou du charisme. D'autres insistent sur l'importance d'une certaine neutralité pour créer chez le sujet accompagné une zone de liberté. D'autres encore favorisent au maximum les projections sur leur personne, afin que le sujet puisse s'en servir pour transférer les images vécues dans le passé. Selon les modes, on insiste sur l'objectivité ou la subjectivité.

Quand j'étudiais à Paris, à la Sorbonne, j'ai entendu madame Favez Boutonnier nous dire qu'il n'existait pas d'objectivité dans les sciences humaines. Selon elle, seule l'intersubjectivité existait. « Laissez-vous aller dans vos impressions et vous rejoindrez l'autre. » La seule objectivité qui soit, disait-elle, c'est la rencontre de deux subjectivités.

Ce discours n'est plus guère à la mode. Aujourd'hui, on dit plutôt qu'il faut tout vérifier par des approches standardisées. On considère souvent la subjectivité comme antiscientifique. Qui a raison dans tout cela ?

Pour moi, l'un des grands apports de la psychanalyse, quelles que soient les affirmations parfois hasardeuses qui jalonnent son histoire, c'est d'avoir osé dire qu'il existe un certain continuum entre un sujet sain et un sujet malade. Nous avons tous les mêmes besoins, les mêmes attentes. Peu importe l'âge, nous voulons tous rencontrer des gens qui nous acceptent, qui nous aiment et qui deviennent des figures d'attachement. Leur souffrance et leur histoire nous touchent et percutent des zones de nous-mêmes. Ces personnes sont à la fois semblables et différentes dans leurs blessures.

Si nous ne regardons pas avec l'aide d'un autre praticien ces parties conflictuelles de nous-mêmes, qui servent en même temps à comprendre autrui, nous risquons d'entrer en fusion et, surtout, en confusion. C'est ce que les uns appellent le « contre-transfert », d'autres « la résonance », d'autres encore « le réveil de nos émotions intérieures ». Peu importe la terminologie, même si les mots comportent des nuances marquées, l'essentiel est d'oser nous remettre en cause.

Plus un sujet est anxieux, déprimé et plongé dans une vision où l'existence semble irréelle (ce qui est le cas de tant de nos patients), plus il a besoin de ces approches relationnelles dont le maniement est un art.

Je ne veux pas prétendre que notre action repose seulement sur la relation. Cependant, il faut reconnaître que notre personnalité est notre principal outil, avec ses qualités et ses limites. Il faut donc oser se mettre à la disposition du patient, avec l'ambition de devenir tantôt un lieu projectif et tantôt un moi auxiliaire, tantôt un contenant et tantôt un médiateur, tantôt un renforçateur et tantôt un témoin de la réalité, tantôt un rappel d'un interdit et tantôt le réanimateur d'une vie psychique défaillante.

Peut-on apprendre l'empathie et le respect de l'autre ? Ou s'agit-il plutôt d'une sorte d'acquis identitaire lié à notre histoire personnelle ? Une alchimie troublante où tempérament et rencontres s'interpénètrent ? Une spirale interactive — réussie ou échouée — à laquelle participe le patient avec sa propre aventure, ressentie et dite ? Voilà des questions redoutables.

Bien sûr, ces qualités communicatives sont distribuées inégalement, selon les personnes et les situations, mais une certaine disposition d'esprit envers l'autre reste un acquis de base qu'on a ou qu'on n'a pas. À partir de là, peut-on espérer qu'une démarche — exigeant mise en cause, expérimentation, accumulation d'expériences, accompagnement et regard sur soi — parvienne à transformer un bagage identitaire initial en un mode d'organisation susceptible de se perfectionner ?

C'est, depuis des décennies, le pari de divers instituts de psychothérapie ou d'analyse personnelle et didactique, où l'on préconise des thérapies, individuelles, de groupe, des supervisions ou des jeux de rôle. On tente de rendre le praticien plus disponible à lui-même et à autrui. De façon très subjective, je dirais qu'il y a des thérapeutes remarquables, d'autres moins et d'autres franchement médiocres. Cette constatation m'amène toujours à évoquer le cas des musiciens.

Lorsqu'un enfant est plongé dès sa naissance dans une atmosphère familiale baignée de musique, il risque non seulement d'être beaucoup plus motivé que les autres enfants de son âge à travailler un instrument, mais aussi de réussir mieux que la moyenne. L'enfant entreprendra un long apprentissage, au cours duquel la technique, la culture et la connaissance de la théorie joueront bien sûr leur rôle. Cependant, ce qui distinguera vraiment le grand artiste, c'est sa sensibilité, son engagement et sa fougue, ainsi que sa capacité à éprouver et à transmettre des émotions. La différence se bâtit dans l'indicible.

La même réalité se retrouve dans nos approches. Un bon thérapeute s'interroge régulièrement sur son double regard. Il s'efforce constamment de ne pas confondre ses propres variations émotives et ses propres désirs avec ceux de son patient. Il se met à l'écoute en offrant une certaine disponibilité intérieure. En même temps, il accepte de se laisser quelque peu envahir par ses affects, par son enthousiasme et par sa sensibilité, en sachant qu'aucune mélodie verbale ou gestuelle ne peut être recueillie ou transmise sans l'appui de ses propres résonances. Et qu'on le veuille ou non, celles-ci touchent et font vibrer son intimité.

S.P. : Vous nous ramenez à l'essence même d'une personne qui soigne.

M.L. : Nous devons être capables d'empathie tout en gardant une distance, nous devons vibrer et nous laisser toucher sans être blessés.

S.P. : Le terme « vibrer » envoie à une écoute attentive et à une participation affective. Et malgré l'évolution des sciences, de tels mots restent. Cela m'incite à vous poser une question centrale pour notre discussion : actuellement, il nous faut agir rapidement à cause de la pression dans le domaine des soins, à cause de la multiplicité des demandes et à cause des nombreux problèmes auxquels nous faisons face. Est-ce que cette urgence est compatible avec l'art, la science et le savoir ?

M.L. : Évidemment, les répercussions de tout cela sont sérieuses. Une relation exige du temps, de la prudence et la capacité de suivre le rythme du patient. Peut-être nous restreignons-nous parce que nous devons agir à la fois rapidement et intensément ? Peut-être au contraire cela renforce-t-il nos qualités d'intervenant ? Quand nous nous autorisions à prendre un enfant pendant deux ou trois ans, trois fois par semaine, pour une thérapie de longue durée, nous pouvions faire un certain nombre de bêtises, car nous avions la possibilité de nous rattraper.

En revanche, si nous disposons seulement de cinq heures pour résoudre une crise, l'alliance thérapeutique devient encore plus indispensable. Il nous faut démontrer encore plus de qualités essentielles, comme l'empathie, la sincérité, l'anticipation positive ou la capacité de nous contenir. Par conséquent, les exigences demeurent. Pourtant, la tentation est grande de les délaisser au profit de la prescription immédiate d'un antidépresseur ou de toute autre médication, pour passer à un autre patient. Si, au lieu de voir cinq enfants par jour, comme nous le faisions autrefois, il nous faut en rencontrer quinze, la qualité des échanges s'en trouve singulièrement modifiée.

Le danger serait de dire que la réalité économique et les pressions sociales nous obligent à abandonner tout cela pour nous en remettre à des approches purement techniques. Nous devons nous battre pour affirmer que la pédopsychiatrie ne se fait pas n'importe comment et de n'importe quelle façon. Dans le passé, il y a sans doute eu des exagérations dans la durée des approches, mais aujourd'hui nous risquons de perdre des acquis fondamentaux.

Prenons un exemple : il y a une dizaine d'années, nous gardions des enfants jusqu'à trois et même quatre ans dans les services de soins de jour. Cela empêchait bien d'autres jeunes d'avoir accès à des soins. Bien sûr, certaines de ces interventions de longue durée ont été bénéfiques, mais beaucoup d'enfants se sont retrouvés institutionnalisés par cette manière d'agir, qui les maintenait dans un rôle de « malades ». Il faudrait trouver un juste milieu entre ces longues durées de soins et les deux mois qu'on veut nous imposer à l'heure actuelle.

S.P. : Depuis quelques années, nous suivons des petits enfants qui souffrent de troubles envahissants du développement, et cela relève d'un domaine particulier où la souffrance se vit à très long terme. Avec de tels enfants, comment conjuguez-vous l'art et le savoir ?

M.L. : Le fait de m'occuper d'enfants qui présentent des troubles envahissants du développement ne modifie en rien ma pratique sur le plan de l'art. Ces enfants et leurs familles souffrent beaucoup, et ce que j'ai dit auparavant reste essentiel.

Nous devons nous tenir dans un registre à la fois affectif et contrôlé pour accompagner des parents dans l'annonce du diagnostic, les amener à exprimer leurs craintes, rester ouverts à leurs questions, leur proposer des pistes d'intervention et les engager dans une œuvre de longue haleine.

En même temps, notre savoir a modifié nos façons de penser et d'agir. Il y a 15 ans, le terme de « troubles envahissants du développement » n'existait même pas. On ne connaissait que l'autisme de Kanner et on affirmait que, sur 10 000 enfants, seulement 3 ou 4 % présentaient une telle pathologie. On voyait les autistes comme de grands malades chroniques qui n'évolueraient jamais beaucoup. Or, on a découvert peu à peu que des troubles existaient dans le spectre de l'autisme.

Qu'est-ce que cela veut dire ? Il y a plus d'enfants qu'on ne le pensait qui ont des difficultés de communication réciproque, des perturbations dans leur mode d'expression, des conduites répétitives, des préoccupations inhabituelles et des anomalies d'intégration sensorielles. Autant de problèmes qui se rapprochent de l'autisme et qui, contrairement à ce qu'on affirmait un peu hâtivement, sont de nature neuroperceptuelle plutôt que d'être liés à des perturbations relationnelles.

Une telle prise de conscience nous a amenés à regarder différemment les parents, à les voir comme des collaborateurs et non comme des responsables d'un processus pathogène. Maintenant, nous nous appuyons autant sur leurs observations que sur nos connaissances. Et nous bâtissons ainsi, pas à pas, de véritables équipes parents-soignants, sans la hiérarchie qui existait auparavant. Grâce à un meilleur savoir, nos attitudes deviennent beaucoup plus respectueuses. Certes, les connaissances dans ce domaine sont encore bien fragmentaires et beaucoup de surprises surgiront à ce sujet dans les prochaines années ou les prochaines décennies.

Cela me permet de dire une chose importante : un certain nombre d'attitudes relationnelles contribuent à fonder une identité et, à ce titre, elles sont fondamentales. Quant au savoir, il constitue simplement un passage dans une évolution.

Une telle affirmation peut facilement déséquilibrer quelqu'un, car il est engageant d'entreprendre de longues études. Si j'ai suivi pendant sept ou huit ans une formation psychanalytique didactique, avec tout ce que cela représente d'efforts personnels et d'efforts financiers, et que je découvre, 15 ans plus tard, que la psychanalyse apporte peu d'indications, du moins en ce qui concerne ces troubles envahissants du développement, quelque chose se crispera profondément en moi.

Les nouveaux savoirs m'obligent à rectifier ma conception du traitement et me contraignent à reprendre de longues périodes de perfectionnement pour acquérir des connaissances qui changeront encore dans quelques années. Et cela n'est pas une simple vue de l'esprit ! Aujourd'hui, quand j'entends des chercheurs me parler de neurobiologie, des inhibiteurs et des récepteurs, de tel ou tel neurotransmetteur, je vacille quelque peu, car pour bien les suivre, j'aurais besoin de réétudier pendant de longs mois la chimie, la physique et la neuro-anatomie. Que sera la pratique de la psychiatrie dans 40 ans ? Difficile à dire actuellement, alors que nous commençons à peine à comprendre le fonctionnement du cerveau…

S.P. : Avez-vous l'impression qu'on opère une sorte de jonction, au sens large, entre la neurobiologie et les facteurs environnementaux ? Nous découvrons de plus en plus que les structures cérébrales peuvent être modifiées ou même lésées par des stresseurs psychologiques. Un effort surgit pour réunir ce qu'on appelait autrefois le biosocial. On arrive aujourd'hui à démontrer, et de façon fine, que telle structure cérébrale est touchée dans telle situation affective. Ainsi, on a compris qu'il y a plus de dépressions chez les gens dont le niveau de stress est élevé de façon chronique.

M.L. : Ce domaine connaît une évolution extrêmement intéressante. Nous avons longtemps nié la réalité en affirmant que nous adoptions une approche biopsychosociale. En réalité, il s'agissait d'un alibi pour ne rien changer.

À présent, nous admettons que l'être humain dépend d'une structure cérébrale, elle-même liée à des facteurs biologiques, des facteurs rénaux, intestinaux, cardiaques. Ce corps global capte de l'information, l'intègre et l'organise dans des circuits neuronaux qui peuvent être perturbés dès l'origine, sans doute par des facteurs génétiques, mais aussi par des facteurs acquis pendant la grossesse et par des événements prénatals ou postnatals.

Il n'y a pas plus psychosomatique qu'un cerveau ! Les stress environnementaux peuvent dérégler ses circuits. Et cela est si vrai que, dans des stress post-traumatiques, l'imagerie cérébrale nous montre des zones dont les perturbations font suite à des événements liés à une histoire personnelle.

En ce sens, nous avons fait un pas en avant et nous nous approchons sans doute de certaines vérités. Cependant, soyons vigilants. Dès que nous mettons de l'avant le mot « vérité », tout risque de se figer. Ne l'oublions pas : chercher, c'est d'abord douter.

S.P. : L'art consiste-t-il à mettre ensemble des renseignements différents de nature biologique, affective et sociale, afin que les thérapeutes deviennent de plus en plus compétents et cessent de compartimenter le savoir ?

M.L. : Sûrement. Vous parliez tout à l'heure des troubles envahissants du développement. Je vais prendre un exemple concret pour illustrer mon propos.

Les enfants qui présentent ces troubles bénéficient considérablement des thérapies de milieu. Qu'est-ce que cela veut dire ? Un psychiatre comme Tosquelles l'a bien fait comprendre. Il nous a montré que, pour les autistes ou les déficients mentaux par exemple, la thérapie de milieu reposait à la fois sur un art et un savoir. Ces enfants assimilent mal les stimulations à cause de leur structure cérébrale. Il faut donc en tenir compte et organiser leur vie quotidienne de sorte qu'ils bénéficient de ce qu'on essaie de leur transmettre. Quand on tente d'entrer en communication avec eux, il faut par exemple raccourcir les séquences, partir du sensoriel pour aller prudemment vers le symbolique, et aider le sujet à s'enraciner dans son corps. Tout cela doit être retransmis aux parents, afin qu'ils adoptent la même approche dans le milieu familial.

Ainsi, le sujet peut reprendre confiance dans ses possibilités. Les parents changent de vision par rapport à leur enfant handicapé et il y a des répercussions sur le plan relationnel. Toutefois, les organisations neuronales s'établiront bien à la condition que le milieu soit assimilable. Si le milieu est étranger aux capacités adaptatives du sujet, le problème s'aggravera. Voilà un bel exemple de l'intrication des médiations relationnelles et du programme de vie afin d'agir sur des structures cérébrales qui intègrent et assimilent en fonction de ce qu'on leur offre. Le trouble est d'abord cérébral, mais il percute un milieu, et si ce milieu ne répond pas convenablement, une spirale interactive mortifère s'installe.

S.P. : Pendant de nombreuses années, et encore maintenant, vous vous êtes préoccupé de la formation universitaire, vous avez mis sur pied et dirigé un programme d'enseignement en pédopsychiatrie à l'Université de Montréal. Or, vous savez comme moi qu'on forme peu de pédopsychiatres aujourd'hui, seulement un ou deux praticiens par an.

J'aimerais vous entendre parler de ce programme de formation. Les résidents formés en pédopsychiatrie sont comme des pierres précieuses qu'on devrait polir soigneusement. Trouvez-vous qu'on les polit de la bonne façon quand on considère les dimensions de l'art, de la science et du savoir ? Les programmes font-ils suffisamment attention à toutes ces variables et, si vous aviez des recommandations à faire, dans quelle direction les feriez-vous ?

M.L. : Voilà une bonne question. Si la pratique ne m'a jamais déçu, en revanche la formation universitaire m'a paru quelquefois décevante.

S.P. : On ne l'écrira pas…

M.L. : J'explique mon pessimisme relatif. Il est beaucoup plus difficile de faire changer un corps professoral que de faire changer un petit groupe clinique travaillant avec un groupe restreint de patients. La première question que vous soulevez m'apparaît la suivante : si les qualités relationnelles d'un intervenant peuvent s'améliorer par la formation, est-ce qu'il est possible de les acquérir par un cursus universitaire ?

J'en doute beaucoup. Si quelqu'un n'a pas naturellement d'empathie, s'il est rigide dans ses positions et vit dans une sorte de fantasme de toute-puissance, il lui manque les qualités de base pour entrer dans l'univers de la relation clinique. Il pourra trouver des champs intéressants dans la psychiatrie en s'orientant vers certaines recherches spécialisées, mais il lui sera difficile de s'épanouir et d'aider le patient à s'épanouir dans un face à face d'écoute et de respect.

Cela étant dit, on peut encore se demander s'il est possible d'améliorer les attitudes relationnelles d'une personne. À un moment donné, on voulait que tous les pédopsychiatres, les psychologues et les éducateurs passent par une analyse personnelle. J'ai connu des institutions, aussi bien au Québec qu'en France, où l'analyse était obligatoire. Cela débouchait sur une catastrophe, et au moins un tiers des gens mentaient en disant qu'ils étaient en analyse. D'autre part, c'était une position absurde, car il relève d'une décision personnelle que de se pencher sur sa propre histoire et de cheminer dans l'aventure du transfert. En aucun cas, cela peut être une obligation.

Pourtant, il m'apparaît nécessaire que toute personne ayant une fonction d'intervenant en santé mentale accepte l'idée qu'elle doit s'observer dans sa démarche éducative et thérapeutique. Cela peut se faire de multiples manières, par des supervisions, par des groupes de croissance, par une thérapie de groupe, par du psychodrame, par une analyse personnelle. Et dans une certaine mesure, l'auto-analyse aussi est intéressante. Didier Anzieu l'a bien démontré dans un livre qu'il a consacré à ce sujet.

Il y a donc de multiples moyens de se mettre en cause. Voici le message à envoyer à toute personne qui se dirige vers nos professions : vous ne tiendrez pas le coup, vous ne vous épanouirez pas et vous n'aiderez pas l'autre si vous refusez d'entreprendre une certaine démarche de connaissance de vous-même et si vous n'osez pas regarder les obstacles qui s'opposent à l'empathie, à l'anticipation positive et au respect de la personne.

Nous sommes toujours situés dans un mouvement de balancier, et de nos jours on accorde moins d'importance au jeu relationnel qu'à des interventions immédiates avec des médicaments ou des approches comportementales. Cependant, l'Université de Montréal a fait beaucoup d'efforts pour sensibiliser les futurs psychiatres à la démarche psychothérapique. Elle insiste sur le rôle d'une supervision individuelle et sur celui des expériences thérapeutiques personnelles.

Toutefois, il y aurait lieu de mieux préparer les psychiatres en leur faisant vivre des expériences de groupe qui les initient à la dynamique d'une équipe. Sans une telle préparation, le jeune praticien échoue souvent à s'intégrer à une équipe de travail où, en plus, on lui demande généralement d'être l'animateur.

Si nous revoyons la préparation des psychiatres aux différentes démarches psychothérapiques, nous ne pouvons évidemment pas les former à toutes. On ne peut pas être un maître à la fois en psychothérapie analytique, en gestalt, en thérapie familiale, en thérapie interactionnelle, en thérapie systémique et en thérapie cognitivo-comportementale. Il faut choisir l'une ou l'autre de ces approches pour l'approfondir. On sait bien qu'une démarche psychothérapique ne s'apprend pas dans des livres, mais plutôt par une expérience bien supervisée avec un patient, dans l'ici-et-maintenant, et aussi grâce à une expérience personnelle.

En fin de compte, cela m'indiffère que le résident choisisse sélectivement la thérapie familiale, la thérapie analytique, la thérapie behaviorale ou psychodramatique. L'important, c'est qu'il suive une vraie formation dans l'une de ces approches et qu'il soit suffisamment sensible aux autres démarches pour éviter l'idée pathogène selon laquelle « hors de ce que je fais, point de salut ».

Cela demande de clarifier les indications respectives de chacune des formes de thérapie. À l'heure actuelle, c'est un peu le hasard qui nous fait rencontrer un pédopsychiatre orienté vers telle ou telle approche. Nous restons encore trop axés sur une certaine vision philosophique de l'être humain où chacun hypertrophie un secteur.

L'un croit que la personne humaine est dirigée par l'inconscient, l'autre pense que ce sont surtout des aléas neurobiologiques qui déclenchent les troubles, un troisième est convaincu que ces troubles proviennent d'un système sociofamilial défectueux, et un quatrième considère que les défaillances cognitives sont liées à des renforçateurs inadéquats. On reste sur des positions cloisonnées, sans avoir de vision d'ensemble.

Bien sûr, on ne peut pas espérer, en quatre ans, donner une formation complète sur toutes ces thérapies, mais il faut savoir interpeller suffisamment les gens pour que dans leur démarche professionnelle ils continuent à se perfectionner. De plus, chacun devrait pouvoir choisir une approche qui correspond à sa personnalité, savoir les indications des autres formes de traitement et ne pas les rejeter au nom de positions dogmatiques.

Une autre chose m'inquiète dans la formation des pédopsychiatres : l'étudiant devrait avoir des balises très claires pour faire face aux différentes formes de psychopathologies infantiles. Je doute que ces balises soient toujours présentes. Un résident peut facilement être tenté de se fier à telle ou telle forme d'approche selon qu'il se spécialise dans tel ou tel domaine psychopathologique.

Prenons un exemple : je travaille dans une clinique spécialisée sur l'autisme et chaque année, nous recevons douze résidents. Or, je doute que tous aient déjà vu un autiste pendant leur formation. Si cela est vrai pour ce syndrome, ça l'est aussi pour de nombreuses autres pathologies.

En résumé, je suis convaincu qu'il faudrait améliorer l'art de la relation. Pour cela, il faut passer par des expérimentations personnelles.

Il y a des savoirs à donner, même s'ils constituent des instantanés dans une évolution. Ces savoirs se transformeront inévitablement au fur et à mesure des connaissances. Il faut donc les présenter non comme des dogmes, ainsi qu'on l'a fait si souvent, mais comme des données à vérifier. Par-delà ce savoir, des réalités se dégagent peu à peu et il est alors possible de parler d'une véritable science pédopsychiatrique et psychiatrique. Cette science doit intégrer à la fois la neurobiologie, les courants psychodynamiques, les courants cognitifs et les courants sociaux, sans qu'aucun de ces courants n'entre en rivalité avec les autres.

S.P. : J'aimerais avoir votre avis sur l'avenir de la profession, à savoir la diminution du nombre de pédopsychiatres. On essaie de trouver toutes sortes de raisons à ce phénomène : l'aspect financier, l'organisation des soins, l'attrait de la psychiatrie adulte. Cependant, si l'on aborde cette question sous l'angle de l'art, du savoir et de la science, y a-t-il des éléments qui permettraient de comprendre cette relative désaffection de la profession envers la pédopsychiatrie ?

M.L. : Je me trompe peut-être, mais il me semble que les pays se posant le moins la question d'une crise des pédopsychiatres, ce sont les pays qui ont mis en place un diplôme de pédopsychiatrie distinct de la psychiatrie adulte. En disant cela, je pense en particulier à la France et à la Suisse. À mon avis, c'est une erreur qu'au Québec et dans tout le Canada, on ait pris la décision de ne pas créer une discipline pédopsychiatrique particulière, car nous nous retrouvons fondus dans la grande masse de la psychiatrie adulte. Sur le plan du *numerus clausus*, cela ne nous aide pas, et en ce qui concerne la spécificité de la profession, je pense même que cela nous nuit. Lorsque j'étais directeur adjoint pour la pédopsychiatrie à la Faculté de médecine, j'ai essayé de défendre cette thèse, mais je me suis heurté à la résistance de beaucoup de pédopsychiatres qui craignaient de perdre l'avantage de pouvoir aussi traiter les adultes.

S.P. : Vous avez parlé d'un nécessaire travail identitaire. Existe-t-il à l'heure actuelle une identité du pédopsychiatre ?

M.L. : J'en doute. Avoir une identité suppose de pouvoir répondre clairement à quatre grandes questions : Qui suis-je ? Que fais-je de spécifique ? Avec qui le fais-je ? Et au nom de quoi ai-je choisi ma profession ? Bien sûr, l'enfant pose des problèmes bien particuliers, depuis sa vie fœtale jusqu'à l'adolescence, tant sur le plan des étiologies, des évolutions et de la nosographie que des modes de traitement. Et certes, il faut garder une vision longitudinale et savoir ce que deviennent les pathologies une fois que la personne est devenue adulte. Cependant, tout comme la pédiatrie est une réalité distincte des autres spécialités médicales, il devrait en aller de même avec la pédopsychiatrie.

S.P. : Vous avez mentionné à plusieurs reprises l'importance de l'Histoire. Jusqu'où doit-on inscrire cette discipline dans la formation de la pédopsychiatrie ?

M.L. : Nous négligeons beaucoup trop l'Histoire, et c'est particulièrement évident quand on écoute des présentations. Il y a quelques semaines, j'assistais à une conférence sur les troubles liés à l'attachement. On y citait des personnalités actuelles fort intéressantes, mais je n'ai entendu prononcer les noms ni de Spitz, ni d'Anna Freud, ni d'Aubry, ni de Bowlby. Tout se passait comme si seul Fonagy existait et un peu Ainsworth, à la rigueur. J'entendais le conférencier nous présenter comme étant nouvelles des idées que j'avais entendues, trente ans plus tôt, énoncées par des gens que le conférencier ne semblait aucunement connaître.

Il est bon d'exprimer de nouveaux points de vue, mais en tenant compte du savoir antérieur, sinon on risque de vivre dans les redondances. On peut en dire autant de l'hyperactivité. Par exemple, qui sait qu'en 1934, Georges Heuyer a collaboré activement à une étude où il était question, selon les termes de l'époque, d'instabilité motrice (l'enfant était agité) et d'instabilité posturale (l'enfant présentait des troubles d'attention) ? Sur le plan des symptômes, les travaux décrivaient presque mot pour mot ce que l'on dit actuellement de l'hyperactivité. Nous sommes tout le temps dans de telles spirales. Tout en ajoutant un petit quelque chose, nous revenons à un point de départ, en omettant de tenir compte de la grande boucle qui a permis d'aboutir à la pensée actuelle, relativement nouvelle.

Il y a aussi des modes : on donne des étiquettes nosographiques qui disparaissent quelque temps plus tard pour resurgir ensuite sous un nouveau nom. À l'heure actuelle, on assiste à une inflation tout à fait singulière de l'expression « trouble envahissant du développement ». Sous ce terme, on met l'austime de Kanner, l'Asperger, certaines formes de difficultés langagières et de psychoses infantiles, ainsi que les états pré-psychotiques. On a fait un grand pas en avant en mettant en évidence les troubles neuroperceptuels, les particularités cognitives, etc. Mais les prépsychoses ont complètement disparu. Cependant, la réalité se venge, car ces maladies existent bel et bien ! Alors, on les désigne sous le terme vague de « trouble envahissant du développement non spécifié ».

À un moment donné, on parlait beaucoup de dyslexie, de dysorthographie et de dyscalculie. En France, on a même créé un diplôme propre à la rééducation de la dyslexie. Or, ces termes ont presque disparu. On les a remplacés par le concept de « troubles d'apprentissage ». Y avons-nous véritablement gagné ? Sincèrement, je ne le crois pas.

S.P. : Vous avez utilisé à plusieurs reprises le mot « mode ». Or, un certain nombre de praticiens appelleraient cela les résultats du progrès, un avancement scientifique.

M.L. : Les avancées sont indéniables, mais les modes le sont tout autant. À un moment donné, on abandonne un terme pour en mettre un autre à la place, et cela pour diverses raisons. Par exemple, un créateur impose son idée parce qu'un terme devient trop péjoratif. Ce fut sans doute la raison qui nous a fait délaisser le mot « psychose infantile ». À une période donnée, certains courants s'intéressent plus à un aspect qu'à un autre. Par exemple, l'autisme devient une mode (et c'est un peu paradoxal, puisque cela constitue mon champ primordial actuel). Bien sûr, cette pathologie existe, mais de toute évidence on abuse du concept.

S.P. : Serait-ce vous trahir que de dire que pour être solides, les progrès scientifiques doivent tenir compte des savoirs antérieurs ?

M.L. : J'adopte tout à fait votre formulation. Les sciences humaines s'appuient sur les acquisitions du passé. Je ne sais pas si vous vous sentez à l'aise avec le fait qu'on ait abandonné le mot « névrose », mais pour ma part je le regrette. En effet, les écrits sur les névroses phobiques et obsessionnelles, les névroses d'anxiété ou d'échec apportaient des éléments très intéressants, qu'on oublie actuellement. Qui connaît encore Hesnard et ses remarquables travaux sur la névrose d'échec ? Bien peu de gens...

S.P. : Je retiens de votre message la nécessité de redécouvrir la place de l'Histoire.

M.L. : Le siècle dernier a été un siècle abominable sur le plan des conflits, mais extraordinaire sur le plan de la découverte de l'enfant. De Gesell à Piaget, de Bowlby à Anna Freud et son père, de Brazelton aux chercheurs actuels sur la petite enfance, jamais on n'avait accumulé tant de données. On en devient même submergé, et c'est peut-être pour cela que nous désirons les oublier, afin de retrouver l'essentiel. Dans une conférence récente, je rappelais qu'une université (dont je tairai le nom) conseille aux étudiants en maîtrise de ne pas se référer à des auteurs dont les travaux remontent à plus de 25 ans ! Un tel discours nous incite à devenir les fossoyeurs de l'Histoire.

S.P. : Puisqu'on a parlé du passé, j'aimerais aussi vous entendre parler d'avenir. Peut-être que dans dix ans, on sera encore assis autour d'une table à parler du difficile équilibre entre l'art, le savoir et la science ?

M.L. : Je n'éprouve pas trop d'inquiétude à ce sujet. J'ai parfois l'air pessimiste, mais je ne le suis pas. Des progrès considérables ont été réalisés depuis 50 ans. Les découvertes faites par les psychiatres, les psychologues, les éducateurs et les travailleurs sociaux sont considérables. Nous avons humanisé nos soins. Je rappelle parfois l'histoire suivante : en 1956, j'étais interne dans un hôpital psychiatrique de France où il y avait un service nommé le « Service des enfants inéducables »... On y trouvait un affolant mélange de grands déficients mentaux, d'autistes, de carencés, de psychotiques et probablement d'enfants tout à fait normaux. Ces lieux étaient de véritables mouroirs. Cela n'existe plus.

On a instauré des solutions originales dans les services hospitaliers : des soins de jour, des soins de soir, des équipes de crise, des services de soins à domicile et hors services hospitaliers, des services de placement thérapeutique en milieu familial, des établissements spécialisés, etc.

À l'heure actuelle, la menace qui plane, c'est que nous sommes trop peu nombreux et que nous faisons face à un déluge de demandes. Or, nous disposons de puissants moyens médicamenteux, et il peut être tentant de prescrire abondamment, au nom de la productivité et du bien général, en oubliant l'art de la relation.

À cet effet, les pressions économiques et sociales sont immenses. La responsabilité des formateurs, en particulier dans les universités, consiste à rappeler aux étudiants que l'approche pédopsychiatrique et psychiatrique passe d'abord par des médiations relationnelles, tout en accumulant un savoir et en le vérifiant sans cesse, afin qu'il soit vraiment scientifique. Si nous pouvions faire la synthèse de tous ces apports antérieurs, tout en nous tournant vers les connaissances à venir, alors nous pourrions conjuguer ces réalités que sont l'art, le savoir et la science.

S.P. : Docteur Lemay, par l'ensemble de vos publications et de vos conférences sur l'art d'organiser le savoir, vous nous avez montré beaucoup de choses, vous avez éveillé beaucoup de gens. Malgré votre vaste culture, vous avez toujours continué à vous tenir au fait des découvertes scientifiques dans notre domaine. Par ailleurs, je vous ai vu donner un bain à un jeune enfant, je vous ai vu en train de jouer par terre avec des petites autos, et j'ai découvert ainsi que vous étiez un véritable artiste.

M.L. : Merci.

La formation des praticiens

Dialogue avec Patricia GAREL

Le docteur Michel Lemay a été directeur des études de l'École d'éducateurs spécialisés de Bretagne de 1963 à 1973. Il a été professeur à l'École de psychoéducation de Montréal, puis responsable de l'enseignement de la pédopsychiatrie à l'Hôpital Sainte-Justine avant d'être nommé adjoint au directeur du Département de psychiatrie de l'Université de Montréal pour l'ensemble du programme de pédopsychiatrie.

Que pense-t-il de la formation des praticiens et comment s'est-il situé dans sa démarche d'enseignant.

Le docteur Patricia Garel, chef du Département de psychiatrie du CHU Sainte-Justine, entame avec lui une discussion à ce sujet.

P.G. : Sur le plan de la formation du pédopsychiatre, vous avez une position privilégiée puisque, en tant que psychiatre et professeur, vous avez vu plusieurs générations de résidents se succéder. Vous avez assisté à l'évolution des programmes de formation et à la transformation des pratiques. Croyez-vous que notre formation actuelle est adaptée ? Je commencerai par une question propre à la pédopsychiatrie.

Notre profession est actuellement dans une situation particulière et un peu précaire. En effet, nous faisons partie de la grande famille des psychiatres, mais la pédopsychiatrie est une option sans aucune validité formelle. On s'y prépare un peu selon le bon vouloir de chaque psychiatre. Que pensez-vous de cette situation ?

M.L. : Je suis plutôt en désaccord avec la position canadienne actuelle sur la pédopsychiatrie. Il est intéressant de considérer la pédopsychiatrie comme une option de la psychiatrie générale, car il y a des liens évidents entre la psychiatrie adulte et la psychiatrie de l'enfant. De plus, les suivis longitudinaux sont utiles. Cependant, l'accumulation de nos connaissances et la complexité à la fois du développement de l'enfant et de ses aléas sont deux facteurs qui m'incitent à penser qu'il est totalement impossible de former un pédopsychiatre en deux ans.

Si nous continuons dans cette direction, nous risquons de donner une formation insuffisante aux pédopsychiatres, tout en affaiblissant leur cursus par rapport à la psychiatrie générale. Dans la plupart des pays, la pédopsychiatrie n'est pas une option, c'est une spécialité. En France, par exemple, la formation prend quatre ans et en Suisse, cinq ans. Selon une telle conception, il s'agit bien de quelque chose de spécifique où l'enfant et l'adolescent forment le lieu central des réflexions.

J'avais émis cette idée quand je me trouvais à l'université, en tant que coordonnateur de la pédopsychiatrie. J'avais alors rencontré de très fortes résistances. On me disait que c'était impossible parce qu'il fallait que l'ensemble du Canada décide d'aller de l'avant en ce sens. Puis, on ajoutait que ce n'était pas souhaitable parce que le médecin pédopsychiatre perdrait alors la possibilité de faire de la psychiatrie adulte, alors que les parents ont souvent des problèmes qui se répercutent sur leurs enfants. On m'avait donné toutes ces raisons qui, au fond, cachaient surtout la crainte de perdre les avantages financiers liés à la pratique simultanée de la psychiatrie adulte et enfantine.

P.G. : Dans les arguments amenés par ceux qui refusent une telle spécialité, n'y a-t-il pas aussi la peur de désatelliser la pédopsychiatrie de la psychiatrie ? Ce reproche fut fait au pédopsychiatre de ne pas se soucier suffisamment de ses patients une fois ceux-ci rendus à l'âge adulte, de ne pas anticiper suffisamment leur évolution, de ne pas être assez au fait des nouvelles données scientifiques concernant les adultes. Comme vous avez parlé tout à l'heure de ce lien de continuité, la longitudinalité serait-elle en péril dans une vision où la pédopsychiatrie deviendrait une surspécialité ?

M.L. : Je ne crois pas que ce problème dépende d'une surspécialité. Le problème existe à partir du moment où l'on se raccroche à une seule école de pensée et où l'on refuse de voir l'enfant comme un être en évolution, depuis le nourrisson jusqu'à l'adolescence, puis à l'âge adulte. Garder une perspective longitudinale ne signifie pas abandonner sa spécificité de l'enfance et de l'adolescence. On pourrait d'ailleurs dire que la psychiatrie générale s'est très souvent satellisée par rapport à l'enfant. Nous savons comme il est difficile de faire passer l'idée à un psychiatre pour adultes que le schizophrène pris en traitement est aussi un parent en difficulté, à cause de sa maladie mentale qui risque de se répercuter sur l'enfant. Que nous soyons pédopsychiatres ou psychiatres pour adultes, il est difficile de regarder le sujet non seulement dans sa maladie ou dans son handicap, mais aussi dans sa fonction sociale, y compris sa fonction familiale.

P.G. : Votre réponse soulève une autre question : que devrait-on proposer comme formation à des gens qui se dirigent vers la psychiatrie pour adultes ? Comment repenser la formation pédopsychiatrique pour qu'elle intègre de façon efficace un stage destiné à des personnes qui ne verront pas d'enfants par la suite ? Comment rendre ce stage moins exotique et plus utile ?

M.L. : Sur ce plan, deux efforts ont été faits. L'un consistait à organiser le stage de pédopsychiatrie en se disant que nous n'avons pas affaire à des pédopsychiatres en miniature, mais à des psychiatres généraux traitant des adultes qui, en tant que parents, auront à affronter des problèmes avec leurs enfants. Dans une telle conception, la manière d'accompagner un résident qui voit un enfant en difficulté ne se fait plus du tout de la même manière. L'autre effort concerne la dimension du syndrome : tout au long de la formation en psychiatrie générale et tout au long de la formation médicale continue, nous devons aborder la description d'un syndrome en montrant comment il se manifeste durant l'enfance et comment il évolue par la suite. Cela suppose que nous ayons réalisé de sérieuses études longitudinales et que nous soyons préoccupés aussi bien de la continuité éventuelle des troubles que des changements développementaux.

P.G. : Si je comprends bien, vous proposez un tronc commun pour tout psychiatre, puis une spécialité qui n'empêcherait pas les gens d'intégrer également certaines connaissances en pédopsychiatrie ?

M.L. : Je pense, en effet, que des psychiatres pour adultes doivent être capables d'évaluer des enfants de façon minimale afin de les référer à des surspécialistes, par exemple en région. C'est le cas des pédiatres qui le font avec des cardiologues pédiatres.

Il y a donc en premier lieu une formation de psychiatrie générale à donner. Faut-il l'étendre sur deux ans ou plus, je n'en sais rien. Cependant, je pense que la formation devrait correspondre à peu près à cela. Pour ceux qui se destineraient à la psychiatrie générale, il faudrait sûrement apporter des éléments de pédopsychiatrie. Le temps de six mois ne me choque pas, même s'il fut très critiqué, dans la mesure où le stage serait spécifiquement pensé pour eux, en se demandant ce dont un psychiatre général a besoin pour la pédopsychiatrie.

Parallèlement, il faudrait que dans la formation de la psychiatrie générale, nous abordions toujours un syndrome dans une vision longitudinale en commençant par les prémisses chez l'enfant. Si nous agissions ainsi, nous serions assez bien armés, en psychiatrie générale, pour donner les éléments essentiels par rapport à l'enfance et à l'adolescence.

Reste le problème du pédopsychiatre. S'il fait une propédeutique initiale de deux ans, par exemple, il faudra envisager trois ou quatre ans de pédopsychiatrie. Je ne vois pas comment on peut beaucoup diminuer cette fourchette, tout en sachant que par la suite, il faudra maintenir une formation continue. En effet, les connaissances se renouvellent sans cesse. Il est très possible que la psychiatrie générale ait à se poser aussi la question de la psychogériatrie. Cette dernière est-elle une option ou doit-elle devenir une spécialité ? En pédopsychiatrie, nous n'échapperons pas à une autre question, même si nous tentons d'aborder une formation aussi globale que possible : n'y aura-t-il pas, inexorablement, au fil de l'accumulations des connaissances, des pédopsychiatres qui s'orienteront plus vers le nourrisson, d'autres qui s'orienteront plus vers l'adolescent, d'autres qui s'orienteront davantage vers l'urgence ou vers des cliniques spécialisées ? Toutes ces choses ne devront-elles pas s'approfondir spécifiquement ? Je me pose la question.

P.G. : Est-ce que ce n'est pas déjà un peu le cas ?

M.L. : Oui. Les choses deviennent de plus en plus complexes et personne aujourd'hui n'aurait la prétention, par exemple, de faire seul un manuel de pédopsychiatrie ou de psychiatrie générale. Ce que j'avais tenté de faire dans mon livre intitulé *Psychopathologie juvénile*, c'était une imprudence, déjà à l'époque, et cela serait maintenant une totale illusion.

P.G. : Avec cette évolution surspécialisée et la présence éventuelle d'îlots différents dans la même spécialité, on se pose la question de l'identité du pédopsychiatre. Quelle réflexion émettriez-vous par rapport à cette identité, qui est d'autant plus importante qu'on a l'impression d'avoir de moins en moins de pédopsychiatres et de devenir de plus en plus vulnérables devant d'autres disciplines ?

M.L. : Avant de répondre à votre question, je voudrais dire ce que je pense de la crainte qu'on ait moins de pédopsychiatres si l'on faisait une spécialité de la pédopsychiatrie. Il y a là un pari à faire, mais ce pari paraît avoir été gagné dans les pays où la spécialité existe. Il semble y avoir là-bas moins de problèmes à recruter des médecins, lorsque cela devient une spécialité reconnue.

On éprouve alors une certaine fierté à exercer cette profession, alors qu'il est difficile d'établir son identité professionnelle quand on est noyé dans la psychiatrie générale. Il est d'autant plus nécessaire de s'affirmer que d'autres professions se spécialisent maintenant dans tel ou tel domaine.

C'est le cas, par exemple, des psychologues. Il y a peu de temps, ils devaient avoir fait une maîtrise pour pratiquer. Maintenant, il leur faut un doctorat... Je crois savoir qu'eux aussi s'interrogent sur le bien-fondé d'une option de psychologie clinique pour enfants et d'une autre pour adultes. Il y a aussi la neuropsychologie qui devient un champ spécifique. Ils se posent donc les mêmes questions que nous. Et si nous avons la prétention de coordonner des équipes dans lesquelles il y a de ces psychologues, nous devons être particulièrement bien formés. Cela ne veut pas dire que nous devons exercer une hégémonie, mais plutôt que nous devons être reconnus à part entière.

À ce sujet, notre formation doit également nous apprendre à travailler avec d'autres. Cela suppose de comprendre ce qu'est un psychologue, mais aussi quelle est la fonction d'un éducateur, celle d'un travailleur social, celles d'un orthophoniste et d'un ergothérapeute. Je pourrais continuer longtemps la liste des praticiens avec qui nous œuvrons, mais l'essentiel consiste à comprendre l'importance de l'apprentissage dans le travail d'équipe, tout en nous situant dans ce travail, sans crispation, mais aussi sans confusion ni démission.

P.G. : Parler d'interdisciplinarité et de travail d'équipe signifie qu'on sait bien qui on est et ce qu'on peut faire, c'est-à-dire situer son champ de compétence et ses limites. Nous sommes dans une discipline constamment remise en question. Selon vous, quelle est la spécificité du pédopsychiatre dans une telle équipe ?

M.L. : Je répondrais d'abord par une réflexion un peu à côté. La pédopsychiatrie et la psychiatrie en général ont longtemps fait partie du champ spécifique de la médecine, puis il y eut un temps où elles ont souhaité se retirer de ce champ. Il y a encore vingt ans, on entendait beaucoup de psychiatres — surtout d'orientation analytique — affirmer que la médecine physique ne leur servait pas à grand-chose. Certains d'entre eux disaient même que la chose la plus importante consistait à oublier la médecine physique, une fois les diplômes acquis, afin de se tourner vers ce qui était plus noble, c'est-à-dire le relationnel, l'inconscient, l'intrapsychique.

Il y eut donc une sorte de rejet de la formation médicale, tout en voulant la garder parce qu'elle permettait d'utiliser la Régie de l'assurance-maladie. En dehors de cet avantage, j'ai entendu maintes fois dire que la médecine physique ne servait à rien et qu'elle brouillait même les cartes, parce que la manière d'envisager le symptôme et le syndrome était tellement différente par rapport à la psychiatrie qu'il fallait oublier le schéma médical classique et accompagner plutôt le malade dans une compréhension qualifiée de « structurale ».

Plus cette assertion se confirmait, plus on se raccrochait à la psychanalyse comme point de référence essentiel. En fin de compte, j'ai vu beaucoup de psychiatres qui se définissaient non pas comme médecins, mais comme psychanalystes. La formation secondaire au sein d'un institut devenait alors le signe de reconnaissance qui leur donnait un statut.

Ainsi, on se fondait dans la grande masse des psychothérapeutes, car bien d'autres professionnels s'engagèrent dans le même chemin. Actuellement, nous assistons à une remise en cause sévère de la psychanalyse, du moins au point de vue de la compréhension psychopathologique. L'apport des courants psychodynamiques reste important pour bâtir une pensée humaniste, mais on voit disparaître peu à peu la conception des étiologies de la maladie mentale centrée sur l'inconscient.

Vers quoi faut-il alors se retourner ? Vers la neurobiologie ? Certains le pensent et doivent à nouveau se situer par rapport à la neurologie, comme les anciens neuropsychiatres.

Un bon nombre d'entre nous (et je m'inclus dans ce nombre) savent que pour bien comprendre les neurotransmetteurs et la physiologie cérébrale, il faudrait retourner sur les bancs universitaires pendant une longue période. La chimie, l'histologie, la neurophysiologie sont loin dans nos esprits, et nos connaissances antérieures sont dépassées.

En même temps, nous voulons garder des acquis issus de la psychanalyse, de la psychologie cognitive et de bien d'autres courants. Nous sommes actuellement dans une telle phase. Nous ne sommes pas tout à fait des médecins, mais nous ne sommes plus des psychanalystes, et nous n'avons jamais été des psychologues. Parce que nous avons eu un cursus médical, nous nous accrochons fortement à l'idée que nous sommes les seuls à avoir une vision biopsychosociale, mais cela est-il vrai ? Nous affirmons que notre spécificité est liée à notre droit de prescrire des médications, mais nous sentons que nous faisons davantage que de prescrire des médicaments aux gens.

Nous sommes donc dans une crise identitaire. Qui sommes-nous par rapport aux autres ? Des personnes travaillant spécifiquement dans le domaine de la pathologie mentale sévère ? D'ailleurs, nous ne sommes pas les seuls à nous interroger.

Pour ma part, je donne des sessions de formation à des praticiens de différentes formations et je constate souvent, avec amusement d'ailleurs, que les psychiatres s'interrogent sur leur identité par rapport aux psychoéducateurs ou à d'autres professionnels, et que les psychoéducateurs envient le statut des psychiatres. Ils ont l'impression qu'eux, au moins, ont des bases médicales solides grâce à la formation qu'ils ont reçue.

En fin de compte, chacun envie l'identité de l'autre.

P.G. : L'herbe est plus verte ailleurs ! Dans cette crise identitaire, vous définissez les choses par la négative, vous parlez de préférence de ce que nous ne sommes pas. Selon vous, comment pourrait-on régler une telle crise ? Sur quoi pouvons-nous nous appuyer pour nous redéfinir au delà de tous ces bouleversements ?

M.L. : Comme toujours, une crise identitaire est intéressante, car elle nous pousse à nous poser les questions. Qui suis-je ? Qu'est-ce que je fais ? Avec qui le fais-je ? Et au nom de quoi ? Je ne suis donc pas pessimiste, car il y a une certaine ouverture dans le propos. Ainsi, on se parle entre écoles de pensée, ce qui était impensable il y a à peine quelques années.

Il me semble que nous devons d'abord rappeler que nous sommes des médecins, que cela fut notre choix un jour. Puisque nous sommes médecins, nous avons à bien connaître ce qu'est le corps dans sa souffrance, ce corps qui peut déclencher des troubles mentaux.

Cette affirmation n'a l'air de rien, mais elle est déjà énorme, car elle signifie que nous devons étendre nos connaissances au-delà du cerveau. Les hyperthyroïdies ou les hypothyroïdies déclenchent des troubles psychiques. Il en est de même des intoxications métaboliques, etc. De la même manière, on soulève l'idée que certains troubles gastro-intestinaux pourraient avoir des répercussions sérieuses sur l'évolution des troubles envahissants du développement.

Nous avons donc à retrouver une médecine de base et à la repenser en fonction de nos connaissances actuelles de la maladie mentale. Tout pédopsychiatre devrait savoir faire l'examen physique d'un enfant, en particulier un bon examen neurodéveloppemental. Cela ne veut pas dire qu'il doit empiéter sur le champ du pédiatre, du neurologue ou du gastroentérologue, mais si nous prétendons être au carrefour du biopsychosocial, nous devons posséder une formation solide dans le domaine neuropédiatrique.

Il nous faut aussi une bonne formation psychologique, tant sur le plan des connaissances accumulées grâce à la psychanalyse, que de celles portant sur le développement cognitif et le développement psychosocial. Nous devons maîtriser le domaine des affections mentales, tout en connaissant leur lien avec les facteurs sociaux et les différences de culture, c'est-à-dire tout le champ de la connaissance ouvert par l'ethnopsychologie et l'ethnopsychiatrie.

Devant de telles exigences, nous réagirons peut-être en disant que c'est énorme. Eh oui, c'est énorme ! Cependant, si nous voulons être complémentaires des professionnels issus de toutes ces disciplines, nous devons nous interroger sur les points à conserver et ceux à élaguer, sinon nous accumulons de l'information sans la trier.

Par exemple, dans le domaine de la psychanalyse, les hypothèses étiopathogéniques s'effondrent les unes après les autres, tandis que se renforcent tous les apports autour de l'attachement, la place des médiations relationnelles dans le développement de la personnalité.

Il en est de même par rapport à la cognition et au rôle des structures familiales. Si nous apprenons à garder les éléments valables du passé, tout en sachant que ce que nous intégrons constitue une phase inexorablement dépassée par la rapidité des découvertes, nous nous situerons au-delà de la formation de base des praticiens. Nous serons continuellement à la recherche de perfectionnement, tout en osant douter de ce que nous recevrons.

D'ailleurs, cette organisation du perfectionnement médical constitue une de nos forces, quand on la compare à beaucoup d'autres professions, car nous savons maintenir un bon niveau de formation, que ce soit par les revues, pendant les congrès ou les colloques, ou lors d'échanges entre confrères. Cela doit toujours être vu dans une perspective historique, avec un « avant », un « pendant » et un « après ». Une telle vision nous fait comprendre que l'identité professionnelle s'inscrit dans un processus de changement.

P.G. : Si je comprends bien, vous parlez d'une position médicale forte qui intègre de multiples dimensions, de façon réelle et non superposée, pour arriver à une médecine qu'on pourrait qualifier de globale. L'effort réside dans le fait d'éviter une dichotomie corps-esprit en appréhendant les liens entre le psychisme et le corps.

M.L. : Absolument. Nous sommes bien placés pour savoir à quel point l'enfant nous révèle que ce que nous appelons des maladies mentales constitue l'aboutissement de phénomènes en cascade. Il s'agit parfois d'un trouble dont l'origine est purement sociofamiliale. C'est le cas de l'enfant qui souffre de troubles d'attachement.

Du fait de son passé, il n'arrive pas à investir l'autre, mais comme il n'investit pas l'autre, il ne s'investit pas lui-même. À partir de là, il présente des comportements régressifs, avec des manifestations sensorielles bizarres et il découvre son environnement sur un mode différent de ce que font habituellement les nourrissons.

L'événement qui était purement psychologique au départ, dans le sens d'un aléa relationnel, se met à avoir des répercussions sur son corps et sur sa sensorialité. Ce jeune enfant percute un milieu qui avait déjà du mal à l'accueillir, des phénomènes interactionnels surgissent, phénomènes interactionnels que la psychologie sociale nous a permis de mettre en évidence.

Tout cela s'inscrit également dans une certaine culture et entraîne des effets sur le développement cognitif. Il n'y a pas beaucoup de professions qui, à l'heure actuelle, ont un tel champ global en pouvant décoder les mécanismes qui s'enchevêtrent au point qu'on ne sait plus si c'est le corps qui souffre ou l'esprit. Les deux forment une sorte d'alchimie troublante. Et c'est dans cette vision globale que se situe notre champ d'action.

P.G. : Vous abordez plusieurs points très importants. D'abord, vous faites une espèce de plaidoyer pour la complexité. Si elle est acceptée, dites-vous, on sortira gagnant. Cette idée va à l'encontre de la mode du réductionnisme et elle remet en cause le mouvement de balancier qui va de la molécule au relationnel, ce mouvement dont vous parliez tout à l'heure.

En vous écoutant, je me demande si la formation de nos futurs psychiatres et pédopsychiatres devrait être surtout basée sur des contenus qui, en dehors des éléments de base nécessaires, seront probablement dépassés dans quelques années, ou si l'objectif ne devrait pas plutôt consister à conférer aux futurs praticiens une capacité d'apprendre, de classer, d'intégrer.

En fin de compte, ce dont vous parlez beaucoup, c'est d'intégration. Ne devrait-on pas essayer de miser sur l'apprentissage et sur nos capacités d'intégrer toutes ces dimensions variées que vous avez évoquées ?

M.L. : Je le crois, mais à la condition de partir d'une formation de base. Celle-ci suppose que l'on dise à l'étudiant où nous en sommes à l'heure actuelle, dans nos connaissances et dans leurs intrications. À partir de là, on peut se demander ce qui va probablement demeurer et quels domaines seront vraisemblablement remis en cause. Il faut garder une sorte d'ouverture d'esprit afin d'éviter de tomber dans ce réductionnisme qui a piégé toute l'histoire de la psychiatrie.

P.G. : N'est-ce pas là une tendance humaine qui dépasse la psychiatrie ?

M.L. : Je m'illusionne peut-être, mais la tendance en psychiatrie me semble plus forte que dans bien d'autres spécialités. Quand une notion apparaît en cardiologie, tout le monde se réjouit et tente de l'appliquer. Quand une idée différente surgit en psychiatrie, il se forme immédiatement des anticorps pour juguler le virus psychique. Des systèmes immunitaires, individuels et collectifs, dénoncent ce qui paraît une trahison par rapport à Freud, Klein ou Winnicott.

Le phénomène est évident dans le champ de la psychanalyse. Nous voyons aussi tel psychiatre défendre d'arrache-pied l'aspect neurobiologique ou neurocognitif, tel autre devenir l'ardent défenseur du cognitivisme ou du comportementalisme. En fait, chacun s'accroche à sa bouée de sauvetage comme si, dans le domaine de l'esprit, il était impossible de s'ouvrir dans plusieurs directions.

Nos motivations jouent un grand rôle là-dedans, et ce n'est pas par hasard si nous sommes attirés vers la psychanalyse, vers la biologie ou encore vers l'action sociale. Nous défendons notre propre histoire et, dans ces prises de position, la défense des identités personnelles l'emporte sur celle des identités professionnelles.

P.G. : Il s'agirait donc d'une réaction à une menace ? Comment, après toutes ces années, situez-vous la psychanalyse ? J'ai l'impression qu'en tentant de se voir comme une discipline essentiellement scientifique, la psychanalyse a peut-être laissé l'art de côté et perdu un peu de crédibilité. J'aimerais connaître votre opinion à ce sujet.

M.L. : Je crois que la psychanalyse fait fausse route si elle tente d'être une discipline scientifique. Sur le plan de la théorie, de larges pans de savoir se sont écroulés successivement vis-à-vis de la compréhension de la maladie mentale. Ainsi, plus personne ne défend l'idée que la schizophrénie est une position schizo-paranoïde non dépassée ou encore que les états anxieux sont liés à une phase œdipienne ou préœdipienne non franchie.

Cela ne tient plus. Et les psychanalystes le sentent bien, puisqu'ils n'en parlent plus quand ils sont en réunion avec leurs collègues. On sent même une sorte d'interdit par rapport à ces sujets, comme si on craignait de soulever l'ironie.

Je ne crois donc pas que la psychanalyse puisse apporter encore beaucoup de choses sur le plan scientifique, en dehors peut-être de la psychanalyse du moi, qui repose plus sur l'observation des faits. Les hypothèses sur le jeu de l'inconscient sont invérifiables.

Devant le discours kleinéien ou lacanien, qui cherche à expliquer le monde souterrain de la toute petite enfance, nous sommes devant une croyance et non pas devant une science. Cette foi peut structurer notre action, mais il ne s'agit pas d'un savoir scientifique.

Par contre, la psychanalyse a apporté et apporte encore des bienfaits considérables : par exemple, le message révolutionnaire selon lequel il n'y a pas de différence fondamentale entre l'être malade et l'être sain mentalement. La psychanalyse nous a appris que devant des conflits, nous n'avons pas 36 moyens de nous construire et de mettre en jeu nos mécanismes adaptatifs.

De telles affirmations ont remis en cause la prétention des psychiatres qui s'accrochaient à une vision organiciste où le malade était un dégénéré ou un être en sous-palier. Ce message extraordinaire consistait à dire : « Ces gens qui souffrent, regardez-les en osant vous regarder aussi. Écoutez-les. Ne considérez pas le malade comme un dégénéré, comme un intoxiqué ou comme un être en sous-palier, mais plutôt comme une personne identique à vous-même, mais qui est en désarroi, privée de liberté temporairement. »

C'est avec la psychanalyse qu'on a commencé à affirmer qu'il y a toujours une préhistoire avant une histoire. Par exemple, l'imaginaire d'un adulte ne peut se comprendre que par rapport au développement de l'imaginaire d'un tout-petit. La prise de conscience du corps ne peut être appréhendée qu'à partir des phénomènes de sensorialité et de sensualité vécus dans notre chair, puis dans nos représentations. La psychanalyse nous a donc donné une perspective longitudinale historique de l'être humain. Cet apport est remarquable.

Au moment de son apparition, la psychanalyse a aussi provoqué un formidable mouvement d'espérance. Nous n'étions plus devant un être porteur d'une nosographie sous-tendue par un pronostic désespérant parce qu'il souffrait d'une psychose ou d'une névrose. Nous étions devant un être en quête de sens et de liens. Il y avait quelque chose à faire et ce quelque chose consistait à redonner la parole à des êtres considérés jusque là comme des aliénés.

Je me rappelle une anecdote. J'avais eu à repasser un oral en pédopsychiatrie, parce que j'avais défini la psychose infantile non pas dans le sens d'une évolution inexorable comme les manuels le dictaient, mais dans le sens d'un processus qui pouvait guérir. Le patron de l'époque, Georges Heuyer, m'avait dit, « Revenez en septembre, entre-temps vous aurez compris qu'on ne guérit pas une psychose. »

Par la suite, on a remis en cause de telles affirmations et la psychanalyse a conféré à la psychiatrie une perspective humaniste.

Dans cette perspective, c'est sans doute la thérapie rogérienne qui m'a le plus impressionné. Cependant, malgré les réticences de l'époque, Rogers faisait aussi partie du champ de la psychanalyse. Les médiations relationnelles sont directement issues des réflexions de psychanalystes. Je pense à l'écoute et à la reconnaissance du contenu manifeste et du contenu latent. Je pense aussi au respect de la personne, au regard que l'on porte non seulement sur l'autre, mais aussi sur ses propres résonances. Je pense encore à l'importance de la fonction de contenant, afin que la rencontre avec le sujet permette à ce dernier d'être moins submergé par son angoisse. Enfin, je songe à la place des anticipations positives qui renvoient à autrui non pas ses insuffisances, mais l'image possible de son devenir.

Bien sûr, on a eu trop tendance à présenter ces médiations relationnelles comme des outils propres à la psychanalyse. En fait, il s'agit de relations de base que tout praticien doit tisser avec ses patients, qu'il soit médecin de médecine générale, psychologue, éducateur ou travailleur social. Ces relations font partie du champ de tous les métiers d'aide qui adoptent une vision humaniste et j'en ai parlé dans un autre entretien.

Le danger, c'est que les idées se fanent un peu comme les photos qui perdent de leur couleur et donc de leur attrait. L'empathie devient un peu une tarte à la crème, et on admet le transfert et le contre-transfert comme des évidences dépassées. Nous en parlons comme de vieilles connaissances qu'il faut bien côtoyer sans trop nous en occuper. Nous voulons passer à quelque chose de plus sérieux, de plus concret, par exemple les neurotransmetteurs et les circuits neuronaux. Nous oublions que ces qualités relationnelles, dont la psychanalyse a parlé, n'étaient pas faciles à posséder. Nous oublions qu'il fallait les travailler à partir d'un regard sur notre propre histoire, que nous ne pouvions guère faire cela tout seuls, qu'il fallait une rencontre particulière avec un autre qui ne nous jugeait pas, qui nous écoutait, qui facilitait le discours sans le confondre avec le sien afin que nous reconnaissions à la fois nos richesses et les zones troubles de nous-mêmes.

Cette dimension consolidatrice de l'identité tend maintenant à être laissée de côté. On ne s'y oppose pas vraiment, mais on la banalise. La psychanalyse nous a pourtant appris que toutes ces qualités relationnelles sont à développer, en particulier quand on s'occupe d'enfants, parce que cela réveille en nous ce noyau infantile sur lequel nous nous sommes appuyés pour nous bâtir.

Si nous n'osons pas regarder et écouter ces zones de nous-mêmes, il nous est difficile d'écouter l'autre en souffrance, de rencontrer les parents sans crispation et sans identification piégeante, de côtoyer l'enfant sans nous confondre avec lui, sans devenir fasciné par telle ou telle zone de lui-même qui nous rejoint trop fortement.

La psychanalyse nous rappelle qu'en dehors des connaissances scientifiques importantes à intégrer et qui nous permettent de comprendre de mieux en mieux la pathologie des maladies mentales, notre profession est un art. Et comme tous les arts, elle exige une maîtrise progressive d'aptitudes enfouies au plus profond de nous.

P.G. : Dans le fond, avec tout ce que vous avez dit sur le rôle particulier qu'a joué la psychanalyse, on voit que nous avons à nous décentrer de nous-mêmes pour entrer en relation avec le patient. Cette nécessité a contribué au fait que la psychiatrie reste à part des autres disciplines médicales. En même temps, cela nous oblige à nous demander ce qu'est une maladie mentale. Est-ce une maladie comme les autres ? La tendance actuelle consiste à voir la dépression, par exemple, comme une maladie aussi banale qu'une affection pulmonaire.

M.L. : Vous posez là une question terriblement délicate. Où commence la maladie mentale par rapport à la souffrance existentielle ? Et comment se mêlent les processus pathogènes d'origine organique et les souffrances existentielles ?

Il est parfois relativement simple de répondre à ces questions. Il existe bien de grandes atteintes dépressives de type mélancolique. On constate quelquefois une apparition rapide de certains symptômes, on constate la présence des mêmes signes, par exemple la lenteur, des troubles du sommeil, des troubles d'alimentation, de la tristesse, etc. Cela permet de définir un syndrome qui décrit un cerveau en souffrance.

Nous avons donc affaire à un handicap plus ou moins passager, lié à un dérèglement des neurotransmetteurs et des circuits neuronaux. La réaction dépressive consécutive à un deuil nous entraîne dans une autre direction. La perte d'un être cher fait que pendant un an ou deux, des fixations surgissent. Ces obsessions et ces mécanismes anxieux ont valeur de cicatrisation puisqu'ils permettent une élaboration progressive du deuil.

Entre ces deux pôles, il existe des zones intermédiaires extrêmement difficiles à définir. Prenons l'exemple des manifestations délinquantes, où le sujet nous dit qu'il est amené à agir compulsivement de manière antisociale. Ces manifestations font-elles partie des maladies mentales ? Ou sont-elles des conduites asociales ?

Nous oscillons constamment entre ces deux positions. Je crains que nous restions inexorablement dans le doute devant ces questions. Les grands syndromes, comme la schizophrénie et les dépressions unipolaires et bipolaires, sont de mieux en mieux reconnus. Cependant, dès que nous abordons les troubles de l'attachement, les difficultés d'adaptation sociale, les perturbations de l'alimentation et plusieurs troubles d'identité sexuelle, il devient très difficile de savoir ce qui relève de l'histoire personnelle, de l'histoire sociofamiliale ou de facteurs de fragilité liés à des éléments génétiques et à l'équipement neurophysiologique du sujet.

Tout cela s'interpénètre et dans ce tout, il faut inscrire les mécanismes adaptatifs qu'on utilise à la fois pour juguler la souffrance et pour s'adapter aux exigences d'une communauté humaine.

P.G. : Le fait de penser à la vulnérabilité, aux facteurs de risque et aux facteurs de protection ne permet-il pas, justement, de nuancer les catégories nosographiques que nous utilisons comme le DSM-IV par exemple ?

M.L. : Peut-être, mais sur ce plan, nous sommes encore en crise. Seulement au point de vue de la nosographie, les termes ont changé depuis dix ans. Comme j'en parle ailleurs, je serai bref là-dessus, mais le concept de troubles envahissants du développement, par exemple, n'est apparu que récemment. Il est intéressant parce qu'il fait découvrir — au-delà de l'autisme classique — des formes plus légères de handicap.

Cependant, il devient aussi un fourre-tout et, au-delà d'un repérage de signes permettant une intervention précoce (ce qui constitue un pas en avant), il n'apporte rien sur l'étiologie proprement dite. Pourtant, il amène beaucoup de praticiens à faire du réductionnisme.

Parallèlement à l'inflation de ce syndrome, on constate que les psychoses infantiles disparaissent parce qu'elles ont été longtemps considérées comme d'origine socioaffective. Et les avoir rayées de la nomenclature n'empêche pas qu'elles existent, mais nous ne savons plus où les placer.

De la même manière, le terme d'hyperactivité regroupe manifestement des syndromes différents. Les troubles de l'attachement, dont on ne parlait guère autrefois, prennent le devant de la scène. En quinze ou vingt ans, toute la classification nosographique a brusquement changé. Cela transforme notre regard sur l'enfant. Je m'amuse souvent à faire l'exercice suivant : après avoir vu un enfant, je me demande dans quel cadre nosographique je l'aurais placé il y a deux décennies. Je suis toujours étonné de voir les différences qui m'entraînent, plus ou moins à mon insu, vers des pistes thérapeutiques souvent incertaines sur le plan d'une validation scientifique.

Nous sommes encore bien dépendants des modes.

P.G. : Par rapport à cette question extrêmement intéressante, quelles influences orientent ces modes qui font ressurgir un diagnostic, par exemple le syndrome d'Asperger, et qui en font disparaître d'autres ? S'agit-il, selon vous, de mouvements culturels, de mouvements politiques, de tendances liées à l'évolution d'une société et à ce qu'elle exige de ses médecins ?

M.L. : J'ai envie de dire que tout cela joue un rôle. Je mentionnerais aussi l'apparition des gourous qui occupent une grande place, tant par leurs écrits que par leur charisme. On les accueille dans des congrès, on leur fait écho dans la presse et à la télévision. Leurs idées s'étendent et deviennent celles d'une époque.

P.G. : Ils prennent le devant de la scène.

M.L. : Tout à fait.

P.G. : Parlons maintenant de recherche clinique. Nous sommes actuellement très sollicités pour faire de la recherche, pour valider nos hypothèses. Nos diagnostics devraient, pour la recherche clinique, s'appuyer plus souvent sur des questionnaires standardisés. Nous tentons d'approfondir, de mieux classer, d'avoir une plus grande rigueur, et cette façon de procéder influence nos terminologies. Cependant, il reste à savoir si la recherche modifie notre façon de traiter les patients, voire même si cette recherche clinique existe vraiment. La recherche et la clinique sont-elles deux démarches parallèles se rejoignant pour les besoins de la cause, c'est-à-dire obtenir des subventions, ou s'agit-il de deux directions indispensables qui doivent trouver les moyens de se rencontrer ?

M.L. : Il se glisse un tas de variables dans le mot « recherche ». La recherche comporte également ses modes. À un moment donné, on parle de dépression, à un autre moment d'autisme, à un troisième d'hyperactivité. Tous les facteurs que vous avez énumérés jouent un rôle dans ces orientations successives. Il est vrai que nous essayons d'être le plus rigoureux possible en ce qui concerne le regroupement de certains symptômes qui nous permettent de définir un syndrome. L'effort est intéressant et il n'est d'ailleurs pas nouveau, mais ne nous faisons pas d'illusions, car là encore, nous nous piégeons.

Nous faisons des regroupements de signes lorsqu'un être humain se trouve dans telle ou telle situation conflictuelle émanant de l'environnement ou de sa propre souffrance, mais les soubassements scientifiques de nos affirmations sont fragiles.

La question qui en découle est terriblement complexe. Faut-il s'orienter vers des étiologies qui mettent en cause l'équipement neurologique ou avons-nous affaire à des situations sociofamiliales particulières ? Tout cela reste à élucider. Nous sommes plus attentifs à une série de symptômes, car nous les recherchons systématiquement. Nous avons alors l'impression que tel syndrome est en augmentation, ce qui nous fait supposer de nouveaux facteurs épidémiologiques ou environnementaux. Or, nous devons rester prudents et humbles par rapport à de telles conclusions.

En pédopsychiatrie et en psychiatrie, nous avons très peu de marqueurs et si nous avons fait des progrès, nous en sommes encore aux balbutiements quant à la compréhension du fonctionnement cérébral dans son ensemble.

P.G. : Puisque le chercheur doit essayer de standardiser, d'avoir la population la plus homogène possible et d'arriver à des résultats statistiquement significatifs, pensez-vous que ses objectifs vont totalement à l'encontre du clinicien, pour qui seul le patient existe. Autrement dit, est-il possible d'être à la fois chercheur et clinicien ?

M.L. : Il faut distinguer le chercheur clinicien de celui que j'appellerais le chercheur avec un grand « C ». D'ailleurs, on est bien conscient du fait qu'il n'est jamais facile d'établir une relation entre les chercheurs avec un « C » et les chercheurs cliniciens. Un chercheur avec un grand « C » s'oriente vers une variable précise qui, par définition, ne se généralise guère. Les éléments individuels d'une personne ne l'intéressent pas beaucoup, ils sont même quelquefois gênants pour la recherche en général.

Quant au chercheur clinicien, il s'intéresse au contraire à la personne dans son individualité. Ses motivations ne sont pas les mêmes et ses outils de travail sont fondamentalement différents. Les heurts sont donc inévitables. Prenons un exemple : un chercheur veut démontrer l'efficacité d'une thérapeutique. Il prend donc un groupe-témoin qui ne reçoit pas telle ou telle thérapeutique, alors que dans l'autre groupe les sujets en bénéficieront.

Le clinicien peut se sentir révolté à cette idée. Il se demande de quel droit on apporte à un groupe quelque chose qui semble nécessaire, alors qu'on en prive l'autre groupe.

Dans le domaine de la médication, le problème se résout relativement bien, puisqu'on garde le reste du traitement pharmacologique connu jusqu'ici. Toutefois, avec nos approches, il n'est pas facile d'admettre qu'un groupe bénéficiera de l'ergothérapie et qu'un autre groupe en sera privé, alors que nous sommes persuadés que tous les enfants dont nous avons la responsabilité en auraient besoin.

P.G. : La dimension éthique joue un grand rôle...

M.L. : Cette dimension éthique n'est pas facile à assumer. En fait, je pense qu'un chercheur clinicien ne peut pas être un chercheur classique. En fonction d'une accumulation d'expériences, il peut repérer les constantes qui se dégagent progressivement de ses examens cliniques. Il formule alors des hypothèses sans doute subjectives, mais qui sont autant de pistes pour les chercheurs de métier. Cet échange peut être très riche, l'un intuitionne, l'autre vérifie, et chacun garde ses outils.

Si on mélange la recherche véritablement scientifique avec toutes ses exigences et la recherche clinique qui a lieu dans l'action, on ne peut pas s'entendre, car on ne parle pas de la même chose. Cependant, il est à souhaiter que tous les cliniciens fassent preuve en permanence d'un esprit de recherche, dans le sens d'une interrogation sur le pourquoi et la portée des interventions.

P.G. : Vous proposez que s'établisse un lien plus étroit entre des cliniciens et des chercheurs afin qu'un langage commun surgisse. Ainsi, on pourrait bénéficier de l'expérience et des interrogations des cliniciens ?

M.L. : Absolument.

P.G. : Je voudrais revenir un peu en arrière et aborder la question de l'identité du pédopsychiatre. En tant que médecins, nous sommes très sollicités, compte tenu de la pénurie actuelle des consultants. Cette préoccupation apparaît dans le curriculum vitae des étudiants qui doivent apprendre à devenir des consultants. Quel est votre avis là-dessus ? Peut-on être consultant sans traiter soi-même un certain nombre de patients ?

M.L. : Je ne le pense pas. Être consultant signifie avoir une bonne qualification et celle-ci ne s'acquiert que par une longue et durable expérience thérapeutique. Il ne viendrait à l'idée de personne de se présenter comme consultant en cardiologie sans être un expert dans ce domaine. À partir du moment où l'on se dit consultant, c'est-à-dire un expert, on doit rester un clinicien de terrain. Même si l'on a eu une bonne expérience clinique antérieure, on doit se méfier d'un discours du genre « je n'ai plus besoin de voir des enfants ». À ce rythme-là, on devient très vite analphabète.

P.G. : C'est important ce que vous dites, mais pensez-vous que les gens qui bâtissent les programmes de formation admettent cela ?

M.L. : Je sais que certains n'admettent pas cette réalité.

P.G. : Ce serait sans doute à rappeler. Lorsque nous avons parlé de traitement, vous avez abordé la question des modes. En parlant de la psychanalyse, vous avez évoqué le concept de la relation en psychothérapie. Or, à l'heure actuelle, ce terme de « psychothérapie » regroupe bien des orientations : cognitive, behaviorale, interpersonnelle, etc. Comme médecin clinicien, que garderiez-vous comme définition de ce noyau qui définit la psychothérapie ?

M.L. : Je vais m'appuyer sur le témoignage d'adultes que j'ai pris en psychothérapie il y a dix ou vingt ans. J'aime bien les interviewer en leur demandant ce qu'ils pensent avoir reçu et vécu durant nos rencontres. Je l'ai surtout fait avec des personnes qui s'étaient engagées dans du psychodrame individuel. À la question que vous avez apportée et que je formule pour le psychodrame, ils me répondent généralement que ça les a aidés. Quand je leur demande d'aller plus loin, ils déclarent : « Le plus étonnant, c'est que vous ayez accepté de jouer avec moi. »

Je cherche alors à les faire approfondir et, après hésitation, ils me disent : « C'est énorme, une telle acceptation. C'était étonnant de penser qu'un adulte que je savais médecin acceptait de m'accompagner authentiquement dans des jeux de rôle. Si je demandais que vous soyez un chien ou un cheval, vous respectiez cette demande et, dans un jeu sérieux, vous m'accompagniez dans mon image. »

Je n'ai guère tiré d'avantage de ces entrevues. Les belles interprétations que nous avions faites, les liens associatifs dont nous étions fiers, ces sujets n'en parlaient pas. Ce dont ils se souvenaient, c'était de l'écoute que j'avais eue pour eux, c'était mon accompagnement respectueux, le plaisir partagé, une rencontre authentique. »

P.G. : C'est ce qu'il leur reste et qui a été important pour eux à un moment donné ?

M.L. : Oui. Qu'est-ce que cela veut dire ? Je crois que la force des psychothérapies ne réside pas d'abord dans la forme d'approche choisie. L'important, c'est que l'intervention ait une cohérence, une structure liée à des objectifs précis, une authenticité, une rencontre privilégiée où se mêlent la spontanéité et le regard sur soi. Toutes les psychothérapies « humanistes » s'appuient sur un certain nombre de modalités relationnelles, comme l'écoute, l'empathie, le respect, la tentative de faire progresser le sujet à son rythme. Cela est vrai aussi bien dans les approches cognitiviste, psychanalytique, psychodramatique qu'interactionnelle. Quelle que soit l'approche, ces ingrédients sont essentiels.

Cependant, faut-il parler d'une certaine spécificité ? Oui, sans doute. Par exemple, comment choisir entre une approche groupale et une approche individuelle ? Il me semble logique de proposer une approche groupale si la personne a des difficultés à se situer à l'intérieur d'une collectivité ou qu'elle souffre de ne pas savoir comme interagir avec d'autres.

Si son problème personnel demande d'installer un discours narratif avec une personne particulière, on lui proposera une psychothérapie individuelle, etc. Il y a donc des spécificités, mais la rencontre avec mes anciens petits patients me démontre que le jeu relationnel demeure l'élément déterminant.

P.G. : Pour reprendre votre très bon exemple, si l'on prend la racine étymologique du mot « thérapie », on découvre que ce terme signifie « se mettre au service de ». En fait, dans votre témoignage, l'enfant avait très bien perçu que vous vous mettiez au service de son évolution.

M.L. : C'est là l'élément essentiel. Cependant, il y a une autre variable fondamentale qui est la continuité, c'est-à-dire le fait de disposer de quelqu'un comme point de référence sans attendre trop longtemps quand ça ne va plus. Nos exigences actuelles, liées aux listes d'attente et à bien d'autres facteurs, font que cette continuité est moins respectée qu'autrefois, ce que je regrette beaucoup. Avec le recul, je peux affirmer que les enfants qui ont bien évolué étaient des sujets que le praticien n'avait pas lâchés. D'ailleurs, cela ne voulait pas toujours dire une grande densité de présence, mais la découverte du fait que la personne était là, prête à répondre avec disponibilité, c'est-à-dire un respect actualisé.

P.G. : Ce que vous soulignez, c'est l'importance de l'engagement en tant que thérapeute. Quand on s'engage auprès de quelqu'un, on établit un contrat implicite, qui consiste à s'engager à rester dans le champ relationnel du sujet qui le souhaite. Cette notion d'engagement se perd un peu dans notre formation. Il y a un morcellement, une tendance à répondre parfois trop rapidement avec un médicament. On a partiellement perdu ce qu'on enseignait autrefois aux résidents, à savoir de rester disponible pour les patients, d'accepter qu'ils dépendent de soi pendant le temps nécessaire.

M.L. : C'est là que l'on retrouve la conception humaniste que la psychanalyse nous a léguée et qui se basait sur le respect de la personne. Actuellement, la psychanalyse subit le contre-choc du grand succès qu'elle a obtenu jadis et on tend à dire qu'elle est un peu vieux jeu, qu'elle s'appuie sur des valeurs issues du judéo-christianisme, etc. Aujourd'hui, ce sont les neurones qui occupent le domaine noble, ou on préfère opter pour l'approche de la cognition ou pour les questionnaires standardisés.

P.G. : Croyez-vous que tout cela pourrait être en partie lié à un mouvement de société plaçant l'individu au centre et recherchant un accès à la satisfaction immédiate ? On éviterait ainsi des engagements qui pourraient nous peser ou nous ralentir.

M.L. : Oui, il est évident qu'à partir du moment où je m'engage dans une certaine continuité, je m'engage aussi à ne pas mettre la clé sous la porte. Cela exige une certaine disponibilité…

P.G. : …et une responsabilité…

M.L. : …qui peut paraître ennuyeuse et dérangeante…

P.G. : …contraignante !

M.L. : Peut-être qu'on ne le dit pas assez. Il faut savoir que les enfants dérangent, avec leurs exigences, leurs bruits, leur langage, leurs mouvements, avec tout ce qu'ils réveillent en nous. Certains praticiens sont tentés de les mettre un petit peu en satellite, bien qu'on se définisse par leur existence.

La démarche diagnostique

Dialogue avec Yvon FORGET

Il y eut un temps où l'analyse sémiologique des syndromes constituait l'essentiel du travail du psychiatre.

Il y eut une autre période où le diagnostic fut dénoncé comme étant une démarche aliénante tant pour le sujet en souffrance que pour le praticien.

Le docteur Michel Lemay a réagi lors de cette deuxième phase en écrivant un livre qui fut accueilli avec ambivalence (« Le diagnostic en psychiatrie infantile »). Le docteur Yvon Forget, psychiatre et psychanalyste, converse avec lui à ce sujet.

Y.F. : Il me semble vous avoir déjà entendu dire que la qualité première d'une évaluation pédopsychiatrique tient à la cohérence de la synthèse qu'on fait des données recueillies lors d'entrevues diagnostiques. Nous allons maintenant avoir un échange sur ce thème du diagnostic, et j'espère que nous arriverons à une synthèse cohérente !

D'entrée de jeu, je vous rappellerai le nouvel espoir que vous formuliez en 1987, dans un livre sur les psychoses infantiles[1]. Vous écriviez : « Mon plus grand espoir, certes paradoxal pour un auteur, c'est que mon livre, qui témoigne d'un moment thérapeutique, devienne vite dépassé par des moyens de compréhension et d'intervention qui ajouteraient, au chapitre de l'amélioration, celui d'une vie psychique totalement retrouvée. »

Un peu plus tôt, en 1976, vous aviez écrit que le diagnostic est une responsabilité redoutable parce qu'il contient en germe tous les abus possibles, ainsi que toutes les virtualités créatrices. Aujourd'hui, j'aimerais ouvrir notre échange sur ces deux pôles, d'une part les abus et, d'autre part, la créativité.

Dans votre publication de 1976[2], vous en aviez gros sur le cœur par rapport aux abus. Vous souligniez la nécessité absolue de considérer le diagnostic non pas comme une fin en soi, mais comme un acte à la fois initial et permanent de tout traitement.

Cet acte ne s'arrêterait donc pas après les entrevues initiales?

M.L. : Voilà une belle ouverture! Cependant, il n'est pas facile de répondre à toutes vos questions. Peut-être faudrait-il d'abord que j'explique pourquoi j'ai écrit *Le diagnostic en psychiatrie infantile* en 1976. Je tentais d'exprimer le malaise que j'éprouvais par rapport à la démarche diagnostique qu'on proposait à ce moment-là en France. J'y mettais toute mon expérience pédopsychiatrique des douze ou treize années précédentes. Il me paraît important de situer le contexte de cette période et de sa phase antérieure.

Quand j'étais étudiant, la pédopsychiatrie n'existait pas en France, sauf chez Georges Heuyer. Dans ce service, Serge Lebovici ainsi que René Diatkine étaient chefs de clinique et j'avais eu la chance de les côtoyer comme externe. J'étais surtout à Rennes, une ville de province où les influences étaient essentiellement organicistes. On peut même dire qu'à l'époque, tout ce qui s'apparentait au courant psychodynamique était considéré comme le diable! Ce qu'on nous enseignait était purement médical, dans le sens de la pédiatrie et de la neurologie.

L'apport psychiatrique était assez indigent, sauf en ce qui concerne la sémiologie. Il n'y avait rien sur la compréhension du symptôme, et les traitements se résumaient à quelques médicaments, comme le Largactil. J'ai baigné là-dedans pendant des années durant ma formation. Il y avait beaucoup de lacunes. J'ai aussi été marqué par quelques apports intéressants, par exemple sur le plan neurodéveloppemental.

Y.F. : On y reviendra.

M.L.: Par la suite, je suis parti aux États-Unis et ce fut le choc. J'avais pourtant déjà rencontré Lebovici et Diatkine, mais j'étais un petit externe tout intimidé qui fuyait dès que le patron arrivait.

Aux États-Unis, j'ai travaillé comme éducateur. En plus, je suivais trois journées de cours à la Colombia University, où j'ai rencontré Nathan Ackerman et un certain nombre de psychanalystes.

Ce fut une bombe pour moi. Durant cette période, j'ai lu à peu près tout Freud, en me disant que j'allais continuer une formation analytique amorcée quelque temps auparavant.

Plus tard, je suis revenu comme interne à Rennes et j'y ai retrouvé les conditions de travail antérieures. J'ai poursuivi un certain temps mon analyse personnelle et, plus tard, j'ai entrepris une formation en psychodrame analytique avec Ancelin Schützenberg.

En raison de mon expérience d'éducateur, j'avais d'abord travaillé dans un centre d'observation pour jeunes délinquants. J'étais fasciné, car je partageais le vécu de ces jeunes. Il y avait tant de différences entre le symptôme vu dans un bureau et celui que l'on constate dans la vie quotidienne que je ne savais plus si j'étais éducateur ou psychiatre.

Par la suite, on m'a demandé de créer un centre médico-psychologique. Alors, peu à peu, je me suis enraciné dans l'identité de psychiatre et de psychothérapeute, tout en coordonnant les activités d'une école d'éducateurs. Tout se mêlait en moi : ma formation neuropédiatrique, mon expérience d'éducateur, la découverte de la psychanalyse, l'apport du psychodrame, mon ouverture sur la thérapie familiale sous l'influence d'Ackerman. J'étais gêné par la neutralité qu'on demandait en thérapie et j'essayais de surnager entre les règles orthodoxes qu'on m'avait enseignées en psychothérapie et les réalités que je découvrais dans l'ici-et-maintenant, avec des enfants vivant dans des établissements.

Nous étions en France, avec les habituelles luttes de pouvoir entre les différentes écoles. J'avais connu les directives des organicistes qui défendaient certaines thèses, comme l'importance de la dégénérescence. J'avais connu une prise de pouvoir psychanalytique un peu terroriste, car si on ne disait pas qu'on avait fait telle analyse, avec telle école, on était immédiatement jugé. Je voyais s'affronter l'école parisienne, l'école freudienne, l'école lacanienne, sans parvenir à avoir de visées convergentes et sans bien comprendre les raisons de leurs querelles.

C'est dans ce déchirement que j'ai écrit *Le diagnostic en psychiatrie infantile*. Je l'ai écrit parce qu'écrire permet de prendre de la distance et de clarifier ses positions. Je l'ai relu récemment (ce que je n'avais pas fait depuis vingt ans), et son côté militant m'a amusé aussi bien que surpris. Il est clair que j'éprouvais le besoin de me défendre. Il y avait des excès. J'aurais pu nuancer davantage mes positions. Cependant, ce livre contient des idées que je partage encore. C'est ce méli-mélo qui m'a incité à partir de là, dans notre entretien d'aujourd'hui.

Y.F. : Ne restons pas sur ces dérapages, mais soulignons les deux pôles que vous dégagiez, celui des virtualités créatrices et celui des abus. Si nous regardons les définitions que vous donniez du diagnostic et si nous explorons la voie par laquelle nous posons un diagnostic, je pense que nous pourrons nous enrichir mutuellement. Partons de la demande : Comment nous arrive-t-elle ? Que souhaitons-nous par rapport à elle ? Et qu'arrive-t-il dans la réalité ?

En préliminaire, j'aimerais vous rappeler la définition du diagnostic que vous proposiez dans votre livre. Vous disiez que c'était une recherche pour comprendre un langage fait de mots, de gestes, d'actes, apparemment illogiques, mais significatifs, ainsi que d'émotions et de silences. Vous ajoutiez que le diagnostic est une tentative pour comprendre les mécanismes qui se jouent afin de bâtir, avec l'enfant et sa famille, un projet thérapeutique adéquat. On voit donc que vous ne séparez pas du tout le moment diagnostique de l'aboutissement thérapeutique. On comprend comment, pour vous, cette continuité doit s'inscrire dès la demande des protagonistes. Cependant, comment caractérisez-vous cette demande, aujourd'hui, par rapport à ce que vous avez dit antérieurement ?

M.L. : Ma définition de la démarche diagnostique n'était pas mauvaise. Je n'ai pas envie de la changer. Je continue à souligner que le diagnostic est un acte thérapeutique en soi. Cela me paraît tout à fait fondamental. Au moment des premières rencontres, toujours imprégnées d'ambiguïté, il se produit une mobilisation extraordinaire de l'anxiété. Les uns et les autres, tant l'enfant que les membres de sa famille, apportent un matériel extrêmement riche.

Combien de fois ai-je eu le sentiment que ce matériel, si important au cours des premières séances, il nous faudrait par la suite attendre des mois avant de le voir réapparaître... La demande est toujours ambiguë, surtout en pédopsychiatrie. Après les premières rencontres, plus rien n'est pareil : ni ce que les parents demandent, ni ce que l'enfant attend, ni ce que nous-mêmes prévoyons, ni ce que l'on attend de nous dans l'établissement où nous sommes inscrits, ni ce que nous demandent les autorités publiques (juge, école, organisme).

Parfois, il y a convergence, mais le plus souvent les attentes se chevauchent. Il arrive même qu'elles s'opposent. Les parents qui nous emmènent un enfant présentant des troubles du comportement nous demandent de le rendre plus sage, alors que le jeune, quand il arrive à nous faire confiance, espère plutôt que nous l'aidions à être autonome, car il se sent brimé dans son expansion créatrice.

Y.F. : Diriez-vous qu'il faut clarifier la demande dès le départ, avant même de tenter d'y répondre ? Ou pensez-vous plutôt que ce temps de clarification doit être fait en même temps que les détours des entrevues diagnostiques ? Ou encore, est-ce que cela doit se réaliser seulement au moment des conclusions ?

M.L. : Ces trois attitudes sont possibles et je n'inscrirai rien dans une règle stricte. Parfois, on a le sentiment qu'il faut clarifier d'emblée, sinon on se retrouve complètement piégé. D'autres fois, la démarche doit être différente.

Y.F. : Diriez-vous que nous sommes souvent piégés par les demandes institutionnelles, et que, souvent, on attend plus un traitement immédiat qu'un diagnostic pouvant ensuite servir à la prise en charge dans un établissement ?

M.L. : Tout à fait. Et cela peut être encore plus compliqué. Quand on arrive dans un établissement comme psychiatre, la demande est toujours ambivalente par rapport à notre présence. D'une part, on est mythifié, mais on nous regarde également avec suspicion. « Que vient faire ce psy ? Que pourra-t-il faire de mieux que nous ? » Au début, c'est comme s'il fallait que nous démontrions notre savoir face à des cas très lourds. Mais après un certain temps, qui peut aller jusqu'à un an ou deux, les rôles se précisent. C'est en tout cas ce qui s'est passé dans les trois établissements où j'ai travaillé à l'extérieur du milieu hospitalier.

Y.F. : Il y a donc un temps d'essai.

M.L. : C'est toujours après un laps de temps que je recevais des demandes qui avaient du sens, tant pour moi que pour l'enfant. On cessait de me parachuter des jeunes, avec un discours du genre « Voilà un médecin, il est gentil, il fera des miracles avec toi. » Et cela, sans même que l'intéressé sache pourquoi il venait. Il y a donc des clarifications à faire immédiatement, d'autres explications qui doivent se donner en cours de route, après quelques séances, mais il reste toujours bien des paradoxes dans une démarche diagnostique. Des parents nous demandent quel est le problème de leur enfant et ils veulent savoir ce que celui-ci nous a raconté. L'enfant sait bien que nous allons voir ses parents par la suite, mais il souhaite une certaine confidentialité. Comment respecter les attentes de tous les protagonistes ?

Y.F. : Si j'écoute l'ensemble de vos propos sur la demande, je constate qu'il ne peut pas y avoir de règles très rigides au départ, même si la demande passe tantôt par les parents, tantôt par l'établissement, tantôt par une autorité civile, tantôt par l'école. Seriez-vous d'accord pour dire que face à ces demandes, les adultes tentent souvent de rendre l'enfant conforme aux règles ? On ne cherche pas à comprendre ces règles, ni à savoir qui est cet enfant, ni à préciser l'état de son développement…

M.L. : Oui, je pense que ce type d'attente a toujours existé. Dans les faits, les parents demandent qu'on rende leur enfant conforme à leurs règles à eux. Ce discours normatif, je l'ai toujours connu. L'enfant est toujours rebelle à un tel discours, au mieux il est ambivalent. Mais en ce moment, un nouveau problème surgit. C'est un phénomène nouveau, sans doute lié à notre société de consommation, à l'insuffisance des effectifs. Maintenant, on nous demande d'inscrire plus rapidement l'enfant dans le normatif.

En pédopsychiatrie, nous avions l'habitude de prendre notre temps pour écouter, pour suivre le rythme du sujet et pour admettre qu'au-delà du souci normatif, ce qui compte le plus c'est d'aider à remanier les forces psychiques de l'enfant. À l'heure actuelle, dans les demandes institutionnelles, gouvernementales et hospitalières, on nous prescrit de faire vite, de résoudre les crises, de passer le plus rapidement possible à un autre enfant. Je ne me sens pas du tout à l'aise avec cette position, même si je comprends intellectuellement les motivations qui sous-tendent un tel message.

Y.F. : Moi aussi je trouve ça difficile, par exemple lorsqu'un enfant est agité en classe, on nous demande s'il a ou non besoin de méthylphénidate. On ne se demande guère si cet enfant a des raisons d'être agité de la sorte, compte tenu de ses conditions de vie.

M.L. : Absolument. Nous sommes d'emblée confrontés aux liens entre le diagnostic et l'indication. Je crois à l'intérêt du méthylphénidate, mais s'il sert à adapter l'enfant à une classe qui n'est pas pensée en fonction de son âge ni de ses possibilités, notre rôle dans la société devient très discutable.

Y.F. : Je vous propose de passer à un autre sujet, à savoir l'intérêt et les pièges des approches multifocales. Selon la demande, nous allons travailler avec des équipes multidisciplinaires et avec l'environnement en général. Que pensez-vous de cette conception de l'approche multifocale ?

M.L.: Par multifocale, vous voulez dire une évaluation faite par plusieurs praticiens ?

Y.F. : Oui, plusieurs praticiens et aussi un environnement qui apporte du matériel parfois très significatif et parfois très discutable.

M.L. : Il y a une forme de diagnostic auquel je ne crois plus, même si je l'ai pratiquée à une certaine époque. Dans cette démarche diagnostique, l'enfant était vu systématiquement par plusieurs personnes. Les parents étaient rencontrés par le travailleur social, un pédiatre éliminait les problèmes physiques, un psychologue faisait passer des tests intellectuels et des tests projectifs, un examen orthopédagogique cherchait à dépister un trouble éventuel d'apprentissage et un psychiatre rencontrait le jeune pour lui parler et le faire dessiner. Une réunion était ensuite organisée où chacun présentait ses petits morceaux d'observation sans trop se rendre compte des répercussions de ces examens successifs sur un enfant qui ouvrait des zones de lui-même à un cortège d'étrangers.

Y.F. : Certains enfants se permettaient de nous dire très clairement leur désaccord sur cette manière de faire.

M.L. : C'était les plus sains. En réalité, on faisait un « melting pot » et nos discussions de cas ressemblaient beaucoup à des monologues juxtaposés où chacun racontait sa petite histoire pour aboutir à une décision qui, au bout du compte, était prise par le psychiatre.

Y.F. : Est-ce que vous ne revenez pas ainsi à votre schème de la monarchie française, dont vous avez dénoncé l'existence dans un article ?

M.L. : La France n'a en effet jamais fait le deuil d'avoir guillotiné son roi. Il y a aussi une forme de monarchie à la québécoise. Elle est subtile, et même aristocratique, mais les résultats sont identiques. Pour ma part, je crois que l'enfant doit rencontrer un maître d'œuvre dont le regard porte sur différentes dimensions de la vie, qu'elles soient sociales, physiques, affectives ou intellectuelles. Ce multi

praticien ayant une vision multifocale ne peut cependant pas prétendre tout savoir et tout pouvoir.

Son rôle consiste à reconnaître la nature des problèmes, afin de les approfondir ensuite en faisant appel à tel ou tel spécialiste. Le psychiatre, par sa formation, me paraît généralement bien préparé pour assumer cette vision. S'il écoute l'enfant dans toutes ses dimensions, il peut l'orienter vers des examens complémentaires qui prennent sens pour l'intéressé et pour sa famille. Par la suite, le psychiatre peut regrouper l'ensemble des données et appliquer les indications thérapeutiques données par tel ou tel praticien.

Y.F. : Je vous suis. Pourtant, je me questionne aussi sur la dimension émotionnelle que comporte l'ensemble des évaluations faites auprès d'un enfant. Quel que soit l'aspect de l'enfant qui est perturbé, par exemple l'aspect intellectuel, il faut prendre en compte tout ce qu'il a vécu émotionnellement. Il me semble que, parfois, on sépare trop les choses. On met de côté l'aspect émotionnel, au nom d'une approche orthopédagogique, et inversement on laisse de côté l'approche orthopédagogique au nom de la variable affective. J'ai l'impression qu'on a un peu de difficulté à amalgamer ces deux aspects.

M.L. : Sûrement. Je reste donc partisan du maître d'œuvre qui intervient dès le départ et dont le travail est ensuite complété par telle ou telle personne dans un cortège interdisciplinaire. C'est vrai qu'à partir du moment où on prescrit de l'aide orthopédagogique et une psychothérapie, il faut éviter le clivage qui surviendrait si on laissait l'orthopédagogue travailler l'aspect cognitif et le psychiatre, l'aspect affectif.

Dans les établissements où j'ai travaillé et où j'avais un enfant en psychothérapie, j'entendais quelquefois les jeunes me dire qu'ils avaient essayé de parler à leur éducateur de telle ou telle chose, mais que celui-ci les avait arrêtés en disant : « Ne m'en parle pas, ce n'est pas de mon domaine. Tu en parleras plutôt avec ton thérapeute la semaine prochaine. »

C'est une grave erreur que d'agir ainsi. Elle indique qu'on ne comprend rien à la psychothérapie ! Il ne s'agit pas de travailler une émotion à un moment et à un endroit précis, en empêchant le sujet de s'exprimer le reste du temps, surtout avec une personne proche... Le fait qu'il existe de tels clivages entre des secteurs qui s'interpénètrent constamment révèle souvent une incompréhension des rôles réciproques. Seul un dialogue entre les praticiens permet d'éviter de tels malentendus.

Y.F. : À partir de cela, vos réflexions se sont très souvent arrêtées sur la nécessité de clarifier les identités professionnelles de chacune des personnes qui travaillent ensemble.

M.L. : Oui. Il y a un lien extraordinaire entre l'identité personnelle et l'identité professionnelle. On est toujours mal dans sa peau si on ne peut pas répondre aux grandes questions comme « Qui suis-je ? », « Qu'est-ce que je fais ? », « Avec qui ? » et « Au nom de quoi ? ». Il faut à la fois se situer dans son identité et admettre que celle-ci se modifie au fil du temps et des situations. En tant que professionnel, on ne peut pas être à l'aise et relativement bien dans sa peau si on n'est pas en mesure de se définir dans ses fonctions. Mes réponses ne sont pas données une fois pour toutes, elles s'ajusteront au fil de mes connaissances et de mes expériences, mais il est fondamental que je sache me situer.

Y.F. : On dépend inévitablement des concepts théoriques issus des courants auxquels on se rattache. Je vous laisse élaborer là-dessus.

M.L. : Oui, nous dépendons des concepts théoriques. Ceux-ci s'accumulent, puis sont remis en cause par de nouveaux penseurs, qui sont en quelque sorte des transgresseurs. Par définition, un transgresseur impose son point de vue et déclenche des résistances. Dans une certaine mesure, il doit avoir mauvais caractère. Je ne vois pas comment un transgresseur peut imposer une idée sans avoir à la fois du charisme, une originalité et une forte personnalité. Souvent ses positions sont nuancées, mais ses élèves s'agglutinent peu à peu autour de lui et constituent ses disciples. C'est alors que survient le risque de se rigidifier.

Une école de pensée se crée et débouche sur des sous-écoles. Cela provoque des conflits qui sont causes de changements, mais aussi de discordes. C'est ainsi que surgissent les querelles d'école, avec les éléments passionnels qui en découlent.

Y.F. : Cette pression est nécessaire, mais la transmission rend souvent les positions rigides.

M.L. : Oui, les choses se figent. Les théories comportent quelque chose de l'ordre du religieux. Elles me font toujours penser à la sauce du gigot ! C'est bon, mais un peu figé. En ébranlant les idées antérieures, on tue beaucoup de pères et on détruit des édifices, mais c'est pour en créer de nouveaux.

Dans l'enseignement, nous apportons ce que nous avons reçu et nous le transmettons à nos résidents. Eux reçoivent des éléments issus de différentes écoles. Pour nous, certaines notions sont nouvelles. Nous devons alors nous situer, pour que l'autre puisse en faire autant.

Ajoutons une autre variable : ce n'est pas par hasard que nous choisissons de nous intégrer à tel ou tel courant de pensée. Nos choix dépendent en partie de notre personnalité et de notre histoire et font en sorte que nous nous orientons électivement vers des explications faisant appel aux forces intrapsychiques ou organiques, ou vers l'étude du comportement et de ses modifications par des renforçateurs positifs ou négatifs, ou encore vers l'analyse des réseaux familiaux.

Y.F. : C'est donc un peu nous-même que nous défendons chaque fois. Dans une telle perspective, que deviennent l'objectivité et la subjectivité ?

M.L. : En théorie, nous sommes tous d'accord pour défendre l'idée d'une vision biopsychosociale. Cependant, dans les faits, nous tendons à orienter nos diagnostics dans une direction donnée, selon les moments de notre vie. Tout cela pèse lourd dans les équipes. Plus il y a de psychiatres qui travaillent dans un hôpital, plus les points de vue sont diversifiés. Cela peut constituer une grande richesse si les courants s'additionnent. Cependant, nous constatons souvent que de mini-écoles se forment et qu'elles échangent peu entre elles.

Y.F. : Seriez-vous d'accord pour dire qu'un groupe qui se forme autour d'une théorie et autour des approches thérapeutiques qui en découlent ne doit pas s'imposer s'il veut favoriser les possibilités d'enrichissement ? Qu'il doit plutôt se joindre à d'autres groupes où l'on pense différemment ?

M.L. : En effet. D'ailleurs, il y a quelque chose d'apparemment paradoxal à cet effet. Il faut bien faire appel à différentes théories pour comprendre les sujets que nous rencontrons, mais si nous restons à papillonner sans jamais rien approfondir, nous demeurons dans la superficialité. Il est donc inévitable que des gens se regroupent par rapport à un champ donné, tout en admettant l'existence d'autres champs. Chacun apporte alors sa pierre dans l'édifice des connaissances. Pour un chercheur, cette attitude est relativement facile à maintenir, puisqu'il a choisi un créneau qu'il approfondit. Un clinicien doit être davantage éclectique, car les problèmes sociaux, cognitifs, physiques et affectifs sont toujours liés.

Y.F. : On vient de parler de l'influence des concepts théoriques dans le développement actuel de la pédopsychiatrie. Certains courants vous semblent-ils plus intéressants que d'autres pour la psychopathologie ? Et pensez-vous qu'ils sont plus applicables dans tel ou tel cadre diagnostique ? Voilà une question large, mais j'ai l'impression que nous devons réfléchir là-dessus, car la science absolue n'existe pas.

M.L. : Je poserais la question différemment. Durant ces cinquante dernières années, nous avons accumulé une incroyable quantité de connaissances qui portent sur la vie intrapsychique, sur la vie cognitive et sur différents aspects du développement neuromoteur. Nous connaissons mieux les prémices de la vie psychique, y compris chez le fœtus. Nous avons développé des connaissances étonnantes sur les structures familiales. Nous voyons plus clair dans les influences culturelles et nous découvrons l'impact des chocs culturels. Tout cela est énorme.

Y.F. : Il y a aussi les découvertes sur la résilience.

M.L. : Oui, et cette accumulation de savoirs explique sans doute que nous éprouvions une certaine déprime. Cela fait beaucoup de choses à assimiler et à rendre fonctionnelles dans la rencontre avec l'enfant et avec ses parents. Il y a un hiatus énorme entre ce que nous savons et ce que nous faisons, aussi bien en ce qui concerne la prévention que les traitements. Nos actions nous paraissent dérisoires face aux immenses besoins sociaux. Cela explique sans doute, en partie, notre désir de nous précipiter vers des buts multiples, en visant une population plus vaste. En même temps, il est extrêmement difficile de savoir ce que nous devons élaguer et ce que nous devons garder de cette accumulation de connaissances. C'est peut-être là le rôle des recherches.

Y.F. : D'après vous, quelles conséquences tout cela a-t-il sur le diagnostic ?

M.L. : D'abord il me semble essentiel d'écouter l'enfant qui parle de ses symptômes. Il est venu pour cela ! Mais il faut aussi dépasser ce niveau-là et replacer les symptômes dans un ensemble, c'est-à-dire dans la structure globale de la personnalité. Le discours concerne l'enfant et les parents. L'enfant doit-il être laissé libre dans son expression ou encadré par des situations standardisées ? Je répondrais : les deux. La situation standardisée me permet par exemple de mieux repérer un état dépressif ou anxieux, mais je dois savoir comment sortir de ces situations, car elles deviennent facilement des grilles. Elles enferment. D'ailleurs, le problème change selon les pathologies.

Dans le cas de l'autisme, qui constitue actuellement l'essentiel de mon travail, je vois l'extrême importance des questionnaires proposés aux parents. Ils apportent des renseignements précieux et donnent aux parents un message gratifiant : vous êtes de bons observateurs (ou vous pouvez en devenir), vous allez être capable de nous décrire votre enfant et, à partir de ces éléments, nous repérerons non seulement des zones déficitaires, mais aussi les capacités sauvegardées.

Par ailleurs, je me demande souvent s'il ne vaudrait pas mieux laisser toutes ces grilles de côté, car c'est d'abord la souffrance du parent qui doit s'exprimer. Ne négligeons pas l'écoute des projections du patient et les nôtres, sous peine de devenir de simples enregistreurs. Cet enfant, que j'avais envie de placer dans une situation standardisée — pour voir ses capacités d'imitation ou pour évaluer ses aptitudes à réfléchir —, laissons-le librement fantasmer avec de petits personnages… Acceptons qu'il choisisse sélectivement la maison de poupée… Découvrons avec lui, pas à pas, le sens de ses paroles et de ses gestes… Établissons une alliance thérapeutique et délaissons momentanément le projet premier.

Certes, il nous faut mettre en place un certain cadre, provoquer des situations qui permettent de cibler tel ou tel aspect de la personnalité, mais ne négligeons pas ces questions fondamentales : Où en est, actuellement, le désir de l'enfant ? Que souhaite-t-il exprimer, par rapport à son vécu ? Quelles sont ses émotions ? Quelles joies et quelles peines ressent-il, chez lui et à l'école ?

Sachons sortir du cadre établi, tout en ne l'oubliant pas, ce cadre. C'est lui qui nous permet de ne pas laisser les choses se dérouler au hasard, par exemple en passant à côté d'un trouble du langage réceptif, ou d'un handicap dans un domaine donné. Sachons à la fois accompagner l'enfant et connaître le sens des objectifs de cet accompagnement.

Ai-je un peu répondu à votre question ?

Y.F. : En partie. Cependant, vous me menez dans deux directions. La première concerne les modes en psychiatrie : certains diagnostics deviennent tout à coup une panacée. La deuxième direction concerne le lien entre les exigences de la recherche et celles de la clinique au quotidien.

M.L. : Il est évident qu'il y a des modes. D'ailleurs, je trouve amusant de jeter un regard en arrière et de penser à mes quarante années de pédopsychiatrie. À un moment donné, certains diagnostics ont existé, puis ont disparu. Ou encore les anciens termes ont été remplacés par de nouveaux. Pourtant, les syndromes existent encore. Ils existent, mais on n'en parle plus. « Enfant caractériel »: voilà un terme rayé de nos tablettes... Et puis les psychoses infantiles ! On ne sait plus où les placer dans le DSM-IV. Elles se sont dissoutes dans le terme « troubles envahissants du développement »...

Pourtant, la psychose infantile est bel et bien une réalité clinique, qu'on l'appelle ainsi ou autrement. Un enfant manifeste des bizarreries dans ses modes de communication et il est envahi par un monde imaginaire, où le thème du morcellement est omniprésent. Il évolue alors vers des processus d'obsessionnalisation, eux-mêmes bien caractéristiques. Or, ce problème est différent du syndrome d'Asperger, avec lequel on tend à le confondre. Le syndrome d'Asperger, dont on ne parlait pas auparavant, est également un dysfonctionnement bien précis.

Aujourd'hui, au lieu de parler des dysharmonies d'évolution, on utilise plutôt le concept de « troubles envahissants du développement », qui connaît une véritable inflation. Et cette inflation, on est tous forcés d'y participer, même si on la remet en cause, car sans ce diagnostic, on ne trouve plus aucune structure scolaire adaptée. Nous dépendons des modes, qu'il s'agisse de théorie dominante ou de nosographie dominante. Prenons un autre exemple : l'hyperactivité. Voilà toute une tarte à la crème !

Je ne doute pas qu'il y ait, effectivement, des enfants instables sur le plan moteur, des sujets impulsifs qui ont beaucoup de difficultés à se concentrer, dès les premières années de leur vie, et sans que cela s'explique nécessairement par le contexte sociofamilial.

On retrouve chez eux une réactivité sensorielle très particulière, qu'elle soit tactile, sonore ou visuelle. Cependant, combien d'enfants sont considérés comme hyperactifs tout simplement parce qu'ils ne dorment pas suffisamment ? Combien sont en réalité des sujets déprimés qui tentent, en s'agitant, de se défendre de leur affect dépressif ? Combien d'entre eux sont des petits psychotiques dont l'agitation témoigne de profondes angoisses ? On risque de mettre un tas de choses différentes sous une étiquette fourre-tout.

Y.F. : On ne distingue plus l'enfant anxieux de celui qui souffre d'une agitation psychomotrice.

M.L. : Absolument. Une autre chose me trouble, et elle concerne la deuxième partie de votre question, c'est-à-dire le lien entre les exigences de la recherche et celles de la clinique au quotidien.

En fait, nous entreprenons des recherches sur de grands syndromes sans faire de sous-catégories et en nous appuyant purement et simplement sur le recueil de données symptomatiques, comme c'est le cas pour l'hyperactivité et les troubles envahissants du développement. Bien souvent, nous négligeons des essais de classification antérieurs. Je crois que cela provoque des dérapages, tant chez les chercheurs que chez les cliniciens.

Y.F. : Et nous risquons de nous piéger en tombant dans des modes thérapeutiques.

M.L. : Oui. Certains diagnostics sont posés à partir d'un petit questionnaire. Si ces quelques réponses permettent de découvrir des signes correspondant aux critères de tel ou tel syndrome, on tombe facilement dans le piège. Or, on ne peut pas entendre ce qui n'est pas dans le questionnaire, à savoir l'anxiété sous-jacente, la dépression, la souffrance, les représentations mentales.

Y.F. : J'adhère complètement à cette idée. J'ai même le goût de vous demander s'il existe un lieu où nous pourrions nous prononcer ouvertement sur ce genre de piège, qui risque de nous emprisonner ?

M.L. : Je ne sais pas s'il y a un lieu précis, mais nous pouvons écrire, dénoncer, poser des questions. Récemment, j'ai choisi pour thème d'une conférence la controverse au sujet du syndrome d'Asperger. J'ai fait cela pour rappeler l'existence des psychoses précoces, que l'on tend à oublier.

Y.F. : Vous montrez que le pédopsychiatre a un rôle à jouer pour rester crédible, par exemple vis-à-vis des corps organisationnels de l'éducation au Québec. Parmi les actions que l'on devrait poser, ne faut-il pas rencontrer des directeurs d'école pour leur signifier que les déficits d'attention ne relèvent pas seulement d'un trouble lié à l'hyperactivité ?

M.L. : Oui, il faut poser de telles questions par rapport à l'hyperactivité et aussi à bien d'autres difficultés. Soulignons les répercussions qu'entraîne ce genre de compréhension, sinon nous risquons d'ouvrir des classes d'enfants hyperactifs sans saisir toute la complexité de ce qui s'y passe. Ou encore nous mettons tous les petits autistes dans des programmes stéréotypés, du type ABA, sans voir que d'autres approches sont également bénéfiques.

Y.F. : Autrement dit, les modes thérapeutiques qui découlent de nos diagnostics peuvent devenir autant de pièges.

M.L. : Oui, je le pense.

Y.F. : J'aimerais que vous élaboriez maintenant sur une de vos idées à laquelle j'accorde beaucoup d'importance. Je pense à cette affirmation selon laquelle l'acte diagnostique est un acte initial et permanent, qui dure tout au long du traitement.

M.L. : Il y a vraiment une démarche diagnostique préalable qui me semble avoir son sens, ne serait-ce qu'à cause d'une demande particulière. Par exemple, je suis parent et je me retrouve avec un enfant qui pose des problèmes singuliers. J'angoisse par rapport à cela et je me pose plusieurs questions essentielles: Puis-je mieux comprendre mon fils ou ma fille? Suis-je en mesure de reconnaître les causes éventuelles de son trouble? Mon comportement est-il en cause ou s'il s'agit d'un handicap de l'enfant?

Une telle investigation porte sur les différents aspects de la personnalité. Et cet accompagnement a une valeur thérapeutique. Combien de fois ai-je vu des parents qui, après une conversation téléphonique et quelques semaines d'attente, s'aperçoivent que cette conversation coïncide avec une amélioration!

Le simple fait de demander de l'aide mobilise quelque chose, incite les parents à s'interroger, à voir leur enfant différemment. Et quand on évalue l'enfant, celui-ci se sent l'objet d'un regard dont le sens est celui-ci: « Je t'écoute pour que tu puisses mieux te comprendre. »

Y.F. : René Diatkine aurait été d'accord avec ce que vous dites.

M.L. : On essaie de comprendre ce qui se passe et on anticipe la possibilité de changement. On réveille un espoir, des forces se mobilisent et tout cela permet de reprendre la marche en avant. Il se produit quelque chose de l'ordre d'une réanimation, d'un éveil de l'estime de soi. Le parent qui a pu parler de son désarroi se libère et découvre de nouvelles attitudes, reprend confiance, ose s'appuyer sur tel membre du réseau familial pour se sentir moins seul.

Toutes ces choses comptent, même si elles paraissent dérisoires. Un bon tiers des enfants rencontrés peuvent être laissés, après quelques séances diagnostiques, si on leur dit quelque chose comme ceci: « Je crois que tu as les forces pour redémarrer. Reviens me voir dans six mois et on fera le point à ce moment-là. Entretemps, tu peux me téléphoner si tu le souhaites, mais je crois en tes capacités. »

Il faut également rappeler un autre principe: le diagnostic n'est jamais à sens unique. Quand nous portons un regard sur l'enfant et sur son évolution, nous portons aussi un regard sur nous-mêmes. Nous nous demandons ce que nos gestes provoquent chez l'enfant, ce que nous déclenchons en lui comme émotions ou résonances, comme espoirs ou faux-fuyants, et nous nous posons les mêmes questions sur nous-mêmes.

Il y a donc un double diagnostic: sur le sujet que nous observons et sur nous. Nous tentons de nous mettre à notre propre diapason.

Cette exigence du double regard est un apport révolutionnaire de la psychanalyse. C'est le grand message de l'intersubjectivité, de l'impact que le sujet a sur nous et sur notre histoire, ainsi que de l'impact que nous provoquons chez l'autre.

Y.F. : Docteur Lemay, j'aimerais que nous revenions sur les modes. Actuellement, on entend beaucoup parler de l'estime de soi. Voilà un concept très présent, aussi bien chez le thérapeute que chez l'enfant amené pour un diagnostic. Ainsi, cet après-midi, pendant notre échange, nous essayons d'avoir une bonne estime de nous-mêmes. Cependant, je crains qu'au nom de ce concept, dont on a saisi la prégnance, on dise à l'enfant des choses qui ne sont pas authentiques, avec l'espoir qu'il ait une bonne estime de lui-même.

En voici un exemple: je suis allé dans une classe où un enfant avait fait un gribouillis, comme tous les enfants sont capables d'en faire. La personne responsable disait que c'était un dessin extraordinaire et elle disait à l'enfant qu'il devait l'apporter à la maison et l'exposer dans sa chambre.

C'est peut-être un exemple un peu simpliste, mais il montre ce que je trouve difficile dans notre pratique, même diagnostique. En effet, comment déterminer ce qui paraîtra une valeur authentique pour l'enfant et ce qui sera une valeur surajoutée et fausse. Trouvez-vous qu'au plan diagnostique, ce soit une chose importante à surveiller?

M.L. : Oui. L'une des qualités d'un intervenant est d'être authentique. Je doute que la personne qui s'extasiait sur le gribouillis de l'enfant était très sincère par rapport à la valeur de ce « barbot ». Ce n'est pas tromper un enfant que de lui dire : « Je regrette, mais tu as déjà fait des dessins beaucoup plus beaux, celui-ci n'est pas réussi, tu l'as bâclé, alors fais-en un autre. »

J'ai souvent dit cela à l'un de mes petites-filles, qui est particulièrement sensible sur ce sujet et qui était déçue quand je lui tenais un tel discours. Je n'ai pourtant pas l'impression d'avoir lésé son estime d'elle-même en faisant cela, puisque je lui ai dit qu'elle était capable de faire mieux.

Par contre, je voudrais souligner un point : il y a une attitude déterminante pour la construction de l'estime de soi, comme Winnicott l'a souligné. C'est l'anticipation positive. Cela signifie que face à un être en difficulté, nous sachions apercevoir ses potentialités afin de lui dire, de façon authentique : « Je te vois au-delà de ce que tu es actuellement, et je te renvoie l'image de ce que tu peux devenir, ce qui te permettra de te structurer et de croire en tes capacités. Tu peux aller plus loin et vaincre les obstacles, même si, en ce moment, ils te semblent insurmontables. »

Y.F. : Trouvez-vous que le moment du diagnostic constitue une bonne période pour aller dans ce sens ? Si je vous dis cela, c'est que vous insistiez beaucoup, dans vos écrits de 1967, sur le fait que le diagnostic est une phase privilégiée pour mettre en évidence non seulement les difficultés, mais aussi les aptitudes d'un enfant.

M.L. : Je le pense, d'autant plus que la démarche diagnostique éveille de l'inquiétude. Il n'est pas simple d'aller voir un psychiatre. « Suis-je fou ? », se demande le sujet. « Que va conclure le psychiatre ? » « Quelle pensée va-t-il deviner en moi ? »

L'enfant est rassuré s'il découvre plutôt quelqu'un qui l'écoute et qui croit en ses capacités, tout en osant lui dire — si nécessaire — qu'il est en train de saboter certaines d'entre elles. Il prend confiance en lui si nous lui montrons que nous pouvons l'aider à stopper ce sabotage.

J'ajouterais à cela une idée d'Erikson[3], dont il est question dans un de ses ouvrages. Selon lui, il faut avoir une qualité et son contraire. Par exemple, l'enfant doit développer de la confiance, mais éprouver aussi un peu de méfiance. Il doit se sentir en sécurité, mais ressentir aussi un peu d'insécurité. Il doit se sentir à l'aise, tout en étant capable d'éprouver de la culpabilité. J'ajouterais qu'il doit développer de l'estime de soi, tout en sachant que ce qu'il fait n'est pas aussi extraordinaire que ce qu'il aurait pu s'imaginer.

Y.F. : Ce que vous venez de dire sur Erikson me fait penser à la position de Mélanie Klein, selon laquelle deux courants doivent coexister et s'équilibrer réciproquement.

M.L. : Le bon et le mauvais sont inséparables.

Y.F. : Par rapport à tout ce que nous avons dit, j'aimerais vous poser la question suivante : Quelle concordance et quelle discordance y a-t-il entre votre conception du diagnostic et la pensée directrice du DSM-IV, formulée dans l'introduction du *Manuel diagnostique et statistique des troubles mentaux*, et qui se lit comme suit : « Nous espérons avoir rendu le DSM pratique et utile en utilisant des critères brefs, un langage limpide et l'énoncé précis de critères diagnostiques. »

Quand je regarde l'attention que vous portez au silence, aux symptômes, à l'environnement, à l'établissement d'une relation pendant le temps diagnostique, je me demande s'il y a concordance ou discordance à établir avec ce que le DSM-IV décrit comme les éléments diagnostiques requis ?

M.L. : Il y a de grandes discordances. Au départ, les DSM successifs me paraissaient avoir des objectifs intéressants, mais ils ont progressivement dérapé. Dans les premières publications, nous étions dans un manuel à visées statistiques. Il s'agissait de faire en sorte que partout dans le monde, on ne parle pas de manière trop divergente de telle ou telle difficulté comportementale. Dans les colloques internationaux, il fallait une entente minimale autour de grands syndromes, comme la schizophrénie, les états maniaques ou les états dépressifs, sans s'affronter sur le plan des étiopathogénies. Ainsi, le DSM est devenu progressivement un manuel de psychiatrie.

Y.F. : Une bible.

M.L. : Oui, une bible psychiatrique, où les critères donnés ne sont pas simplement des pistes pour savoir de quoi on parle dans les échanges internationaux, mais plutôt des points de référence pour décrire des symptômes et des syndromes dont on croit qu'ils ont des causes précises. On parle par exemple des liens entre l'hyperactivité et le dysfonctionnement cérébral minimum, entre l'autisme et les processus neurobiologiques, mais sans observer le sujet qui éprouve tout cela.

Il y a donc une simplification tout à fait abusive qui me rappelle la caractérologie, où tel trait était censé correspondre à telle personnalité. Le DSM a un intérêt évident, celui de vouloir présenter des cadres nosographiques, de rappeler l'importance de l'observation, de mettre en garde par rapport à une trop grande subjectivité. Cependant, les applications systématiques m'inquiètent. Il en est d'ailleurs de même des autres classifications internationales. Derrière tout cela, il y a souvent des intérêts financiers.

Y.F. : Sans doute, mais au-delà des intérêts financiers, je crois qu'il y a aussi une recherche de certitudes et de réassurance. L'anxiété que je vis par rapport aux diagnostics, quand un enfant et ses parents entrent dans mon bureau, l'anxiété que je ressens comme clinicien, elle est complètement évacuée à ce moment-là et on a l'impression d'être en possession d'une vérité tranquille.

M.L. : Oui, il y a eu une phase pourtant très peu interprétative, où les études sémiologiques étaient d'une grande finesse. Je pense par exemple à Bleuler et au courant allemand. Ensuite, nous avons tenté de comprendre le symptôme et le syndrome comme des procédés d'adaptation. Nous tombons maintenant dans une sémiologie qui finit par être assez grossière. Sans doute y a-t-il encore des choses intéressantes, par exemple l'analyse des différents axes, la tentative de définir des syndromes comme l'autisme, le syndrome d'Asperger ou la schizophrénie. Pourtant, les termes deviennent vagues dès qu'on touche aux aspects plus complexes du diagnostic, comme les troubles de l'attachement, les processus névrotiques, les psychoses infantiles, les troubles du comportement, etc.

Y.F. : Ils n'ouvrent pas sur une perspective globale.

M.L. : Non seulement ils n'ouvrent pas, mais ils ont même tendance à clore les discussions. Le doute n'est plus permis, à cause d'un prétendu savoir reposant sur ce qui paraît lié à des vérifications objectives. Nous affirmons l'existence de pathologies, sans voir les multiples facteurs sociaux, personnels et idéologiques qui les construisent.

Y.F. : Je vous ramènerai alors à un paradoxe que j'ai trouvé dans vos écrits antérieurs. Vous disiez que l'explication univoque déforme la réalité, mais que l'appel à la pluralité des causes débouche souvent sur des constatations superficielles ou banales. Ainsi, vous qui avez étudié énormément la carence, vous pouviez être tenté d'écouter en fonction de schèmes préconçus, par exemple avec un enfant ayant vécu dans de multiples foyers. Cela vous a-t-il empêché de caractériser les problèmes ou, au contraire, cela vous a-t-il aidé ?

M.L. : Je vais vous faire un aveu qui montre la complexité de notre subjectivité. Quand j'ai écrit le livre *Psychopathologies infantiles*, dans lequel j'étudiais une série de syndromes, j'avais tendance, lors de la rédaction de chaque chapitre consacré à un syndrome, de placer les enfants que je voyais dans le même cadre nosographique. Cela montre à quel point on est influencé par ce à quoi on pense, à un moment donné. Cette observation montre tout le travail sur soi-même qu'exige la démarche diagnostique.

Y.F. : Pour compléter votre idée, je vous demanderais combien de fois, au moment où nous sommes dans une impasse diagnostique, nous faisons une lecture d'une phrase ou d'un élément donné, qui confirme ou infirme ce sur quoi nous étions en train de réfléchir ?

M.L. : C'est à la fois rassurant et inquiétant.

Y.F. : Permettez-moi une dernière question. Dans le volume que vous avez écrit en 1976 sur le diagnostic, vous insistiez beaucoup sur l'importance de l'examen physique fait par le psychiatre lui-même. Dans notre milieu, cela n'est pas enseigné, et personnellement je me sentirais complètement incompétent à faire un examen aussi poussé que celui que vous décriviez. Que pensez-vous à présent de cette prise de position ?

M.L. : Cette position provenait en partie de mon parcours. J'avais eu une solide formation en pédiatrie et en neurologie, et je trouvais stupide de l'abandonner. Cependant, cela va plus loin : en fait, je me suis toujours demandé pourquoi le psychiatre délaissait sa formation de médecin pour se centrer uniquement sur le psychisme, alors que notre cerveau peut être déréglé, dans sa structure même, par les conséquences de diverses perturbations physiques. Le pédopsychiatre, en particulier, s'occupe d'un être en développement. La perspective du développement neurologique est donc forcément importante. Pour ma part, je regrette qu'on délaisse cette perspective et qu'on n'enseigne pas cette discipline.

J'ai travaillé en tant que psychiatre dans un centre pour jeunes délinquants, et quand un jeune se faisait une entorse, je me permettais de poser un plâtre ; s'il se coupait, je faisais moi-même les points de suture. Deux psychanalystes, Georges Amado à Vitry et Claude Chauran à Toulouse, m'encourageaient dans cette manière de faire. Ils étaient plus âgés que moi et me disaient combien cette approche était importante pour des enfants qui avaient été maltraités et négligés. Ces chercheurs considéraient que de tels gestes aidaient les enfants à se constituer des images d'identification solides.

J'ai donc continué à m'occuper du corps. Je sais que cela pose certains problèmes. Par exemple, le fait de dénuder un enfant n'est pas simple, cela éveille en lui des sentiments qui influencent la relation. Cela peut inquiéter des parents qui ignorent que ce genre d'approche existe en psychiatrie.

Pourtant, j'ai vu tellement d'avantages à être à l'écoute du corps, à être en mesure de rassurer les personnes que je soignais en leur expliquant la source des changements survenant dans leur corps, que j'ai passé outre à ce qui fut longtemps considéré dans nos milieux comme une transgression.

À la fin de mes études, j'ai dû choisir entre la neurologie et la psychiatrie, car à ce moment-là le diplôme de neuropsychiatrie s'est scindé en deux. Le message lancé était le suivant: choisissez entre le courant neurologique et le courant psychologique. Ce dernier devint d'ailleurs très vite le courant psychanalytique.

Cette scission était sans doute nécessaire, mais je me demande si on ne reviendra pas à une conception neuropedopsychiatrique. Nous utilisons de plus en plus de médicaments qui supposent une étroite surveillance médicale. Nous découvrons de plus en plus de liens entre les aspects physiologiques et psychiatriques.

Si j'avais un message à envoyer aux pédopsychiatres, ce serait celui-ci : n'oubliez pas le corps, restez médecins, y compris dans le maniement du stéthoscope et du marteau à réflexes.

Y.F. : Je suis d'accord avec l'ensemble de votre commentaire. Cependant, je considère que la préoccupation du corps n'est pas nécessairement liée à un acte posé par moi. Oui, le psychiatre doit se préoccuper du fait qu'un enfant a des céphalées, mais est-ce à lui de s'occuper de la médication dans ce domaine? Je suis prêt à m'interroger là-dessus.

M.L. : Les réponses ne sont pas simples, car le fait de s'en occuper directement peut être une erreur allant dans le sens d'une résistance de l'enfant. Il peut aussi se glisser des fantasmes de toute-puissance dans le désir de prise en charge du médecin.

Pourtant, j'ai en tête bien des exemples de situations où l'agir était prédominant et où toute approche verbale suscitait une ambivalence profonde, en particulier dans le cas de jeunes dits délinquants. Dans cette population, si je ne m'étais pas directement préoccupé des malaises physiques, si je n'étais pas devenu d'abord à leurs yeux un soignant, je n'aurais jamais débouché sur une alliance thérapeutique.

Y.F. : Notre divergence ne m'apparaît pas énorme au point de vue théorique. Elle l'est sans doute plus au point de vue pratique.

M.L. : Elle nous confronte à une définition du pédopsychiatre. Est-il seulement un médecin du psychisme ou, compte tenu des interrelations entre le psychisme et le physiologique, entre les aléas des processus de maturation et le développement global, est-il aussi un médecin du corps lorsque ce corps souffrant entraîne des répercussions sur son équilibre mental, lorsque des souffrances physiques découlent de conflits émotionnels mal endigués ? Peut-il se passer d'un regard sur le corps lorsqu'il utilise des médications dont les effets secondaires peuvent se répercuter sur un organisme en évolution ? La question n'est pas nouvelle et les réponses diffèrent selon les personnes et selon les époques. Elles mériteraient d'être davantage étudiées.

Références bibliographiques

1. M. LEMAY, *Les psychoses infantiles*. 2 volumes. Paris : Fleurus, 1987.
2. M. LEMAY, *Le diagnostic en psychiatrie infantile*. Paris : Fleurus 1976.
3. E.H. ERICKSON, *Identity, youth and crisis*. London : Faber and Faber, 1967.

Les indications thérapeutiques

Dialogue avec Johanne BOIVIN

La pédopsychiatrie et la psychiatrie en général sont beaucoup plus à l'aise pour décrire des syndromes, pour «penser» le sujet en souffrance que pour trouver des lignes claires et surtout communes par rapport aux indications thérapeutiques.

Ce sujet bien délicat aboutit à un échange avec le docteur Johanne Boivin, pédopsychiatre au CHU Sainte-Justine.

J.B. : Ensemble, nous allons aborder le thème des indications thérapeutiques en pédopsychiatrie. Voici ma première question : avez-vous l'impression que le pédopsychiatre vit actuellement une crise d'identité ?

M.L. : Je répondrai de deux manières : d'une part, je pense qu'il y a effectivement une crise d'identité, mais d'autre part, je ne suis pas sûr que la profession de psychiatre ait toujours eu une identité très nette. Et cela rend la crise singulièrement compliquée…

En ce qui me concerne, la trajectoire de mes 40 années de pédopsychiatrie m'a proposé successivement plusieurs identités.

Au départ, on m'a proposé une identité de *médecin neurologue*. C'était entre 1950 et 1960. Puis, on m'a proposé une identité très inspirée de *l'orientation psychanalytique*. Cela a transformé complètement ma formation en m'engageant dans une analyse, puis dans le psychodrame analytique. Il y a eu alors la bourrasque de *l'antipsychiatrie*, qui remettait en cause plusieurs des éléments précédents. Une fois de plus, des choses se sont ajoutées, comme *l'apport systémique* qui, lui aussi, avait l'ambition d'expliquer bon nombre de troubles psychiatriques à partir de l'analyse des systèmes familiaux. Puis, du fait des progrès des *neurosciences*, on a assisté à l'essor de la biologie et de la neurobiologie. Le propos de ces sciences était alors beaucoup mieux étayé qu'en 1955. Cependant, certains de ses concepts me rappelaient ces années-là, par exemple le concept de neurointoxication. Auparavant, il y avait eu des recherches sur des groupes-témoins qui s'appuyaient sur des études épidémiologiques. Les neurosciences ont considérablement ébranlé nos convictions antérieures.

En ce qui me concerne, cette longue succession d'ébranlements m'a incité à me demander, chaque fois : Qui suis-je ? Que fais-je ? Au nom de quoi le fais-je ? Et avec qui ? J'ai également été ébranlé en me demandant où s'arrête le champ de la psychiatrie et, dans le cas de l'enfance, celui de la pédopsychiatrie.

Autrefois, on ne se posait pas beaucoup cette question. On prenait en traitement tout enfant qui nous arrivait avec des difficultés d'adaptation, qu'il souffre d'un symptôme isolé ou de quelque chose s'apparentant à un syndrome connu. Ainsi, toutes les souffrances existentielles de l'enfance et de l'adolescence étaient dans le champ de la pédopsychiatrie. À l'heure actuelle, on est obligé de se demander si la psychiatrie couvre tout ce champ ou s'il y a une spécificité de la psychiatrie.

Cela nous amène à nous définir par rapport à d'autres professions, en particulier la psychologie, dont les praticiens sont arrivés en très grand nombre à un certain moment, ainsi que les travailleurs sociaux, les éducateurs et plusieurs autres praticiens.

Les problèmes d'argent sont alors devenus plus cruciaux. Les administrateurs se sont mis à nous demander de limiter le nombre de séances. J'avais vaguement entendu dire que les assurances privées existaient aux États-Unis, mais jusqu'à tout récemment, cette question du nombre des séances ne se posait pas, ni en France ni au Canada. Actuellement, on nous la pose couramment. On nous met devant le problème de notre rentabilité.

On nous demande s'il est pensable de ne prendre que quelques dizaines d'enfants, parmi ceux qui suivent des psychothérapies à long terme, en oubliant tout le reste de la population.

Par conséquent, je ne sais pas si nous vivons une crise, mais en tout cas nous sommes devant une immense interrogation, que ce soit en ce qui concerne les courants successifs en pédopsychiatrie, les conséquences de la dépression économique ou encore le champ de la variété des troubles.

À tout cela, j'ajouterais que plus nos connaissances avancent, plus nous découvrons la complexité de nos actions. Pouvons-nous assumer dans sa totalité le champ de la pédopsychiatrie et de la psychiatrie ? Ou faut-il, comme dans le reste de la médecine, penser à des sous-spécialités ?

Autrement dit, devrions-nous aller plus vers le domaine de l'inadaptation sociale, vers le domaine de l'urgence ou vers le domaine très spécialisé d'un syndrome x ou y ?

J.B. : Voilà qui est intéressant. Je pense qu'au fil des années, nous nous sommes laissé définir par les autres. La pédiatrie occupait un champ d'action et ne voulait pas absorber ce qui relevait de la pédopsychiatrie. La neurologie en faisait autant, ainsi que les services sociaux. Il fut un temps où nous prenions tout, en nous disant qu'en fin de compte, si nous ne gardions pas ce tout, nous allions nous faire définir par les autres. De cette manière, nous nous sommes beaucoup nui.

Nous pratiquons une médecine de spécialité. Nous avons tous fait notre cours de médecine, comme les pédiatres, les chirurgiens et les autres, mais en fin de compte, nous travaillons beaucoup d'aspects avec les gens qui viennent nous consulter. C'est comme si nous ne nous permettions pas de nous dire que nous sommes médecins et que c'est à nous de poser un diagnostic. Le psychologue et le travailleur social peuvent aussi poser leur diagnostic, mais il n'y a que nous pour établir le diagnostic psychiatrique. J'ai l'impression que nous ne nous sommes pas approprié cette dimension-là.

M.L. : En effet, nous avons du mal à nous approprier cette dimension parce que nous avons du mal à nous définir. Ajoutons cependant que nous nous sommes aussi définis dans le sens des choses qui nous plaisaient. Prenons un exemple : dans le domaine de la pédopsychiatrie, les syndromes les plus graves se trouvent dans les centres d'accueil pour enfants présentant des troubles d'adaptation sociale. Or, il n'y a pas beaucoup de psychiatres qui acceptent d'aller travailler dans de tels centres.

Un autre exemple : c'est certainement dans le domaine de la déficience mentale qu'existent les syndromes les plus diversifiés et aussi les moins connus. Or, on ne trouve pas beaucoup de pédopsychiatres ou de psychiatres qui acceptent de travailler dans le domaine de la déficience mentale.

Par contre, tout ce qu'on appelait autrefois les états névrotiques, nous nous sommes engouffrés dedans, parce que — en fin de compte —c'étaient de bons cas… Ils étaient gratifiants parce qu'ils nous démontraient qu'on avait besoin de nous. Nous avons sans doute perdu des champs de compétences au profit d'autres spécialités, mais c'est également à partir de nos propres motivations que nous avons rétréci ces champs de compétences.

J.B. : Je vous suis tout à fait. Maintenant, j'aimerais revenir sur un sujet qui vous tient à cœur, à savoir la maladaptation ou la difficulté d'adaptation sociale. Vous dites que c'est peut-être là que se trouve le plus grand nombre de pathologies psychiatriques. Voici un exemple qui me vient en tête.

Une intervenante voulait absolument que j'hospitalise un très jeune enfant de quatre ou cinq ans qui souffrait d'épouvantables troubles de sommeil. Il était très agressif et les Centres jeunesse ne parvenaient plus à le contrôler. Ça devenait pour eux de la pédopsychiatrie.

En retraçant l'histoire de cet enfant, je me suis rendu compte qu'il avait changé de foyer cinq fois au cours du dernier mois et qu'auparavant, il avait vécu dans un milieu violent. J'avais dit à l'intervenante qu'avant de penser que son cas relevait de la pédopsychiatrie, il faudrait stabiliser le milieu de vie de cet enfant, lui trouver un endroit pour vivre et lui attribuer un intervenant stable afin de lui assurer une continuité. Je lui ai dit qu'après, on pourrait toujours voir ce qu'il resterait des symptômes. Je lui avais dit qu'à ces conditions, j'accepterais d'évaluer cet enfant.

Je suis donc un peu mal à l'aise quand on me dit que de tels milieux abritent le plus grand nombre de tableaux psychiatriques. Je ne sais pas si ce sont des tableaux psychiatriques ou si nous ne voyons pas plutôt la défaillance du système qui impose aux enfants des discontinuités, des changements d'intervenants et des milieux incapables de les prendre en charge. Ce serait l'ensemble de ces facteurs qui créerait les symptômes.

Parfois, j'ai un peu l'impression de travailler inutilement. Je peux bien accepter de voir ces enfants, mais si on ne change pas la structure des Centres jeunesse ou les modes de prise en charge, je sens que je travaille pour rien.

M.L. : Ce que vous soulignez explique aussi une partie du malaise de la pédopsychiatrie. Il y a une zone entière de la pathologie qui, en réalité, est une pathologie fabriquée par des services qui n'arrivent pas à faire face aux difficultés des enfants. Je me garderai de jeter la pierre à ces services, parce que je sais aussi dans quelles conditions on y travaille et combien les gens ont du mal à affronter leurs stress. Quand un enfant est délaissé, mis dans un placement familial non soutenu, alors que cet enfant était déjà très symptomatique, on sait bien que ce placement familial va craquer et que le travailleur social affolé essaiera de trouver un nouveau placement familial qui provoquera encore un peu plus de troubles d'attachement.

Quand nous nous retrouvons, nous, psychiatres, avec un enfant de dix ans qui a connu 14 ou 15 placements successifs, ce qui est relativement courant, nous constatons que nous avons fait de la pathologie expérimentale. En fin de compte, nous avons fabriqué un grand carencé. Cet enfant, fruit de structures sociales inadéquates, n'est-il pas un sujet qui souffre gravement sur le plan psychique et avec lequel nous, pédopsychiatres, devons agir ?

J.B. : Nous approchons tout doucement de la barre thérapeutique. Mon idée n'était pas de blâmer les Centres jeunesse, mais je pense qu'on y travaille dans des conditions épouvantables et qu'à notre insu, nous sommes tous un peu complices de cette situation puisqu'on ne la dénonce pas. Ainsi, nous n'avons pas suffisamment dénoncé les coupures budgétaires. Je sais que vous l'avez fait personnellement, quand il y a eu la fermeture des établissements, mais on n'en a pas beaucoup entendu parler par la suite. En fin de compte, le gouvernement a coupé dans les structures, pour des questions de budget, en pensant que les services de pédopsychiatrie prendraient la relève.

Si on n'avait pas coupé dans ces structures, si le personnel était en place et s'il y avait une continuité, je pense qu'on aurait moins de pathologies iatrogéniques. Doit-on soigner des enfants dont les pathologies découlent des conditions inadéquates du système ? Oui, je peux soutenir cette idée, je peux soutenir ces enfants par une médication, apaiser leurs tableaux dépressifs, mais leur souffrance existentielle, je ne sais pas comment la traiter.

M.L. : Je dirais que je sais, relativement, comment traiter certains symptômes, mais je ne sais pas si je dois les traiter. Je m'explique : au moment où je m'occupais plus particulièrement des troubles de l'attachement et où je venais d'écrire *J'ai mal à ma mère*, j'ai reçu énormément de demandes de prise en charge pour des enfants dits carencés. C'était une époque où l'on se posait peu de questions sur le nombre des patients qu'on prenait en même temps. Je les soignais surtout en utilisant les techniques du psychodrame, et cela mobilisait de deux à trois personnes pour un enfant, au rythme d'une heure et demie par semaine, pendant plusieurs années.

Les faits m'ont démontré que cela n'était pas inutile dans la mesure où il y avait, en même temps, un placement familial ou une structure institutionnelle sous-jacente. L'enfant, en jouissant d'un lieu où il pouvait, par exemple, voir comment et pourquoi il brisait les relations, arrivait mieux à s'intégrer au milieu substitutif qu'on lui offrait.

Je voyais donc l'utilité d'une telle forme d'intervention. Cependant, est-il vraiment pensable, dans nos structures actuelles, de prendre cinq enfants par semaine alors qu'on est déjà un peu essoufflé ? Est-ce normal d'immobiliser ainsi une journée entière ? Avons-nous les moyens de ce luxe ? Nous allons probablement aider quelques enfants, mais devons-nous nous dire : « Mon travail de psychiatre ne réside pas là, je dois plutôt orienter cet enfant vers d'autres praticiens. »

Je vous avoue que je ne suis pas au clair avec cette question.

J.B. : Pour avoir des éléments de réponse, je pense qu'il faut se demander au long cours ce que cela a changé pour cet enfant. Il a sûrement profité de cette heure et demie chaque semaine avec trois adultes autour de lui, mais ce qu'on voulait, comme médecin, c'est que cet enfant-là devienne plus fonctionnel, qu'il soit capable de créer des liens, d'aller à l'école, d'avoir un travail, de fonder une famille. Est-ce qu'on a atteint ces objectifs ou est-ce qu'en fin de compte, cet enfant n'a pas évolué très différemment de ceux qui n'ont pas eu la chance d'avoir ce service ?

M.L. : J'ai envie de vous répondre par quelques cas de réussite. Je pense à une fillette qu'on a vue en thérapie. Elle travaillait beaucoup sur elle-même. Étrangement vers 14 ans, elle s'était posé la question de savoir si elle pourrait devenir mère, puisqu'elle avait vécu des choses épouvantables par rapport à sa propre mère. En même temps, elle avait un désir fou d'être enceinte le plus vite possible pour avoir un bébé réparateur. L'éducatrice qui l'avait accompagnée l'avait ébranlée par rapport à ce désir et la jeune fille avait demandé une aide.

Je l'ai prise en psychodrame pendant plusieurs années. Cette enfant, devenue une jeune fille, a réalisé dès sa première grossesse ce qu'elle craignait, c'est-à-dire qu'elle s'était fait un bébé réparateur en éliminant le père. Ce bébé, elle ne l'a pas supporté. Elle s'est mise à le secouer, et il y a eu des séquelles de ce traumatisme. À ce moment-là, elle m'a téléphoné en me disant : « C'est épouvantable ce que j'ai fait là, d'autant plus que j'avais travaillé ça durant ma thérapie. Est-ce que vous acceptez de me revoir ? »

Je l'ai revue pendant un certain nombre de séances. Maintenant, je sais qu'elle est à nouveau une maman et qu'elle élève correctement son deuxième bébé. Cela étant dit, j'ignore quel rôle la thérapie a joué par rapport aux autres interventions. On ne pourrait répondre à cela que si on faisait des suivis longitudinaux avec une méthodologie précise, une estimation des résultats, non pas par celui qui a fait la thérapie, mais par un praticien extérieur. Peut-être qu'à partir de là, on y verrait plus clair.

Cela dit, la question reste posée : est-ce que le champ de la pédopsychiatrie actuelle consiste à prendre quelques enfants dans des formes d'approche extrêmement pointues, individualisées, longues, prolongées et continues, tout en négligeant inévitablement une masse d'autres enfants qui ont besoin d'être aidés ?

J.B. : Je me souviens de mon chef de département, à Ottawa, il y a seize ans de cela. Il était de formation psychanalytique et il me disait : « Toi qui commences ta pratique en pédopsychiatrie, retiens ceci. Chaque fois que je vois un enfant, je pense à la prévalence et au nombre d'enfants en maladaptation sociale, et j'en arrive à me demander, " quel est le moins que je puisse faire pour que cet enfant-là fonctionne dans la société ? Je ne me pose plus la question du plus, car je sais que je n'y arriverai pas… " »

M.L. : Je vais vous répondre par une objection que vous faisiez sur les centres d'accueil il y a cinq minutes. C'est au nom de cette théorie que les centres d'accueil actuels disent « Gardons les jeunes le moins longtemps possible parce qu'il y a une armada d'enfants qui en ont besoin. »

Les CLSC raisonnent de la même manière et nous aussi, nous pensons ainsi. En fin de compte, l'ensemble des systèmes fonctionne de la manière la plus économique possible en prenant les enfants le moins longtemps possible et dans des thérapies le moins prolongées possible. Cela entraîne une formidable discontinuité dans le système.

Pour ma part, j'en suis arrivé à quelque chose d'un peu différent. Ma conviction, c'est que la continuité constitue l'une des attitudes thérapeutiques les plus importantes. Les cas où je peux affirmer avoir eu des réussites sont des cas que j'ai suivis entre 12 et 15 ans de suite. Cela ne veut pas dire une fois par semaine, cela veut dire rester à la disposition de ce patient en lui disant : « Note mon numéro de téléphone, et quand ça n'ira plus bien tu m'appelleras. » Je suis surpris de voir combien ces patients-là n'abusent pas de cette proposition. On devient une personne symbolique qui, par moments, redevient très importante, comme un lieu de soutenance, dans la mesure où l'on ne ferme pas les dossiers et dans la mesure où l'on dit « oui, je reste à ta disposition ».

C'est peut-être là une solution à mi-chemin entre une intervention très dense, ce à quoi on croyait dur comme fer pendant des années et qui était probablement une solution excessive, et l'action par résolution de crise qui est l'un des slogans de l'heure actuelle.

J.B. : Je suis tout à fait d'accord avec vous, et je pense que s'il y a quelque chose qui nous appartient, à nous comme aux autres professionnels, c'est d'être là quand les enfants et leur famille en ont besoin. Non pas chaque semaine et sans objectifs précis, dans les consultations externes où tout est bloqué, et avec des listes d'attente d'un an ou deux. Quand on se met à questionner les professionnels qui ont pris ces familles en thérapie, c'est assez étonnant de voir qu'en fin de compte, on ne sait pas trop ce que l'on fait. Mais on est là ! Bien sûr, c'est important d'être là, mais est-ce que c'est important d'être là tout le temps ? Est-ce qu'il n'est pas plus important d'être là au bon moment ?

Moi, je pense qu'on se dessert beaucoup, nous les professionnels de la santé et les psychiatres, en gardant ce que nous désignons de ce fameux terme anglais que je déteste tant : des « cases loaded ». Nous en avons 500, 600, 700, et nous nous disons : « Ceux-là, il faut que je les voie. » Mais quels sont nos objectifs de traitement ? Qu'est-ce que nous voulons faire avec telle ou telle famille ?

Il faut ajouter une autre idée : notre action se résume-t-elle à régler des crises ? La crise peut être passée, mais l'enfant ne fonctionne toujours pas et je pense qu'à ce moment-là, on doit continuer à lui offrir les services dont il a besoin. Pour des raisons qui sont surtout financières, les gens ne regardent que la première partie de la phrase, « il faut faire le moins », « il faut fermer nos dossiers », puis « il faut en aider d'autres »... Or, avec cela, on aboutit au phénomène des portes tournantes.

M.L. : Dans la trajectoire de la pédopsychiatrie, qui n'existe que depuis une cinquante d'années, plusieurs professions sont apparues qui n'existaient pas autrefois. Au départ, qui avait-il ? Le travailleur social, le psychiatre et, dans certains endroits, le psychologue. Puis une marée de nouveaux professionnels est apparue, ce qui a certainement contribué à apporter de la complémentarité, tout en amenant une certaine dispersion et, donc, une certaine discontinuité, d'autant plus que les idéologies étaient souvent différentes. Les uns croient que l'important, c'est le symptôme. D'autres se disent que c'est l'organisation structurale, d'autres encore que c'est la famille, et enfin certains croient que c'est l'école.

À partir du moment où nous donnons une indication thérapeutique, il y a déjà quelque chose de complexe, puisque cette indication dépend de nos motivations et de nos idéologies sous-jacentes. Est-ce le symptôme que l'on vise, par exemple quand un enfant ne vole plus, ne fugue plus et que ses troubles du sommeil disparaissent ? Est-ce le syndrome qui nous intéresse, c'est-à-dire une certaine organisation symptomatique, comme un trouble envahissant du développement, en espérant que tous les champs entravés vont peu à peu s'atténuer ? Est-ce l'organisation structurale de la personnalité ? Sur ce plan, je dois vous dire que ce terme m'agace souvent, parce qu'il est très vague et qu'il justifie souvent des thérapies qui n'en finissent plus, en espérant — de façon un peu utopique — que les forces psychiques vont finir par tellement bien s'organiser qu'on aura une personnalité idéale. En même temps, on a souvent un discours inverse selon lequel on ne doit pas s'occuper pas de ça, puisque c'est au sujet de se sentir lui-même dans le bien-être et de décider lui-même du moment où il devra arrêter sa thérapie.

Pour moi, l'essentiel consiste à diminuer l'intensité symptomatique, tout en nous demandant pourquoi nous le faisons. Est-ce pour permettre que le symptôme s'efface et que le sujet, se sentant revalorisé, libère son dynamisme et se tourne vers autre chose ?

On voit bien, parfois, que c'est ce qui se produit en levant un symptôme. D'ailleurs, cette idée a été longtemps refusée. En effet, on disait qu'il ne servait à rien d'attaquer un symptôme parce qu'un autre symptôme réapparaîtrait. On négligeait l'idée que le symptôme est aliénant, rend étranger, déclenche des réactions du milieu familial, des réactions de l'école, des sentiments de dévalorisation chez l'intéressé. Le fait qu'un symptôme disparaisse peut mobiliser cette fameuse organisation structurale sous-jacente et faire en sorte que le dynamisme se tourne à nouveau vers l'école ou vers un loisir, ou vers tel ou tel membre de la famille.

Il n'est donc pas du tout inutile d'attaquer un symptôme, y compris quelquefois par la prescription d'un bon médicament, qui fait en sorte que le sujet voit sa concentration s'améliorer, ce qui lui permet de reprendre confiance en lui.

Ça se complique quand on a affaire à des syndromes dans lesquels certains champs symptomatiques s'interpénètrent en cascade. Je pense, par exemple, aux troubles envahissants du développement. Avec ce syndrome, nous nous trouvons devant des enfants qui n'arrivent pas à communiquer sur un mode réciproque, parce qu'ils se fixent sur des stimulations sensorielles, tout en étant profondément atteints dans leurs capacités de s'exprimer sur le plan symbolique, sur le plan du langage, du graphisme, des constructions ludiques. Ils sont enfermés dans leur bulle.

Ils ont tellement de symptômes à la fois qu'on ne peut pas se dire qu'on va en cibler un seul. On est obligé d'organiser un milieu qui leur permet d'assimiler les stimulations. Le sujet peut alors abandonner un certain nombre de ses fixations et se tourner vers une personne. À ce moment-là, l'intervention est forcément plus longue, elle touche le domaine de la thérapie de milieu, celui des soins du soir, et habituellement elle touche aussi une équipe pluridisciplinaire qui essaie de créer un réseau afin de réanimer la vie psychique. Pendant combien de temps faut-il maintenir une telle intervention ? Il est difficile de répondre à cette question.

J.B. : J'aimerais revenir sur quelques points. Vous avez mentionné les nouveaux professionnels qui gravitent autour de nous. Je pense qu'il ne faut pas minimiser le fait qu'il fut un temps où nous étions tous équivalents. On voulait des équipes où tous faisaient la même chose : le psychiatre, l'éducateur ou le psychologue.

M.L. : Oui, c'est vrai.

J.B. : Et je pense qu'on s'est fait beaucoup de tort. On commence à peine à sortir de cela et je crois que c'est dans les consultations externes que le phénomène est le plus marqué. Là-bas, les gens travaillent depuis longtemps avec cette uniformité de pratique. On y reviendra mais, au fond, on se sert de nous, les psychiatres, pour poser des diagnostics. Je pense que le psychiatre a autre chose à donner. Je reviens à ce que vous avez dit par rapport aux symptômes. Certains ont changé leur pratique, d'autres pas.

Prenons l'exemple des troubles anxieux, qui peuvent être très invalidants pour un enfant. Dans ces cas-là, la médication peut aider. Quand on revoit ces jeunes, après un an ou deux, et qu'ils ont été en thérapie d'orientation analytique pendant toutes ces années, on en arrive à avoir un enfant encore plus malade, parce qu'il n'a pas eu ce qu'il aurait dû avoir. Comme dans n'importe quel autre domaine de la médecine, il faut traiter le symptôme en premier, soigner ce qui dérange, ce qui empêche l'enfant de progresser. Même là, on a encore beaucoup de travail à faire dans notre domaine parce que, pour plusieurs d'entre nous, la psychothérapie individuelle demeure la première intervention.

Il est très lourd d'avoir un enfant en thérapie toutes les semaines, autant pour les parents que pour l'enfant lui-même et pour l'équipe qui le suit. On ne se pose pas beaucoup de questions là-dessus. L'enfant vient, on pense qu'il est content de venir, la relation est bien établie et elle demeure. On veut supposément toucher à la structure ! Moi non plus, je n'ai jamais trop compris ce que ça voulait dire et ce qu'on voulait vraiment faire. Cependant, combien d'enfants m'ont dit : « Je suis allé voir telle personne pendant des mois et des mois, ça ne donnait rien, ça allait, mais ça ne donnait rien. »

Je pense qu'il faut sérieusement se questionner là-dessus et sur nos indications thérapeutiques. Aujourd'hui, on a de plus en plus des paramètres de pratique, des données probantes et l'on sait que dans certaines pathologies, le traitement de choix est cognitivo-comportemental ou encore pharmacologique. Je trouve cela étrange qu'aujourd'hui, on pense encore que tout ce qui compte, c'est la psychothérapie.

Si un pneumologue donnait des antibiotiques pendant trois mois sans que cela fasse de tort au patient, mais sans non plus constater d'amélioration dans son état de santé, ses collègues lui demanderaient certainement ce qu'il fait là ! Nous, en pédopsychiatrie, et en psychiatrie en général, on prescrit des thérapies et c'est bien vu. Comme si la psychothérapie était la vraie seule psychiatrie !

M.L. : En effet, c'est là un des grands ressorts de la pédopsychiatrie. Nous pratiquons la seule spécialité médicale où nous nous demandons encore de quelle école de pensée nous sommes… Certains sont du courant psychanalytique, d'autres du courant psychodynamique ou du courant cognitivo-comportemental. D'autres encore sont plus intéressés par l'aspect biologique. Et ça y est, on est classé !

Cela est un peu moins vrai au Québec qu'en France, mais ça reste quand même très fort. Pourtant, il ne viendrait pas à l'idée de demander à un cardiologue de quelle école il est pour soigner une angine de poitrine ! Il y a un certain nombre de paramètres sur lesquels tout le monde s'entend.

C'est là le problème. Est-ce qu'on sera capable, dans les années à venir, de s'entendre sur un certain nombre de paramètres pour définir, devant tel symptôme ou tel syndrome, un certain nombre de protocoles d'intervention à mettre en place, en laissant de côté sa vision philosophique ?

La vision philosophique est une chose, la vision clinique et médicale en est une autre. Cela n'est pas facile de faire la part des choses parce que la psychiatrie ne s'est pas fabriquée simplement à partir du courant médical, elle s'est aussi construite à partir de la psychologie de l'inconscient et du conscient, à partir de la pédagogie, à partir de l'ethnologie et de la sociologie. Elle est finalement une imbrication tout à fait étonnante de plusieurs sciences.

Pendant longtemps nous avons reçu un message : vous ne devez plus être médecin du corps, vous devez vous limiter à l'aspect psychique. Si vous touchez le corps, si vous l'examinez, vous transgresserez une règle d'or issue de la psychanalyse.

Tous ces éléments pèsent lourd dans la balance et montrent à quel point nous avons subi d'hégémonies de la part des écoles. Les choses commencent à bouger, mais ça grince aussi. Je crois qu'on va en sortir, mais ça prendra probablement encore du temps.

J.B. : La deuxième partie de notre entretien va nous amener aux diagnostics et aux écoles qui nous influencent dans notre façon de poser les diagnostics. On a parlé de la thérapie et de la thérapeutique. Parlons maintenant du diagnostic. À l'heure actuelle, nous avons un certain nombre de classifications diagnostiques internationales. Nous savons que nous ne trouvons que ce que nous savons. Si on ne connaît pas, par exemple, les symptômes qui caractérisent un trouble d'anxiété généralisé, on ne les cherchera pas nécessairement et on ne posera pas ce diagnostic. Les classifications du DSM-IV ou de la CIM sont là pour structurer notre pensée, pour aider à être bien concentré quand on fait un diagnostic. Nos écoles de pensée sont enrichissantes parce que, au-delà des symptômes, il faut également poser un jugement clinique qui, souvent, fait pondérer les symptômes.

M.L. : Votre question est complexe. Je vais d'abord parler du DSM-IV, puis des protocoles diagnostiques. Je crois qu'on a oublié que le DSM-IV n'a jamais été un manuel de psychiatrie. C'est un manuel qui contient des statistiques pour faire en sorte que nous parlions à peu près de la même chose dans les différents pays. Cet effort s'est heurté à des résistances, et en fin de compte trois classifications sont apparues : la classification française, la classification anglaise et le DSM-IV. On sait que derrière tout cela se cachent beaucoup d'intérêts financiers et de désirs hégémoniques.

La classification française essaie de sauvegarder le courant psychanalytique et la classification américaine tente d'imposer la vision cognitive ou comportementale.

Cela étant dit, le DSM-IV constitue quand même un effort intéressant pour parler à peu près de la même chose entre praticiens. Il y eut des réussites, par exemple pour l'autisme. Par contre, au point de vue des troubles de l'attachement, la classification est beaucoup plus discutable. Et on pourrait multiplier les exemples de ce genre. Vous ajoutez l'idée que les écoles de pensées peuvent nous enrichir. Cela est vrai, mais si on n'adhère qu'à une seule de ces idées, on est piégé.

Je m'explique : nous suivons un protocole diagnostique pour poser une indication thérapeutique. Mais alors que vais-je faire si je crois à l'extrême importance qu'il y a à reconnaître le monde fantasmatique du sujet et si je suis convaincu que c'est en faisant le lien entre ce monde fantasmatique et ce que les parents m'ont dit du comportement de l'enfant que je pourrai proposer une intervention thérapeutique ?

Je vais rencontrer l'enfant de la manière la plus neutre possible, je vais le mettre devant une feuille de papier, une marionnette ou des petits personnages, et je vais lui dire de laisser aller ses images, de s'inventer une histoire et de se laisser aller dans l'élaboration de cette histoire, et je vais être le moins possible intrusif dans son discours.

S'il apparaît des éléments de rivalité, d'hostilité, d'agressivité, de dépendance, de sexualité, je vais tenter de les relier à ce que la rencontre avec les parents m'a apporté et je vais conclure que cet enfant peut être accompagné dans des séances de jeu par l'intermédiaire de dessins, en l'engageant dans une psychothérapie d'inspiration psychodynamique.

En fin de compte, j'ai placé d'avance le sujet dans une situation pour aboutir à une indication thérapeutique liée à ma manière de l'accueillir. Si je ne fais pas cela et si ce qui m'intéresse le plus consiste à placer l'enfant dans une situation qui l'oblige à s'adapter à diverses tâches, je tenterai d'observer ses comportements, qu'il s'agisse de sa toute-puissance, de ses distorsions cognitives ou de ses mouvements agressifs et répétitifs. Je vais alors mettre en place un protocole thérapeutique d'inspiration cognitivo-comportementale.

Avec des idées préconçues, je risque de me piéger. Par contre, si je pense que, dans une démarche diagnostique, un thérapeute doit s'intéresser autant à l'aspect fantasmatique qu'au domaine comportemental, social ou physique, j'accepterai alors de voir ce sujet dans des situations relativement standardisées, et de l'observer en fonction des symptômes et des syndromes reconnus. C'est ainsi que je bâtirai un protocole thérapeutique, et non en fonction de mes convictions idéologiques.

Grâce aux règles qui se mettent peu à peu en place et en fonction de nos connaissances actuelles, je traiterai un état anxieux de telle façon et un autisme de telle autre, tout en sachant qu'à partir de nouvelles découvertes, il me faudra sans cesse remettre en cause ces protocoles.

Voilà ce que je pense du DSM-IV et des écoles de pensée. En fait, j'ai besoin de me rattacher à plusieurs écoles de pensée pour que mon protocole diagnostique soit le plus global possible. Ainsi, en ramassant les données avec le moins d'idées préconçues possible, je propose les meilleures manières de favoriser une évolution.

J.B.: Je pense que si l'on revient dans le passé, on peut se rendre compte encore une fois que nous avons été mal servis, pendant des années, car l'école de pensée dominante était la zone psychanalytique, psychodynamique. Nous avons tous été formés à partir de cette idéologie. Quand on regarde les nouveaux résidents qui, eux, ont des programmes de formation différents, qui les obligent à maîtriser davantage la pharmacologie, le domaine cognitivo-comportemental et les approches interpersonnelles, je pense qu'ils ont la chance d'avoir à leur disposition un ensemble d'outils diversifiés.

Grâce à une lecture commune, comme le DSM, je peux repérer des symptômes et, selon ce que je suis allé chercher dans les différentes écoles, je vais privilégier tel traitement ou tel autre. Je pense que vous avez tout à fait raison, nos résidents sont actuellement dans un moment privilégié, mais les choses sont très difficiles pour les patrons parce que nous n'avons pas eu cette formation-là.

Actuellement, nous devons faire preuve de beaucoup d'ouverture, car il faut admettre que le résident qui fait son évaluation se sent plus à l'aise avec la partie cognitive. C'est bien, mais pour ma part, j'aurais voulu le regarder d'une autre façon.

C'est un défi majeur que de pouvoir enseigner à nos résidents qu'il y a différentes façons d'en arriver à des protocoles, de faire des suggestions de traitements fort différents de nos orientations antérieures qui, pourtant, continuent à être enseignées majoritairement dans les milieux universitaires.

M.L. : C'est d'autant plus un défi pour nous que, même si on admet la nécessité d'un perfectionnement permanent, quelque chose se crispe en nous à partir de nos intégrations théoriques et des identifications qui ont été les nôtres. La chose n'est pas simple dans le domaine de l'orientation psychodynamique. Nous nous sommes retrouvés sur le divan avec une personne dont la puissance transférentielle a été extraordinaire. Nous éprouvons quelque chose de l'ordre de la trahison, par rapport à cette image symbolique, si nous nous mettons à agir dans des directions qui nous ont été présentées comme des transgressions.

J.B. : Cela n'est pas facile parce que, effectivement, cela nous remet en cause. Notre identité de psychiatre est confrontée par des résidents, par des externes qui en connaissent davantage que nous, alors que nous sommes là pour leur enseigner. C'est une transition difficile à vivre.

M.L. : Il y a un deuil à faire. Je crois que nous avons vécu dans l'illusion, puis il y a eu des écoles de pensée qui ont permis de faire le tour de la pédopsychiatrie. Nous devons faire ce deuil par rapport à la psychanalyse, mais aussi par rapport aux écoles systémiques et à toutes les autres écoles, dont la tendance est toujours d'être hégémonique. Bien des chercheurs nous disent que ce qui compte vraiment, c'est ce qui est observable, vérifiable et reproductible. Ils nous disent aussi qu'il n'y a rien de vrai. Alors que nous savons bien que dans nos métiers la subjectivité joue un rôle, de même que l'intuition.

J.B. : C'est un piège qui nous guette, effectivement. La biologie avance tellement à grands pas ! Nous découvrons les neurotransmetteurs, les récepteurs… C'est comme si, tout à coup, nous voulions retrouver notre identité médicale en affirmant que nous reconnaissons tout dans le cerveau. Pour moi, ce n'est pas cela être psychiatre. Je vais laisser cela aux neurologues. Leurs découvertes m'aideront sans doute, mais je ne veux pas devenir neurologue.

Mon travail, comme psychiatre, consiste à entrer en relation avec un enfant et sa famille, à appliquer des grilles pour découvrir des symptômes. Ma compréhension m'incitera à leur offrir une thérapie qui fera probablement disparaître le symptôme ou à tout le moins le faire diminuer.

Je pense que c'est un peu comme cela que nous devrions nous voir. Dans notre travail, la relation compte, mais elle est importante également pour le psychologue, pour le travailleur social et pour tous les autres professionnels de l'âme humaine.

Une image me vient en pensant à cela : quand nous recevons un enfant et que nous voulons poser un diagnostic, nous nous servons de sa personne et de ce que nous sommes pour recueillir des données. Les résidents insistent beaucoup sur l'importance des « check lists ». Or, tout cela n'a pas de valeur en soi. Nous pourrions engager n'importe qui pour faire cela, nous nous servons de sa personne pour écouter et pour établir une liste de symptômes qui nous permettra d'établir un diagnostic.

Cette relation-là est majeure. Elle vise des objectifs précis et je vois une analogie avec le chirurgien qui fait l'histoire du patient, qui pense que celui-ci est peut-être atteint d'une cholécystite, qu'il a besoin de la radiologie pour faire un examen complet et offrir un traitement adéquat.

Je trouve qu'en psychiatrie, nous avons peut-être tendance à mettre trop d'importance sur la relation et à laisser de côté l'idée du travail diagnostique. Oui, je peux dire qu'il est agréable d'entrer en relation, je peux revoir cet enfant-là très longtemps parce qu'il y a quelque chose qui s'est passé entre nous, mais est-ce cela qu'on me demande, à moi, comme psychiatre ?

M.L. : Ce qui unit toutes les professions où l'on s'occupe de la rencontre avec autrui, c'est un ensemble de médiations relationnelles qui ont d'ailleurs été très bien définies par la psychanalyse, que l'on parle d'empathie, de la fonction de contenant, des anticipations positives, de l'écoute au niveau manifeste ou écoute du contenu sous-jacent. Tout cela fait partie de la composante de toutes les professions qui sont dans les champs des relations humaines. Ce n'est pas propre à la psychiatrie.

J.B. : Ajouteriez-vous qu'il s'agit aussi de ce qui revient au médecin en général ?

M.L. : J'espère que tous les médecins ont également cette attitude. Je ferai quand même une distinction : à partir du moment où l'on essaie de rejoindre le monde des émotions (qui est notre univers, après tout), où l'on tente au maximum de permettre l'expression verbale et de faire en sorte que le sujet rende claire sa souffrance, quelque chose se mobilise.

Cela est le fait des médecins de médecine générale, mais c'est encore plus notre affaire à nous. Cela relève davantage de nos responsabilités de psychiatre. Cela représente un apport immense de la psychanalyse, qui restera présente. La psychanalyse nous a souligné en particulier l'importance du double regard, celui dirigé vers nous et celui dirigé vers l'autre.

Adhérer à cette nécessité, c'est reconnaître que nous ne sommes pas si différents du malade mental. Nous aussi, nous vivons difficilement certaines émotions, certains blocages, certaines distorsions, certaines pulsions mal maîtrisées, et la rencontre avec l'autre nous oblige à affronter ces difficultés. Nous devons oser regarder ce que nous ressentons pour ajuster le mieux possible nos attitudes et ne pas entrer trop en défense par rapport au sentiment d'envahissement que nous éprouvons à un moment ou à un autre.

Cette idée émanant de la psychanalyse fut une gifle. Auparavant, nous étions des gens convaincus que nous savions ce qu'il fallait faire, et en réalité notre savoir peut être drôlement entaché par notre émotivité, par notre sensibilité, par notre histoire passée, par nos propres limites. La mise en cause de soi fait partie de toutes les professions engagées en relations humaines. À partir d'exigences communes, nous avons par la suite nos spécificités de psychiatre, de psychologue, etc.

Devons-nous intervenir par une médication, par une thérapie interactionnelle de face à face centrée sur la réalité ? Devons-nous aider le patient à regarder son histoire passée, à le faire réfléchir sur ses modes d'adaptation ? Devons-nous l'orienter vers une thérapie cognitivo-comportementale ? En fin de compte, au-delà de ces médiations relationnelles, c'est notre capacité qui nous permet d'établir un échange, de recueillir des données, de faire en sorte que nous proposions, parmi nos connaissances actuelles, la meilleure indication thérapeutique.

Cependant, un problème demeure : pouvons-nous maîtriser toutes les approches thérapeutiques ?

J.B. : Je vous suis. Ce qui nous permet de rejoindre l'autre, c'est ce que nous sommes et ce que nous avons vécu. Par contre, nous nous sommes fait du tort pendant plusieurs décennies en pensant que la psychiatrie se résumait à cela.

J'aime bien quand vous dites que c'est le lot commun de tous les médecins. En effet, quand un confrère annonce à un patient qu'il est atteint du cancer, il doit avoir de l'empathie. Cela fait partie de ses fonctions, mais il doit aussi être rigoureux pour découvrir les symptômes et comprendre la profondeur de l'atteinte afin d'en arriver à une thérapeutique efficace. Si nous sommes capables d'une telle approche, nous avons encore beaucoup à démontrer.

Quand les collègues, dans l'hôpital, nous demandent en consultation, nous nous retrouvons aux deux pôles. On nous voit comme des gens qui ne font que parler pendant des années sans rien faire d'autre, ou encore on nous voit comme des surhommes ou des surfemmes. Les médecins disent alors à leur patient d'aller voir le psychiatre et que tout sera réglé.

Plutôt que d'être à l'un ou à l'autre de ces pôles, j'aimerais me situer dans le milieu, en étant reconnu comme médecin, avec une rigueur diagnostique et une capacité de poser des indications thérapeutiques pour les différentes pathologies que les enfants présentent.

M.L. : Pour avoir une telle rigueur, il faut accepter l'idée que dans une démarche diagnostique, il y a certains protocoles à suivre selon l'indication thérapeutique posée.

J.B. : Que voulez-vous dire au juste par « protocoles » ?

M.L. : Je veux dire qu'il y a un certain nombre de règles à suivre, par exemple telle ou telle mise en situation de l'enfant. Un diagnostic ne consiste pas à faire dessiner un enfant et à le regarder dessiner. Cela constitue une partie du processus, mais il y a aussi le reste.

J.B. : Tout à fait. Revenons aux différentes thérapeutiques. C'est une mission impossible d'espérer que le psychiatre maîtrise personnellement toutes les thérapies. Ce qui nous appartient en propre, c'est la pharmacologie, parce que nous sommes des médecins. Nous sommes donc les seuls à pouvoir prescrire une médication, la doser ou la retirer. Pour le reste, il faut une équipe, qui représente des champs possibles d'intervention, sans espérer de façon illusoire les posséder toutes. En ce qui me concerne, je ne peux pas offrir la thérapie cognitive ou comportementale, je n'en ferai probablement jamais, et je dois donc avoir dans mon équipe quelqu'un qui peut l'effectuer. Mon rôle, c'est d'être un peu le chef d'orchestre qui s'appuie sur différents thérapeutes pour aider un enfant que je continue à suivre, pour connaître son évolution et finir par modifier ses traitements.

M.L. : Je suis d'accord, mais je me pose une question : peut-on être un chef d'orchestre sans connaître un certain nombre de thérapies et les maîtriser ?

J.B. : Non.

M.L. : Le protocole diagnostique est une chose et le suivi thérapeutique en est un autre. Nos choix d'adopter telle ou telle thérapie dépendent de nos motivations, de nos formations, de nos habiletés. L'un se sent plus à l'aise dans une approche individuelle interactionnelle ou psychodynamique, l'autre maîtrise davantage le domaine cognitivo-comportemental. Je crois que nous devrions maîtriser deux ou même trois approches, et connaître suffisamment les autres pour comprendre ce que les gens font à nos côtés et, à partir de là, coordonner une équipe. Deux problèmes se posent et devraient se répercuter sur la formation du pédopsychiatre.

Le premier réside dans le fait que nous n'apprenons pas à coordonner une équipe, ce qui exigerait de bien connaître les processus de dynamique de groupe. À cet effet, il est précieux d'avoir une expérience personnelle de type « groupe de croissance », car dans un tel contexte, les autres nous remettent en cause.

J'en parle aisément parce que ma formation en psychodrame, avec Ancelin Schützenberger, m'a fait entreprendre une longue formation personnelle au sein d'un groupe. Cela m'a apporté énormément d'éléments pour diriger des équipes, en reconnaissant des processus que j'avais directement connus et éprouvés. Sans une telle expérience, je me serais facilement cassé le nez. Ces dernières années, j'en ai vu de jeunes psychiatres se casser le nez avec des équipes, dans des régions un peu éloignées. À partir de ce qu'ils me disaient, je constatais qu'ils n'avaient aucune connaissance de la réalité des processus qui régissent tout groupe.

Ma deuxième inquiétude concerne la préparation au rôle de médecin. À l'heure actuelle, on redoute le corps et on remet en cause les bienfaits de la pharmacologie. Il existe encore beaucoup de pédopsychiatres très réticents à faire le moindre examen physique de leur patient. Et cela m'inquiète, car je vois la quantité de complications qui surgissent à partir des médicaments. On va me répondre qu'il y a toujours un médecin pour suivre ces patients. Cela est vrai dans un hôpital universitaire, mais dans une région un peu plus éloignée, ça ne l'est plus.

Par exemple, à l'heure actuelle, dans les centres d'accueil pour enfants, on donne des cocktails de médicaments à ces jeunes sans qu'aucune surveillance médicale ne soit vraiment assurée, car peu de pédopsychiatres prennent les tensions artérielles, vérifient les réactions cutanées, demandent les examens hépatiques nécessaires.

Tout cela fait partie de la crise identitaire.

J.B. : Et on revient encore une fois aux écoles de pensée... Si nous retrouvons notre identité de médecin, nous serons à l'aise avec la prescription de médicaments et avec leur suivi. Pour ce qui est des centres d'accueil, vous avez tout à fait raison : on devrait toujours y trouver un service médical, avec une étroite collaboration entre infirmière, généraliste et psychiatre.

M.L. : Je serais plus rassuré si je savais que chaque pédopsychiatre qui prescrit des médicaments en vérifie lui-même les effets, ou à tout le moins décroche son téléphone pour voir si quelqu'un d'autre les vérifie.

J.B. : Nous devrions le faire, car cela s'intègre dans nos paramètres de pratique. Je pense aussi que chaque pédopsychiatre devrait maîtriser une ou deux approches thérapeutiques, car nous nous appauvrissons en ne faisant que de l'évaluation. Pour être un bon évaluateur, un pédopsychiatre doit suivre ses patients, et parfois fort longtemps, afin de comprendre comment l'enfant évolue au fil des ans.

M.L. : Cela est d'autant plus nécessaire qu'en pédopsychiatrie, tout syndrome est extraordinairement évolutif. On passe souvent d'une manifestation à une autre, sans trop comprendre pourquoi le sujet a évolué dans telle ou telle direction.

J.B. : Ce suivi est nécessaire et ne doit pas bloquer de nouveaux cas, ni la disponibilité pour de nouveaux cas. Le problème consiste à trouver un équilibre entre l'évaluation et le traitement. Nous devons traiter le patient, tout en sachant que d'autres professionnels sont également en mesure de le faire. Selon vous, quelle est — en fin de compte — la véritable identité d'un psychiatre ?

M.L. : J'aime bien l'appeler un généraliste de la santé mentale.

J.B. : De la santé mentale ?

M.L. : De la santé mentale infantile, mais je rectifierais ce terme, car le mot santé mentale peut devenir une sorte d'alibi. Je dirais plutôt qu'il doit rester un généraliste de la pathologie mentale, tout en approfondissant particulièrement tel ou tel aspect de celle-ci.

J.B. : Ça me fait plaisir que vous disiez cela. Chaque fois que l'on me parle de santé mentale, je réagis. Je n'ai pas été formée pendant dix ans pour aborder la santé mentale, mais pour traiter les pathologies de la santé mentale. Je suis d'abord un spécialiste des pathologies psychiatriques.

Les parents, ces éternels oubliés mais aussi ces éternels accusés

Dialogue avec Denis LANCTÔT

Quand on regarde l'histoire de la pédopsychiatrie, de l'action éducative et de l'action sociale des cinquante dernières années, on voit combien les praticiens de toutes les disciplines demeurent ambivalents à l'égard des parents.

Tantôt ils sont vus comme les grands responsables des troubles de leurs enfants, tantôt ils sont placés dans une position de « patients » ; mais en même temps on veut les impliquer, les « responsabiliser ? », faire rejaillir leurs compétences. Comment se situer face à cet imbroglio ?

Denis Lanctôt, travailleur social et psychologue, aborde ce sujet avec Michel Lemay.

D.L. : Il me semble que pendant de longues années, les thérapeutes ont eu tendance à éliminer les parents pour se concentrer sur des approches essentiellement centrées sur l'enfant. Qu'en pensez-vous ?

M.L. : Vous avez tout à fait raison et j'ai connu cette période. Hélas, j'y ai même participé. Il m'a fallu évoluer personnellement pour m'éloigner des problèmes de l'enfant et les resituer dans un ensemble qui avait besoin d'être soutenu. Il y a 40 ans, on disait qu'il fallait collaborer avec les parents, mais dans les faits, l'idée n'était pas enracinée.

D.L. : Au cours de la période à laquelle vous faites référence, vous avez eu une vaste expérience éducative. Retrouviez-vous cette opposition parmi les éducateurs ?

M.L. : Oui, bien sûr. Il fut un temps où j'étais éducateur en France, dans un centre appelé La Prévalaye. Au même moment, je faisais des études en médecine.

À La Prévalaye, j'encadrais un groupe d'enfants et j'étais convaincu, comme les autres, que les parents de ces jeunes étaient de mauvais parents. Nous avions tous le sentiment qu'il fallait protéger le plus possible ces enfants de leur père et de leur mère, en limitant leurs sorties à l'extérieur.

Ainsi, on autorisait tout au plus les jeunes — et encore, avec des réticences ! — à rejoindre leurs familles pour les fêtes de Noël et de Pâques. Il fallait écarter ces pauvres garçons et filles de parents maltraitants, négligents, alcooliques.

Nous voulions réaliser au sein de l'établissement une sorte de structure familiale réparatrice de substitution, pour transformer les conditions de vie de ces petits.

C'était paradoxal, car tout en parlant de négligence — et c'est vraiment une des blessures que j'ai ressenties —, nous ne comprenions pas toute la maltraitance dont l'enfant était parfois l'objet. Nous fermions les yeux de manière tout à fait étonnante sur la réalité des agressions sexuelles.

Cela n'était pas propre à la France puisqu'au milieu des années cinquante, la vision était strictement la même au Québec. Et à part quelques exceptions, il a fallu attendre le milieu des années 70, voire aux années 80, pour que ces idées soient remises en cause.

D.L. : Les thérapies familiales existaient pourtant, avant cette date ?

M.L. : Certes, mais l'expression « thérapie familiale » révélait à elle seule un certain état d'esprit. On intégrait le parent dans une vision thérapeutique, ce qui était déjà un premier pas, mais on le voyait comme un être à soigner et très rarement comme un collaborateur. Et ce n'était pas seulement le cas des établissements recevant des jeunes qui souffraient de difficultés d'adaptation sociale. On retrouvait la même chose dans les établissements s'occupant de déficients mentaux et même à l'Hôpital Sainte-Justine, où je suis arrivé en 1973.

On était alors très ambivalent par rapport à la participation des familles. Partout, et quelle que soit la pathologie de l'enfant, le parent lui-même était perçu comme un patient en difficulté affective. Il y avait donc une suspicion systématique et parfois une véritable chasse aux sorcières, qui a d'ailleurs débouché — pour certains syndromes — sur de véritables agressions.

Je pense, par exemple, aux théories sur la mère mortifère, le parent porteur de désirs inconscients morbides, la forclusion du père, le système familial aliénant. Ces processus existent bel et bien, et il serait absurde de nier l'intérêt d'un certain nombre d'articles portant sur ces sujets; mais le drame, c'est qu'on a souvent généralisé tout cela, par exemple dans les étiologies de l'autisme, de la schizophrénie et des maladies maniaco-dépressives pour ne citer que celles-là. Souvent, les problèmes parentaux étaient considérés comme les causes mêmes des affections. Alors que maintenant, nous connaissons la part déterminante des processus neurobiologiques dans ces syndromes.

Quand je pense que dans certains pays, des praticiens continuent à proposer aux parents de jeunes autistes de s'étendre sur le divan pour extirper d'eux-mêmes les facteurs ayant créé chez leurs enfants une angoisse intolérable et dilacérante, je ne peux m'empêcher de penser que nous sommes dans le registre de l'abus et de la faute éthique.

Revenons maintenant aux éducateurs. Il était évident pour eux, et c'était tout aussi vrai pour les psychothérapeutes, que le lieu où ils travaillaient devait être un espace magique dans lequel l'enfant se trouvait en vase clos avec son psychanalyste. On rencontrait le moins possible les parents. De plus, au nom du secret professionnel, ce qui se déroulait durant les séances demeurait un sujet tabou, interdit. Derrière tout cela, il y avait la crainte de voir l'enfant à nouveau flétri par l'action familiale. Pour en être convaincu, il suffit de lire des livres de l'époque, par exemple les écrits de Bruno Bettelheim.

D.L. : Vous êtes en train de me devancer par rapport aux questions que je voulais vous poser! Je reviendrai sur les thérapies familiales. Pour l'instant, je veux vous poser une autre question sur cette notion de parents jugés inaptes. Vous êtes en train de rappeler que nous avons tous un héritage, et que nous entrons dans une ère de plus grande tolérance envers la marginalité. N'y a-t-il pas une nécessité de modifier nos conceptions de ce qu'on appelle « la famille pathologique », sans nier pourtant le fait qu'il y a, en effet, des parents inaptes et dangereux?

M.L. : Vos deux questions sont très intéressantes. Nous avons sûrement fait un progrès en modifiant notre vision de la parentalité. Il ne fait pas de doute qu'aujourd'hui, nous considérons davantage le parent comme un collaborateur. Nous disons volontiers, à présent, qu'il faut responsabiliser la famille et qu'il n'est pas absolument nécessaire de passer par une séparation pour protéger l'enfant.

Cependant, il reste une certaine ambivalence qui me paraît difficile à éradiquer. De toute façon, il serait dramatique de refuser totalement l'idée que les problèmes de l'enfance prennent effectivement leurs racines dans un dysfonctionnement familial. Pour certains troubles reliés à une pathologie cérébrale, il est relativement facile de voir le parent comme un collaborateur qui affronte une tâche éducative difficile, à cause de l'anormalité des comportements de son enfant. Cependant, les choses sont beaucoup plus complexes quand nous nous trouvons devant des enfants qui souffrent de carence, de négligence ou qui sont victimes de maltraitance.

Dans de tels cas, jusqu'où doit-on considérer le parent comme collaborateur ? Jusqu'où peut-on lui faire confiance ? Doit-on le considérer non seulement comme un parent en difficulté, mais encore comme un sujet qui peut être dangereux ?

Nous savons que nous devons faire le maximum pour l'engager dans une participation réelle aux efforts entrepris avec son enfant. Moins on le fait, plus il se défend. Il se sent alors rejeté et transmet à sa progéniture des sentiments de déchirement, alors que nous prétendions l'aider.

Pourtant, si on nie que le parent peut faire des actes répréhensibles, on met les enfants dans une situation de non-assistance à personnes en danger. Nous devons donc naviguer dans un espace bien complexe, où il faut tout faire pour engager le parent dans un processus de collaboration sans toutefois abandonner notre rôle de protection.

D.L. : Je vous ai déjà entendu dire qu'en faisant à tout prix de l'acharnement thérapeutique avec des familles qui n'évoluent pas, on réalisait une sorte de situation de pathologie expérimentale.

M.L. : Oui, et je ne renie pas cette phrase ! Cependant, j'aimerais me situer par rapport à cela. Je reprendrai donc des éléments d'une conférence que j'ai donnée récemment et que j'ai intitulée *La juste distance*.

Comment respecter le parent ? Comment l'aider s'il en a besoin ? Comment le pousser dans cette direction s'il est réellement pathogène ? Et dans certains cas, comment fait-on quand la filiation substitutive semble meilleure que la filiation d'origine ?

Pour répondre à de telles questions, nous sommes passés par différentes solutions, alors permettez-moi d'en rappeler quelques-unes. Un certain nombre de slogans ont jalonné notre parcours professionnel. L'un d'entre eux était celui-ci: « Il faut attendre qu'apparaisse la demande avant d'intervenir. »

Dans une perspective historique, cette affirmation était intéressante, car lorsqu'un parent se trouvait en difficulté, nous avions eu tendance à intervenir sur le mode intrusif. Cela débouchait sur de multiples formes d'aide très agressives, allant de la séparation jusqu'à des placements hâtifs, en passant par des séjours à durée indéterminée au sein d'établissements où l'on découvrait avec effroi la misère des enfants.

Pourtant, l'exigence liée à la demande a fait bien du mal, car on oubliait l'une des caractéristiques des sujets souffrants et même posant des actes d'agression. Souvent, ils ne parviennent pas à exprimer un ressenti et restent dans une sorte de passivité destructrice.

Dans le cadre des médiations relationnelles, on confondait l'acceptation de la personne avec l'acceptation de ses actes. Ainsi, on oubliait l'aspect souvent salvateur des positions autoritaires, dans la mesure où elles sont pensées, dosées et accompagnées d'un engagement respectueux.

Voici un deuxième slogan: « Tout passe par la relation. » Loin de moi l'idée de refuser cette idée, que j'ai d'ailleurs déjà abordée dans d'autres entretiens. Le problème consiste plutôt à savoir ce qu'on entend par « relation ». Si, par ce terme, on veut dire que tout se règle avec la parole, cette nouvelle affirmation nous renvoie à une question corollaire: « Qu'est-ce que la parole ? »

Je suis souvent effaré de voir des intervenants se limiter au dialogue verbal et baser leurs relations uniquement sur ce type d'échange. Dans un bureau bien protégé, on rencontre des parents en difficulté, des jeunes en révolte, et tous disent leur amertume, verbalisent leur sentiment d'impuissance, clament leur désir de trouver un amour impossible, se plaignent de mauvais traitements, rattachent leur misère à un passé douloureux. On se rassure alors en se disant que la parole libère. Cependant, ces personnes se retrouvent par la suite dans les mêmes conditions de désert affectif et d'incertitude par rapport à un choix de vie. Ils ont la même peur de tel ou tel proche, ils vivent les mêmes affres devant une situation réelle et non issue de leurs fantasmes.

Parler, ce n'est pas seulement repérer un contenu latent, inviter à s'exprimer, dénoncer les non-dits, établir une écoute empathique, puis se retirer, au nom de l'apparition de phénomènes projectifs ou introjectifs qui modifieraient les éléments structuraux d'une personnalité. Si de telles approches ont leur place pour des indications précises, les praticiens du quotidien — qu'ils soient travailleurs sociaux, éducateurs, psychologues ou psychiatres — parlent au moins autant par le « faire avec » que par des mots dits ou tus au bon moment. Leur pouvoir est basé sur un certain savoir, lui-même soutenu par quelques acquis scientifiques.

Si une mère déprimée et carencée évoque sans cesse un bébé de rêve, tout en se révélant incapable de donner à son bébé réel, concrètement, les soins de base nécessaires à sa vie psychique et physique, il est certes important d'écouter son histoire, mais il faut également l'aider à distinguer ce qui, dans son petit enfant, est la partie d'elle-même qu'elle veut réparer et ce qui est l'être en chair et en os, qui crie sa détresse de ne pas être aimé, pensé et reconnu comme un sujet distinct. Dans la situation immédiate, ce bébé est bel et bien en danger.

C'est une chose que d'aborder le passé maternel ou d'évaluer les forces d'une personne, mais il y a le temps de la maman et le temps du bébé, qui ne sont pas les mêmes. Si les incohérences, les investissements inégaux, les ruptures, les processus de symbiose et les rejets atteignent le corps et le psychisme naissant du tout-petit, la neutralité bienveillante envers les adultes qui doivent en prendre soin devient alors de la non-assistance à personne en danger.

Dans un accompagnement individuel, mères, enfants et intervenants ont donc aussi besoin de partager des activités de la vie quotidienne pour ranimer des compétences enfouies, en s'appuyant sur un modèle et en favorisant l'éclosion de virtualités.

Dans ce dialogue, centré sur l'anodin du quotidien et des soins de base, le sujet peut redécouvrir le plaisir de l'échange avec un tout-petit. La médiation joue alors son rôle essentiel pour jeter un pont entre un sujet en difficulté et un enfant en désir d'attachement.

Paroles et actions deviennent intimement mêlées, et cette intrication ne peut se faire que par un engagement dosé d'un aidant qui sait dire les mots justes et faire les gestes adéquats.

Tout cela me rappelle un autre slogan, qui est actuellement le point de départ de contradictions éducatives, thérapeutiques et juridiques. Pour certains protagonistes de l'univers psycho-socio-juridique, la filiation de sang doit toujours l'emporter sur des liens de remplacement. Pour d'autres intervenants, la filiation substitutive doit être envisagée chaque fois qu'un enfant se trouve en situation de danger.

Ce conflit idéologique divise les services de protection de l'enfance et aboutit à des dérives, dans l'un et l'autre camp. Ceux qui prônent la filiation du sang dénoncent les décisions hâtives, les jugements portés sur les parents et les placements injustifiés. Ceux qui défendent l'autre théorie soulignent que l'intérêt de l'enfant doit toujours l'emporter sur les droits parentaux, quand ces derniers ne sont pas correctement assumés.

Ce qui complique les choses, c'est qu'on peut utiliser des éléments théoriques dans un sens comme dans l'autre. Prenons la théorie de l'attachement. Elle peut aussi bien être utilisée pour défendre le maintien du jeune enfant chez ses parents, afin de lui assurer étayage, filiation et sentiment d'appartenance, que pour justifier une séparation qui offre à l'enfant une possibilité de s'arrimer enfin à des personnes stables et ayant de l'empathie pour lui.

Si, pour nous rassurer, nous tentons de vérifier le bien-fondé de l'une ou de l'autre thèse, en faisant des suivis longitudinaux et des recherches sur des méthodologies sérieuses, nous nous heurtons à des analyses divergentes, car les recueils de données statistiques ne peuvent jamais rendre compte des problèmes individuels.

Nous voyons donc que dans une telle situation, nous devons faire des choix qui ne peuvent jamais se justifier par une prise de position toute faite. Bien sûr, nous sommes tous d'accord avec l'idée que le lieu idéal d'épanouissement de l'enfant, c'est son creuset familial d'origine, quand celui-ci lui apporte les ingrédients nécessaires à son développement. Il faut donc tout mettre en œuvre pour que cet endroit privilégié soit soutenu, afin qu'il remplisse son mandat. À cet effet, on a mis en place de nombreux moyens qui ont prouvé leur efficacité. Même dans les services de gynécologie obstétrique, les soignants devraient être sensibilisés aux tout premiers signes démontrant que le futur bébé risque de manquer d'attention. On accomplirait alors un grand pas, car nous savons qu'à sa manière d'envisager sa maternité, une femme qui attend un enfant illustre déjà ses capacités ultérieures de maman.

L'attachement, ce n'est pas seulement une théorie de la petite enfance. Cela vaut pour toute la durée d'une vie. Le décalage entre l'enfant vécu et l'enfant rêvé provoque des mouvements de surprotection, suivis de rejets. Si l'infirmière sait parler à la future mère du bébé véritable, celui qui s'en vient, et l'amène à le distinguer du fantasme d'un bébé réparateur, qui décevra inévitablement par ses pleurs et ses régurgitations, elle participe à la mise en place de l'attachement. Si le travailleur social, au sein de son quartier, reconstitue un réseau d'aide pour empêcher les parents de s'enfoncer dans la solitude, il évite l'installation du cercle vicieux suivant: une mère déjà limitée dans ses aptitudes à garder des liens avec un être cher se trouve persécutée par un tout-petit qui hurle sa détresse, et ses revendications inévitables brisent l'amorce d'un investissement fragilisé avant même de surgir.

Si on instaure des services de soins de jour dans les quartiers, pour que ces mêmes mères profitent de leur bébé sans être submergées par les stress et qu'elles jouissent de quelques heures de répit tout en sachant leur enfant en sécurité, cela augmente les chances d'éviter au petit enfant d'être négligé ou maltraité.

Si la maman n'arrive pas à retrouver en elle l'image intériorisée d'une mère qui comprend les besoins de son bébé, le fait d'avoir régulièrement à domicile une éducatrice bien formée ou une auxiliaire familiale qui, sans s'emparer de l'enfant, sait éveiller le joie d'une rencontre, cette maman peut alors, au fil des jours, s'appuyer autant sur une image symbolique que sur des modalités d'attitudes qui réaniment son noyau maternel défectueux.

Ainsi, on peut continuer d'énumérer des modalités d'intervention qui supposent une coordination, mais qui sont relativement aisées à mettre en œuvre.

D.L. : Vous pouvez continuer dans ce sens ?

M.L. : Par l'intermédiaire d'activités bien adaptées aux besoins de l'enfant, l'intervention directe redonne au petit une confiance en lui et en l'autre. Il peut ainsi découvrir les joies de la vie de groupe, accepter des règles de vie qui autorisent un véritable échange avec autrui, et cet enfant devient ainsi moins symptomatique, ce qui encourage la famille à mieux le traiter.

Si des actes concrets permettent de diminuer la solitude, de s'engager dans des projets de quartier, de lutter contre la passivité et l'amertume, l'adulte trouve alors une fierté d'être et d'agir qui libère un dynamisme apparemment éteint. Des réseaux d'aide se reconstituent quand des professionnels, quel qu'ils soient, osent résoudre les vrais problèmes, au lieu de rester dans le rôle d'observateur, de vagues chercheurs ou de sujets toujours à la lisière de l'inadaptation sociale. Même si cela dérange, il faut prendre position socialement, secouer l'inaction et ses scandales, peu importe le nom que l'on donne aux problèmes: pauvreté, chômage, promiscuité liée aux conditions d'habitat, ghettos de ville ou de campagne.

On éviterait bien des ruptures si on parvenait à fonder de petits établissements pour accueillir parents et enfants, afin que le groupe familial en détresse connaisse ce qu'est la vie avec une structure et du soutien, et afin que les parents apprennent à jouer leur rôle. Il est tout à fait possible de ranimer la compétence parentale en proposant avec empathie des solutions qui, sans dévaloriser personne, permettent d'atténuer des charges trop lourdes. On devrait donc éviter d'entrer maladroitement dans une famille en brandissant le spectre d'une évaluation culpabilisante, puis d'une décision castrante.

Par contre, si une multitude d'intervenants se succèdent dans l'urgence sans se connaître et sans savoir ce que l'autre fait en amont, cela fait éclater en miettes le présent et l'aval, et la situation continue à se détériorer. À cela, on ajoute de nouvelles contraintes administratives, de nouvelles évaluations contradictoires, de nouvelles décisions qui se concrétisent sans projet cohérent durable. On est dans la redondance, l'ignorance et la méfiance mutuelle.

Inexorablement, on éveille alors, chez les intéressés qu'on prétend aider, une crainte du jugement, des réactions défensives, de la dissimulation, ainsi que des sentiments d'impuissance et d'anormalité. Parfois, la rencontre éveille l'espoir mais celui-ci n'est jamais assouvi.

Il se crée un clivage entre les différents services sociaux, éducatifs, pédagogiques, psychiatriques et juridiques. Une incompréhension flagrante surgit entre ces différents services. Chacun voit chez les autres des insuffisances et de menus scandales.

Tout cela doit être dit, crié même, afin de réduire les phénomènes en cascade qui ont comme nom « absence d'attachement réel à des personnes significatives ». Pourtant, chacun des intervenants, pris individuellement, a généralement le désir sincère de faire du bon travail. Mais tous participent sans le vouloir à ces placements et à ces retours entrecoupés de phases de maltraitance, de non-traitance et de bien-traitance avortée.

On peut aussi affirmer que les comparutions provoquent souvent des traumatismes. Les enfants ne comprennent pas toujours ce qui leur arrive, et ils se sentent agressés, persécutés, alors que le but premier consistait à les sauver.

Parlons également du cheminement vers le grand vide quand l'enfant devient adolescent et surtout adulte. Alors qu'il était hyperévalué et hyperprotégé, bien que de façon discontinue, il entre maintenant dans l'ère de l'appel à l'aide non entendu, suivie de la désespérance, de la méfiance, de la fuite et de la recherche de sensations fortes, afin de se créer, tant bien que mal, une identité. Les transmissions intergénérationnelles se mettent ainsi inexorablement en place.

Par rapport à votre question, j'affirme que oui, on peut aussi aboutir à des situations catastrophiques en optant pour l'acharnement thérapeutique, pour le maintien à tout prix dans la famille d'origine, et en adhérant à l'idée mythique que les liens du sang sont toujours supérieurs aux liens substitutifs.

Bien sûr, plus une intervention est bien menée et de façon précoce, plus on recule les limites de l'impossible. Cependant, il est aussi indéniable qu'il existe des familles gravement pathogènes et même destructrices, bien qu'elles soient en petit nombre. En toute bonne foi, un professionnel qui s'engage dans l'action préventive peut les occulter, car il s'identifie inévitablement aux gens qu'il cherche à aider. Lorsqu'il échoue, c'est une part de lui-même qui est blessée.

Voilà ce qu'on appelle le halo du thérapeute. Il s'agit d'un phénomène classique et nécessaire, mais aussi piégeant, car il peut conduire à s'illusionner sur son action, à partir de petites améliorations qui ont certes leur valeur, mais qui restent dérisoires pour constituer un creuset d'accueil permettant à un enfant de se bâtir.

Par conséquent, à partir d'un regard à la fois subjectif et objectif, on doit se fixer des délais, au-delà desquels l'enfant risque d'être profondément marqué s'il n'est pas éloigné de conditions d'existence adéquates. Parfois, on envisage des parentalités partagées, c'est-à-dire une insertion durable dans une famille d'accueil tout en restant en contact avec le milieu d'origine. On pense même à l'adoption ouverte, avec le concept de banque mixte, tel qu'il a été mis en place au Québec.

Parfois, il faut aussi couper des liens pathogènes, car — qu'on le veuille ou non — l'intérêt de l'enfant l'emporte sur les droits des parents lorsqu'il s'avère que ceux-ci ne peuvent pas remplir leur mission. Il ne s'agit pas de discuter de façon passionnelle des dangers d'une loi qui, de toute façon, est en voie de changer. Cependant, rappelons que l'on considère comme une valeur inaliénable le droit de l'enfant à s'inscrire dans un lieu de filiation, d'appartenance, de cohérence, d'amour et de sécurité. Cette valeur prime sur le droit des adultes de posséder un enfant.

Dans la majorité des cas, les droits et les devoirs de chacun ne sont pas incompatibles. Au contraire, ils constituent le ciment qui unit et permet d'échapper aux fissures. Il ne faut pas nier les dangers redoutables liés à la parentectomie, mais il faut établir des balises solides pour justifier une telle décision si elle devient nécessaire.

Des décisions de ce genre ne doivent jamais être prises par une seule personne, car elles posent de terribles problèmes éthiques, psychiques, sociaux et juridiques. De telles décisions ont souvent été entachées par des prises de position inacceptables. Il faut donc toujours se rappeler que la chasse aux déterminismes peut conduire à l'eugénisme, à la ségrégation et au racisme sous toutes ses formes, ainsi qu'à des approches dictatoriales d'autant plus subtiles qu'elles semblent reposer sur des visions généreuses.

Pourtant, les faits sont là, et nous n'avons pas le droit de laisser des enfants se détruire au nom d'une prétendue neutralité ou d'une prétendue liberté, qui sont en fait des compromissions, des actes de maltraitance ou d'abandon. Cependant, plus nous négligeons ou organisons mal nos structures de prévention, de dépistage et d'intervention, précoce ou tardive, plus nous trouvons des situations dites « de bout de ligne » qui, dans un bon nombre de cas, auraient pu être évitées.

Par conséquent, tout retrait définitif d'enfants engage non seulement chacun d'entre nous personnellement, ainsi que nos services de soins, mais il engage aussi tous les milieux dans lesquels s'inscrivent ces familles maltraitantes, souffrantes et agressives, et elles-mêmes agressées par nos insuffisances.

D.L. : Merci de ces précisions. Je voudrais maintenant passer à un autre sujet : les thérapies familiales. Comment vous situez-vous à ce propos ?

M.L. : J'ai découvert les thérapies familiales à la Columbia University, quand j'étais jeune étudiant et que je me trouvais à New York. Nathan Ackerman avait ouvert un cours sur le sujet. Il s'inspirait de ses propres expériences et de la pensée de Lewin pour nous montrer que la famille, comme tout groupe, obéissait à des processus interactionnels complexes. Il nous démontrait que toute union parentale amène la juxtaposition de deux systèmes groupaux, ayant chacun son histoire, ses secrets, ses habitudes et son inconscient collectif. Il nous faisait découvrir que des conflits entre les membres pouvaient conduire à évacuer les tensions sur un enfant, qui devenait alors un patient désigné. Prudemment, il nous invitait à réfléchir sur la place qu'occupe le symptôme dans la dynamique familiale.

Tout cela était tellement nouveau pour moi, en plus de la barrière de la langue, que j'avais souvent du mal à suivre la pensée du professeur. Quand j'ai essayé de ramener ces idées en France, je me suis heurté à de très grandes résistances, surtout dans les milieux psychanalytiques, où l'on disait que c'étaient des trucs américains, que cette vision était trop normative, que la population française, avec sa mentalité particulière, n'embarquerait jamais dans ce style d'approches. On sait combien les choses ont évolué depuis.

Encore une fois, j'ai vu alors à quel point une idéologie dominante pouvait être à la fois aidante et paralysante. J'étais d'ailleurs moi-même englobé dans cette idéologie et j'étais souvent ambivalent. Par la suite, j'ai lu bien des ouvrages sur les thérapies familiales et j'ai constaté qu'il y avait de nombreuses écoles qui se formaient à cet égard. Comme partout ailleurs, il y eut des idées fulgurantes et de fausses pistes. En disant cela, je pense en particulier aux théories qui cherchaient à expliquer l'origine de la schizophrénie ou de la dépression sévère par la pseudomutualité, le double lien, les rôles sexuels inversés, etc.

Dès mon arrivée au Québec, j'ai été convaincu qu'on devait inscrire l'enfant dans sa dynamique familiale, y engager les parents, leur proposer de regarder les mécanismes interactionnels qui se jouaient au sein de leur groupe. Pourtant, je restais avec la tendance de voir seul l'enfant et ce que j'ai vu pendant mes premières années au Québec m'a ouvert l'esprit sur de nouvelles perspectives.

Toutefois, je reste un peu réticent par rapport au terme général de thérapie familiale. On met trop de choses là-dedans. Bien sûr, dans nos démarches thérapeutiques, on devrait nécessairement intégrer les familles, interroger leurs membres sur les sentiments et les réactions collectives provoquées par tel sujet en souffrance, redonner la place au père et à la mère, améliorer la relation conjugale et lutter contre des processus d'aliénation parentale. Cependant, le terme de thérapie devrait être réservé à ces formes bien ciblées d'approche dans lesquelles, à partir d'indications précises, on propose à un groupe familial d'observer ses interrelations et ses éventuels dysfonctionnements, afin de se libérer de mécanismes répétitifs et de projections mortifères sur l'un de ses membres.

De toute façon, la thérapie familiale a joué un très grand rôle dans la transformation progressive de nos mentalités. Cela a incité les praticiens à se décentrer d'une approche purement individuelle. Sans doute ces rencontres familiales ont-elles aussi modifié peu à peu nos mentalités à l'égard de la famille nucléaire classique. On avait tendance à considérer que ce type de famille était le seul creuset valable. On disait respecter les autres types mais on considérait tout de même comme déviants ces creusets qu'étaient les familles reconstituées, les familles séparées, les familles monoparentales et, à plus forte raison, les couples homosexuels.

Or, les divorces sont de plus en plus nombreux, on retrouve de plus en plus de familles volontairement monoparentales, les familles reconstituées existent, ainsi que les familles homosexuelles. Il y a donc toute une conception de creusets familiaux différents dans lesquels on voit finalement des enfants s'épanouir ou se détériorer. Il faut donc que nous nous forcions à nous demander quels sont les processus universels absolument nécessaires pour qu'un enfant se développe. En même temps, nous devons considérer qu'il y a sans doute différentes manières de se situer dans différents creusets familiaux.

En fin de compte, tout cela remet profondément en cause nos conceptions et nos valeurs.

D.L. : Nous sommes aussi souvent emmenés maintenant à envisager une collaboration entre des familles d'origine et des familles d'accueil, pour le mieux-être d'un enfant, ce qui était assez impensable il y a encore une quinzaine d'années, en particulier dans les milieux institutionnels québécois.

M.L. : Oui, nous avons assisté à une grande évolution, non seulement chez les psychiatres, non seulement chez les travailleurs sociaux, mais aussi chez les éducateurs. D'ailleurs, j'ai dit les résistances qui existaient en France par rapport à la thérapie familiale, mais il y a eu et il y a encore en France des expériences extrêmement intéressantes de ce qu'on appelle « l'action éducative en milieu ouvert », où des éducateurs vont directement dans les familles pour tenter d'alléger leur dysfonctionnement. Ces mêmes éducateurs travaillent souvent de façon parallèle avec des familles d'origine et des familles substitutives. Au départ, l'éducateur se définissait beaucoup comme un substitut parental, mais aujourd'hui il semble devenir souvent un médiateur des interrelations familiales. Certaines approches de ce type existent maintenant dans nos CLSC et nos centres d'accueil.

D.L. : Je voudrais terminer notre rencontre en parlant des approches communautaires qui se sont largement développées au Québec. Nous avons vu les premiers CLSC apparaître il y a 30 ans, et, depuis, un réseau s'est créé dans les milieux défavorisés. Nous avons vu s'ouvrir de petites maisons d'accueil, où les parents pouvaient venir, les enfants pouvaient jouer et, dans ces maisons, il y avait des éducateurs ou toutes sortes d'intervenants qui apprenaient aux parents à réinvestir leur enfant. Quelle utilité voyez-vous à de telles expériences ?

M.L. : Je répondrais que plus nous sommes convaincus que les efforts de prévention sont l'affaire de la collectivité tout entière et non seulement l'affaire des praticiens dans leur bureau, plus les choses évolueront, que ce soit avec des maisons de type Dolto, des maisons vertes, des lieux communautaires, des cuisines communautaires partagées, ou que ce soit des endroits où des gens s'expriment, par exemple dans le cadre d'écoles de parents.

Plus un milieu se met en branle pour affirmer que c'est son affaire de soutenir la famille et les enfants, moins les praticiens sont de petites étincelles isolées. D'ailleurs, c'est souvent dans ces sortes d'expériences que surgissent les idées nouvelles, quand se retrouvent ensemble des gens dynamiques, généreux et un peu transgresseurs. Dans ces milieux de vie, on voit apparaître des pionniers qui partent dans des directions que l'on considérait d'abord comme étant un peu folles. Et de ces expériences jaillissent quelques réussites qui permettent à nouveau d'améliorer nos champs de travail.

D.L. : Quelle est votre opinion par rapport aux associations de parents qui tendent à se créer autour d'une maladie, ou d'un problème comme le deuil ?

M.L. : Ces associations me paraissent très importantes. Certes, elles nous font parfois grincer des dents, parce que les gens qui s'y trouvent sont ambivalents par rapport à la psychiatrie, ils ont des points de vue inexorablement différents de nous, ils se font aussi des illusions qui, parfois, nous paraissent des utopies, mais c'est précisément ces grincements de dents qui nous déséquilibrent, nous amènent à nous modifier et, peu à peu, nous conduisent à changer nos mentalités. La lumière jaillit bien souvent du conflit.

Dans ces associations, il y a des gens dérangeant nos habitudes. Ils sont très actifs et osent créer des ressources là où il y a des lacunes, ils osent aussi bousculer les pouvoirs publics pour déclencher de nouvelles créations, ils osent nous interpeller en disant que nous sommes trop dans notre tour d'ivoire, que nous devons regarder la réalité, les écouter, les considérer beaucoup plus comme des collaborateurs que comme des gens à traiter. Ce discours est parfois excessif, mais il est aussi extrêmement dynamisant.

La thérapie de milieu

Dialogue avec Claude BILODEAU

Compte tenu de son travail comme éducateur puis comme psychiatre dans des centres pour jeunes présentant des difficultés d'adaptation et dans des services de soins de jour, la thérapie de milieu a constitué l'une des formes d'expériences thérapeutiques pratiquées tout au long de la carrière par le docteur Michel Lemay.

Claude Bilodeau, psychoéducateur, directeur de l'institution Boscoville et ex-directeur général des Centres jeunesse du Québec, transmet à la fois son expérience et ses interrogations pour que s'engage une discussion sur le thème :

« Que peut-on mettre sous la désignation " thérapie de milieu " ? »

C.B. : Docteur Lemay, c'est un plaisir d'avoir l'occasion de m'entretenir avec vous de la « thérapie de milieu ». D'entrée de jeu, j'aimerais que vous définissiez cette expression, car bien qu'elle soit très utilisée en Europe, on la connaît peu au Québec.

M.L. : Il est vrai que ce terme est plus utilisé en Europe et aux États-Unis qu'au Canada. Bettelheim[1] l'emploie dans plusieurs de ses ouvrages. Cependant, disons tout de suite qu'il n'est pas indifférent de parler d'« organisation d'un milieu de vie » et de « thérapie de milieu ». Ce ne sont pas deux expressions équivalentes.

Si nous regardons tous ceux qui ont tenté de mettre en place une thérapie de milieu, qu'il s'agisse de soins thérapeutiques, de thérapies institutionnelles, de communautés thérapeutiques (les termes diffèrent selon les époques), il y eut toujours la même idée: cibler une population qui a besoin de partager des conditions de vie différentes de celles qu'elle a connues antérieurement afin de favoriser son épanouissement.

Entre 1950 et 1960, le mot «rééducation» sous-tendait déjà ce qui est devenu, par la suite, la «thérapie de milieu». À Toulouse, par exemple, le docteur Chaurand utilisait ce terme. Georges Amado[2] faisait de même à Vitry. Pour de tels praticiens, le concept tournait autour de l'idée suivante: recevons des enfants qui souffrent de conditions socio-familiales déficientes et organisons-leur un «bon milieu de vie». Ce milieu, ainsi que l'action salvatrice des éducateurs et des autres membres du personnel, atténuera les influences pathogènes antérieures.

J'ai trouvé une citation de Bettelheim[3] dans son livre *La forteresse vide*: «Pour moi, la thérapie de milieu, c'est de créer un monde différent libérant le sujet des processus psychiques qui l'aliènent.» Bettelheim s'occupait surtout d'autisme et il pensait que ce handicap était causé par la présence de parents pathogènes. Pour lui, il fallait recréer un milieu qui ressuscite l'enfant, qui le réanime.

On trouve la même conception chez Fritz Redl[4] aux États-Unis. Je cite un extrait de son ouvrage *L'enfant difficile*: «Il s'agit de constituer un milieu dont l'atmosphère sera globale au point de vue de la thérapie et cela, grâce à un cadre matériel, spatial, temporel, social, psychopédagogique.» Redl ajoutait une nuance très intéressante. Il disait: «C'est l'ensemble de la maison qui exerce une influence bénéfique, et les meilleurs efforts des psychothérapeutes et des éducateurs seront sérieusement remis en question s'il existe des déficiences dans ce domaine.» Il mettait donc en évidence une exigence capitale: les gens doivent se regarder dans leur relation et dans ce qu'ils font en fonction d'une clientèle donnée.

Dès 1938, Makarenko[5] écrivait, dans son bouquin *Poème pédagogique*: «Il faut créer une société où s'ordonnent les effets d'une parole juste qui permet de reconstituer un système d'échanges délivrant le sujet du poids d'un monde d'adulte en rupture avec les lois des humains.»

Peu à peu, cette idée de réparation a disparu et on a considéré de plus en plus que le milieu thérapeutique devait susciter une étroite collaboration avec des familles pour des enfants ayant du mal à assimiler les stimulations d'un environnement, qu'il s'agisse d'informations cognitives ou d'éléments relationnels. L'idée devenait celle-ci : « Organisons un milieu, un peu artificiel certes, mais qui transforme les conditions d'existence, afin que les enfants puissent reprendre leur marche vers l'avant. »

À partir de ce virage, on a cessé de parler uniquement d'enfants en difficulté d'adaptation sociale liée à des conséquences familiales, puisque la thérapie de milieu s'étendait aux enfants déficients mentaux, aux enfants autistes, aux enfants psychotiques, aux enfants anxieux, c'est-à-dire finalement à toute une catégorie de jeunes. En effet, quand je dis le mot « enfants », cela comprend aussi les adolescents.

Quelques années plus tard, Georges Amado [6] répétera que la thérapie de milieu se déroule dans un service vu comme un tout, ouvert sur l'extérieur et en continuel mouvement. Ces différentes parties sont interdépendantes et concourent de façon harmonieuse à un essai de réadaptation d'un enfant perturbé dans ses relations avec son entourage familial et scolaire, mais aussi avec lui-même.

Donc, que l'on parle de « thérapie de milieu », de « psychothérapie institutionnelle », de « communautés thérapeutiques », comme celles que Jean Vanier a instituées, de « système de rééducation globale », j'ai l'impression qu'on dit à peu près la même chose, à savoir : « Créons un milieu de vie où des professionnels partagent un vécu avec des jeunes, afin que ces derniers puissent être réanimés dans leur vie intellectuelle et dans leur vie psychique, afin qu'ils puissent sortir assez vite de ce milieu, inévitablement artificiel, et qu'ils s'intègrent à une société ordinaire. »

C.B. : Un des dénominateurs communs des expériences que vous citez semble être le fait que la thérapie de milieu s'adresse à des enfants ou à des adolescents sévèrement atteints et qu'en général, ces thérapies de milieu se sont consacrées à des jeunes pour qui les moyens traditionnels étaient perçus comme insuffisants ou inadéquats. Est-ce juste ?

M.L. : Oui. Cependant, il y a des exceptions. Prenons par exemple la thérapie de milieu du type de la crèche de Loczy [7], en Hongrie. Elle s'adresse à des tout-petits. La pédiatre qui a mis au point cette approche s'appelait Emmi Pikler, et elle a fondé un établissement pour des petits enfants abandonnés qui n'avaient pas encore trouvé de familles adoptives. Elle s'est dit que si elle les plaçait en attente dans une famille d'accueil, ces enfants risquaient de s'attacher à cette famille et, comme cela peut prendre du temps avant de trouver un lieu d'adoption, elle allait créer des conditions secondaires de dépression au moment où il faudrait passer l'enfant de la famille d'accueil à la famille adoptive.

Elle prend donc le pari de fonder un établissement à petits effectifs, avec des puéricultrices bien formées, qui vont essayer à la fois d'établir une relation suffisante pour ne pas carencer l'enfant, mais suffisamment dosée pour ne pas créer des attachements excessifs. On est bien ici dans une thérapie de milieu, puisqu'on organise un creuset d'accueil de manière particulière, avec des moments relationnels intenses, par exemple autour des périodes de bain ou à l'heure des repas. Autrement dit, on fait de son mieux pour tout ce qui concerne l'intimité du corps de l'enfant et pour que ces petits se débrouillent au sein du groupe dans lequel ils se trouvent, en favorisant leur autonomie sans toutefois trop intervenir s'ils n'y parviennent pas eux-mêmes. Selon une telle conception, la thérapie de milieu constitue une thérapie préventive, qui n'est pas dirigée vers des pathologies lourdes.

C.B. : Au Québec, il y a environ quatre ans, un groupe de travail, mis sur pied par l'Association des centres jeunesse, a posé un regard critique sur les pratiques de réadaptation des Centres jeunesse, principalement en internat. Selon le rapport, l'internat était perçu comme un mal nécessaire où il fallait que le séjour soit le plus court possible pour éviter que les jeunes s'y sentent trop confortables et s'institutionnalisent.

Ne partageant pas nécessairement cette vision, les auteurs avançaient l'idée maîtresse suivante : la qualité du développement d'un enfant et d'un jeune est en général proportionnelle à la qualité et à la continuité des interactions avec son entourage: mère, père, famille, adultes, pairs, communauté, etc. Des manques répétés et importants à ces niveaux risquent de provoquer un déséquilibre et d'entraîner des séquelles, des retards de développement et même des problèmes sérieux. On en concluait que face à des enfants ou des jeunes en grande difficulté, le retour à leur cycle d'évolution normal supposait qu'on puisse les aider à vivre avec une certaine intensité et de manière systématique des interactions et un vécu expérientiel adapté. Plus l'enfant est atteint, plus il faut bien adapter et doser les expériences qu'on lui propose. Êtes-vous d'accord avec une telle perspective ?

M.L. : Oui, et je pense que ce fut d'ailleurs l'idée de base, mais qui laissait trop de côté les familles. Le problème auquel on se heurte, c'est que la conception du vécu partagé a évolué. Quand on observait les milieux institutionnels qui se voulaient thérapeutiques, on voit des gens, essentiellement des éducateurs, qui consacraient leur vie à leurs tâches, ne comptaient pas leurs heures, acceptaient de partager leur vécu en proposant non seulement des images identificatoires, mais aussi en organisant un programme intense, avec des activités pensées pour favoriser la récupération dont vous parlez. Ce fut le pari tenu, pendant plusieurs décennies.

Ces pionniers s'appuyaient sur un dynamisme qui les amenait à supporter cette vie-là. Peu à peu, ces hommes et ces femmes très engagés furent remplacés par des gens bien motivés et désirant profondément aider les jeunes, mais n'ayant pas du tout envie de partager leur vécu avec une telle intensité, d'autant plus qu'ils se rendaient compte que leurs prédécesseurs avaient beaucoup donné, mais en sacrifiant parfois leur propre vie de famille.

Il y eut donc un profond remaniement dans ce qu'on appelait « l'engagement ». La redistribution des horaires et des tâches a entraîné une augmentation de personnel et, par conséquent, une discontinuité. On vit apparaître un hiatus entre le pari qui visait à établir des relations significatives et la réalité où le personnel voulait prendre plus de distance, avoir un horaire défini par des conventions collectives et jouir de plus de temps de congé, etc. La thérapie institutionnelle s'est donc trouvée en porte-à-faux, d'autant plus qu'on avait mis en place des approches ambulatoires, comme l'assistance éducative en milieu ouvert, les foyers d'accueil, les centres de jour, maints services de soutien psychologique et psychiatrique.

Dès lors, on vit arriver dans ces établissements surtout des personnalités lourdement hypothéquées, dont les besoins étaient immenses. Alors qu'il leur aurait fallu une disponibilité assurée par quelques personnes, ils se retrouvèrent dans des milieux qui n'offraient plus de continuité dans les interventions. La thérapie de milieu, tout au moins en internat, débouchait sur une crise. Parallèlement, elle prit un essor grâce aux soins donnés aux groupes dits « du soir », des jeunes venant dans des centres après l'école. En disant cela, je pense aux thérapies de groupes, mises sur pied par Slavson[7] aux États-Unis, et à de multiples expériences européennes.

C.B. : La tendance actuelle consiste à opposer cette thérapie de milieu, mise en place à une certaine époque, à d'autres conceptions, par exemple les approches écologiques. Il est certain qu'il y a eu une période où les thérapies de milieu en internat s'adressaient aux jeunes et laissaient de côté les parents et tout le milieu communautaire. Quand on parle aujourd'hui de modèles écologiques, et Dieu sait s'il y a de beaux modèles sur le papier, on insiste sur l'idée d'intervenir à la fois auprès du jeune, de ses parents, de ses pairs et de l'ensemble de son milieu. On veut tenir compte de toutes ces variables. Dans les faits, hormis la phase d'évaluation où l'on cherche à tenir compte de tous ces éléments, peu de réalisations ont abouti.

M.L. : Une évaluation ne sert à rien si elle n'aboutit pas à l'action. Nous avons beaucoup développé des évaluations, en milieux institutionnels et en des milieux psychiatriques. Les enfants sont surexaminés, mais l'intervention est relativement réduite, d'autant plus que, pour des raisons économiques, nous parlons sans cesse de thérapie brève, d'action à court terme ou de résolution de crise. Nous nous heurtons aussi à une autre réalité : dans les perspectives écologiques, pouvons-nous réellement travailler avec une même personne pour aider un enfant à se construire, pour accompagner sa famille et pour agir sur l'entourage qui a du mal à supporter les déviances ? S'il s'agit de plusieurs professionnels, comment rendre cohérentes nos interventions ?

Prenons un exemple concret. Si nous nous trouvons face à des enfants négligés, abusés, ayant vécu des choses terribles, pouvons-nous aider à la fois l'enfant et sa famille ? Souvent, nous nous identifions à l'enfant contre sa famille, ou encore nous protégeons la famille contre l'enfant qui la désorganise.

Il est souvent surhumain de vouloir adopter une approche dans laquelle les protagonistes ont des besoins opposés. Il est impossible d'y arriver seul et, dans une équipe, il faut des professionnels très bien formés et d'une grande maturité pour choisir la démarche appropriée et ne pas trop pencher de manière personnelle ni vers l'enfant en souffrance ni vers des parents maltraitants, et eux aussi en souffrance.

C.B. : Comment sortir de ce dilemme ?

M.L. : Quand on fait de la thérapie de milieu, on dispose de plusieurs outils. Et ces outils reposent toujours sur les mêmes bases, car les médiations relationnelles ne vieillissent pas[8]. De quelles bases s'agit-il ? De la capacité d'écouter un jeune, de s'engager avec lui dans une activité, d'observer les actions qui ont été posées et d'en évaluer les répercussions. Cela signifie aussi la capacité d'avoir de l'empathie, de contenir le sujet quand il se sent trop anxieux.

Les activités constituent un autre outil à la disposition de celui qui fait de la thérapie de milieu. Je ne vois pas comment on peut intéresser des jeunes et les mobiliser dans un établissement, que ce soit pour quelques heures ou pour une journée entière, sans organiser des activités qui les intéressent. Activités de socialisation, de création, de sport, de musique ou de jeux symboliques.

Et Dieu sait si nous en avons des activités, avec des buts différents, y compris les tâches scolaires. Parmi les outils dont nous disposons, il y a aussi le groupe lui-même. L'intervenant peut mettre en place une vie de groupe où, dans un ici-et-maintenant, les sujets apprendront à communiquer, à s'écouter, à partager, à supporter des frustrations, mais aussi à découvrir du plaisir à se retrouver ensemble.

Outre ces éléments, qui jouent un rôle déterminant, des échanges se font, et par échanges je ne veux pas dire seulement des entretiens sur rendez-vous, mais aussi des communications spontanées, que Redl appelait les « entretiens sur-le-champ[9] » : au cours d'une discussion, un matériel émerge et on le reprend, soit individuellement soit collectivement. Les rencontres de groupe sont aussi importantes pour améliorer les processus interrelationnels.

Tous ces outils (médiations relationnelles, activités, vie de groupe et entretiens) constituent un ensemble cohérent qui peut être transmis aux familles et au jeune. Par exemple, on peut dire à ce dernier : « Voilà ton actuel projet de vie, voilà ce que nous allons essayer de faire, en accord avec toi, pour que tu fasses partie de la collectivité. » À partir de ces fondements, on aura à se demander quels sont les objectifs poursuivis et quels sont les moyens à mettre en œuvre.

C.B. : Intéressant. J'aimerais soulever un point, même si cela nous fait un peu dévier. Vous avez mentionné la question du groupe, et c'est effectivement un élément important. La vie en groupe peut sûrement aider de jeunes adolescents. De plus, on a aussi souvent souligné que le groupe était dans une certaine mesure le reflet de la dynamique des équipes d'éducateurs. Or, la notion d'équipe semble perdre de l'importance aujourd'hui quand on pense à la réduction du nombre d'éducateurs et à la parcellisation des occasions de rencontre. L'équipe reste-t-elle fondamentale, qu'on soit en internat ou en externat ? Sa cohésion est-elle déterminante dans l'approche dite « de milieu » ?

M.L. : Oui, c'est un élément fondamental et, compte tenu des réalités actuelles, il nous faut gérer différemment la thérapie de milieu, tout au moins en internat. Si on la gère sur une semaine, une douzaine de personnes défileront et je ne vois plus comment on peut être cohérent. Comme les conventions collectives sont des réalités incontournables, je crois qu'il faut organiser la vie en demi-semaine. On peut avoir une équipe stable et cohérente pendant les trois premiers jours et une autre équipe stable les jours suivants. Cela se rapproche un peu d'une situation de parentalité partagée.

Dans les services de soins de jour, le problème est différent puisque la discontinuité des interventions peut être évitée davantage. Je le répète, il faut une cohérence, et cette cohérence ne peut exister que si un nombre de personnes relativement restreint travaille ensemble. Sans cette exigence, on se retrouve dans des situations d'autant plus impossibles à vivre que, dans le contexte des inadaptations sociales, les enfants tentent de revivre inexorablement les conflits qu'ils ont connus ailleurs. Ainsi, ils lacèrent les équipes, leur donnent des coups de butoir, entrent en rivalité avec les personnes importantes. Si les membres du personnel ne s'entendent pas entre eux, il est inévitable que l'équipe sombre.

C.B. : Puisque vous parlez de l'importance des équipes, des intervenants, des éducateurs ou des professionnels, pouvez-vous glisser un mot sur la formation ? Quelle est votre perception actuelle de la formation, tant au niveau collégial qu'au niveau universitaire ? Avez-vous l'impression qu'on est parvenu à un équilibre entre la formation théorique, la transmission des concepts et la formation pratique, c'est-à-dire le savoir-faire et le savoir-être ?

M.L. : J'ai connu des époques plus cohérentes, en tout cas pour l'École de psychoéducation de Montréal. On me répondra sans doute que je suis un nostalgique…

C.B. : Je partage votre nostalgie.

M.L. : Sans vouloir être trop négatif, je pense qu'il y a eu une époque où l'on proposait une certaine méthodologie. Celle-ci était sans doute discutable, parfois rigide, mais elle avait l'avantage de structurer la pensée et l'intervention des professionnels. Cela créait une certaine cohérence chez les gens, dans leurs manières d'évaluer et dans leurs manières d'agir. Si je regarde l'évolution des écoles de formation dans les pays francophones que je connais, je suis frappé par les variations au fil du temps.

Nous sommes toujours coincés entre plusieurs tendances? Faut-il donner des informations générales portant sur les domaines psychologiques, biologiques, juridiques, administratifs et espérer qu'à partir de cela, les gens créeront peu à peu leurs propres manières d'être et de faire? Voilà une conception qui se défend peut-être, mais qui aboutit à un éparpillement et à du saupoudrage, sans transmettre réellement un métier.

D'autres écoles se sont orientées à certains moments vers l'idée de devenir un lieu de croissance personnelle. Les étudiants s'interrogeaient sur leur propre vécu, sur leurs propres manières d'être et de faire, en s'appuyant sur des jeux de rôles et sur des groupes de discussion. Ils en tiraient un certain bénéfice pour eux-mêmes, mais je ne suis pas convaincu qu'ils devenaient meilleurs sur le plan de l'intervention...

D'autres écoles encore ont tenté de proposer un modèle éducatif ou un modèle thérapeutique. Tantôt ils l'ont fait de manière trop rigide, tantôt ils ont essayé de préparer l'étudiant à animer des groupes, à organiser des activités, à manier des attitudes, à rencontrer les familles, à travailler en équipe. Personnellement, je penche vers cette dernière formule.

C.B. : Dans le projet du nouveau Boscoville, nous avons mis en place des conditions pour soutenir une réadaptation de qualité incluant un modèle conceptuel de base et une formation spécifique. Nous souhaitions avoir des étudiants en formation, mais cela représente un problème, car les responsables de la formation pratique veulent que l'étudiant puisse, chaque année, changer de milieu de stage pour développer, disent-ils, une sorte de vision globale des champs de pratique. Le problème, c'est que dans ce genre d'approche, l'étudiant ne s'investit pas assez dans un milieu et ne peut en conséquence maîtriser d'une manière satisfaisante une approche avec une clientèle donnée.

Pourtant il me semble que si l'étudiant ne travaille pas un certain temps avec une clientèle spécifique, il a moins l'opportunité de développer son identité professionnelle et la maîtrise de son art. En revanche, s'il avait la chance d'approfondir son approche, il pourrait plus aisément passer par la suite des adolescents à des tout-petits ou à d'autres contextes de travail. Ayant intégré certains éléments fondamentaux de son action éducative, il pourrait mieux assurer une généralisation de son expérience. Ce choix des instances de formation m'apparaît discutable, qu'en pensez-vous?

M.L. : En effet, et il ne concerne pas seulement l'éducateur. Nous avons la même interrogation pour les futurs psychiatres. On ne peut pas former les gens dans toutes les directions éducatives ou thérapeutiques connues. Certes, il faut les sensibiliser à l'ensemble, mais il est nécessaire de s'arrêter à quelques options afin que le futur professionnel se bâtisse une identité.

Cela n'est pas simple à organiser et, depuis 40 ans, je nous vois osciller tantôt vers un pôle, tantôt vers un autre. Comme on ajoute maintenant la dimension de la recherche, qui est en soi intéressante, on espère que tout le monde se mettra à la recherche, ce qui me paraît relever de l'utopie.

C.B. : Nous devons souligner un autre phénomène. Actuellement, au Québec les étudiants qui sortent des universités et des cégeps ne veulent pas aller travailler dans les centres éducatifs. Il y a une grave pénurie de jeunes éducateurs ou de jeunes intervenants, car ils ne veulent plus se retrouver ni en internat, ni dans les Centres jeunesse. Comment expliquez-vous ce phénomène ?

M.L. : Par un tas de raisons qui s'additionnent ! Il y a des populations plus compliquées et plus gratifiantes que d'autres. Et la population des Centres jeunesse regroupe des jeunes qui agressent, s'opposent, découragent. Ces jeunes, du moins pendant une période de leur vie, répètent des actes souvent désespérants. Ils placent l'intervenant dans une situation d'impuissance et dans un sentiment d'échec. Ils donnent au personnel l'impression d'être des pompiers qui éteignent des feux se rallumant perpétuellement. Cet élément pèse lourd.

Une autre variable fait aussi pencher la balance : il est plus agréable de travailler de neuf heures à cinq heures, que d'avoir ses soirées et ses fins de semaine régulièrement écourtées. Cette situation n'est pas propre aux éducateurs, elle se retrouve chez les infirmières et chez les médecins. Il faut être très motivé et ressentir une certaine vocation pour accepter le fait que sa vie professionnelle hypothèque sa vie familiale et ses loisirs.

Il y a aussi une pente à remonter par rapport à la vision de l'internat. Pendant un temps, l'internat fut considéré comme une panacée et c'était très gratifiant de se retrouver là. Être à Boscoville, par exemple, c'était tout de même quelque chose. On en éprouvait de la fierté. Il y eut alors un mouvement de désinstitutionalisation, qui fut sans doute nécessaire pour changer certains points de vue. Ce mouvement a permis de modifier un certain nombre de conditions de vie dans les internats, comme d'ailleurs à l'intérieur des hôpitaux psychiatriques. Cependant, il a rendu suspect l'internat. La prévention ou l'intervention en centre de jour, pour des enfants autistes, c'est finalement plus valorisant et moins stressant que de se retrouver dans un centre dit sécuritaire, où on ne sait plus très bien si on a une vocation répressive ou éducative et si, finalement, on n'est pas un alibi pour une société gênée par la présence de ces jeunes.

C.B.: Ce que vous apportez est bien le reflet de l'étude sur la réadaptation qui a été faite il y a quatre ans et à laquelle j'ai participé. Nous avons interrogé environ 1 000 intervenants. Ils nous ont lancé un cri du cœur: « Dites-nous ce que vous voulez comme société ! » Les gens ont l'impression que leurs interventions ont perdu leur sens, qu'ils manquent d'outils. « Vous nous envoyez des jeunes dans l'espoir qu'on stabilise la situation mais dès que c'est fait, on saisit mal vos attentes vis-à-vis la réadaptation et son rôle dans le développement du jeune et son projet de vie. »

On parlait de l'internat comme d'un mal nécessaire auquel il fallait trouver absolument des alternatives. C'est à la fois pertinent de développer d'autres pratiques mais en même temps, il n'y a jamais eu autant de jeunes qui frappent aux portes de l'internat, car nous ne prenons pas suffisamment de temps pour modifier les choses. Nous manquons de place et comme, au Québec, nous avons fermé les internats pour les 6-12 ans, on ne sait plus où diriger les jeunes de cet âge. Avez-vous l'impression que l'internat est un mal nécessaire ? Ou pensez-vous plutôt qu'il devrait avoir une place très spécifique dans un continuum de moyens.

M.L.: Je crois que l'internat n'est pas un mal nécessaire. C'est plutôt un outil nécessaire dans un éventail de moyens. Il y a une dizaine d'années, j'ai souligné le fait que c'était folie de fermer les établissements, y compris ceux qui étaient destinés aux 6-12 ans. Cela paraît assez révoltant de mettre des enfants de 6-12 ans en établissement, mais si ce lieu est réellement thérapeutique, alors il y a du sens à poser ce geste.

Bien sûr, son existence ne remet pas en cause les efforts de prévention, les foyers de groupe, les familles d'accueil réellement encadrées, les services de soins de jour, les services de suite après un séjour en internat, l'action en milieu ouvert, etc. Mais dans une vision d'ensemble, l'internat reste un mode de réponse valable, surtout s'il est plus petit qu'autrefois et plus ouvert vers l'extérieur.

C.B. : Vous mentionnez qu'un internat est non seulement un mal nécessaire, mais aussi un outil indispensable dans une gamme de moyens diversifiés. Vous énumérez une série de conditions liées à l'internat même et nous y reviendrons, mais vous parlez aussi beaucoup de ce qui doit précéder et de ce qui doit suivre. Vous soulignez le fait que tout cela doit se conjuguer. Bien sûr, cela suppose beaucoup d'argent. Avez-vous l'impression que c'est surtout une question de dollars ? Et la réalité ne va-t-elle pas au-delà de la disponibilité financière ?

M.L. : Certes, les questions financières pèsent lourd et, sur ce plan, je ne voudrais pas être dans la peau d'un décideur. Disons tout de suite une vérité : si une société ne s'appuie que sur ses professionnels pour résoudre ses problèmes sociaux et familiaux, cette société est inexorablement perdante. La prévention dans les quartiers concerne tout le monde, l'action dans les écoles, les périodes après l'école, l'organisation des loisirs, tout cela suppose un effort de la part de l'ensemble de la collectivité.

De nombreux exemples montrent que lorsqu'il y a une mobilisation des citoyens, on peut modifier d'une manière étonnante les conditions de vie d'un quartier. Les associations de parents peuvent faire un travail remarquable. Ainsi, pour les autistes, on a mis en place des familles de répit, des colonies de vacances avec du personnel souvent bénévole.

Cette mobilisation d'une population à l'échelle d'une petite ville, d'un quartier, d'un village, c'est la première chose à faire. Si elle avait lieu de façon systématique, cela résoudrait déjà énormément de problèmes, que ce soit avec les enfants en difficulté, avec les adolescents ou avec les adultes. Je pense qu'un bon nombre d'adolescents, d'adultes, de personnes âgées s'engageraient dans des pratiques sociales de ce genre et seraient enthousiastes si des leaders surgissaient.

Cela étant dit, il faut tout de même admettre qu'il y a une frange de la population qui demande l'aide de spécialistes. On ne peut pas approcher n'importe comment un enfant handicapé mental, un enfant psychotique, un sujet déjà enferré dans des mécanismes de répétition. Certes, même à cet effet, il peut y avoir des collaborations avec du personnel bénévole, mais nous avons besoin aussi d'intervenants formés.

C.B. : Nous voyons émerger au Québec des approches de ce type. Souvent axées vers la lutte contre la pauvreté, moins souvent elles constituent des agents de soutien au développement, par exemple, d'enfants marginaux. Mes fonctions m'ont amené à travailler dans le giron des décideurs et je peux vous affirmer que souvent le système qu'on se donne, avec ses règles de jeu, porte aussi en soi son potentiel de résistance. Le corporatisme y est omniprésent et empêche souvent l'évolution des programmes et des pratiques.

Depuis des années, différentes études ont su dresser un bilan des problèmes, des difficultés et des solutions pour modifier nos façons de faire. Mais il semble très difficile de passer de la pensée à l'action. Plutôt que de procéder à des remaniements des structures à tous les quatre ou cinq ans, ne vaudrait-il pas mieux adapter une approche qui assure une plus grande cohérence et une plus grande synergie entre toutes les forces de la société, au profit du soutien au développement des enfants et des jeunes ? Par exemple, se donner un ministère du Développement de l'Enfance, de la Jeunesse et de la Famille qui regrouperait tout ce qui se fait actuellement en éducation (primaire, secondaire), à la santé et aux services sociaux, à la justice et au ministère Enfance-Famille. Axé sur le développement de tous les enfants et le soutien aux parents, l'ensemble des efforts, des actions et des mesures particulières pourraient se dérouler là où vivent les jeunes, domicile, CPE, école primaire et secondaire, et mettre à contribution toutes les ressources des collectivités, soit le public, le privé et le secteur bénévole. Mettre nos énergies à déployer les services plus qu'à arbitrer les conflits de juridiction. Ne vaudrait-il pas mieux ?

M.L. : Cela ferait tomber beaucoup de barrières, mais la mise en place d'un tel projet créerait également beaucoup de résistances. Je n'ai pas de solution à proposer, mais ce que je sais, c'est qu'à partir du moment où il y a une personne ou un petit groupe de personnes ayant un charisme et assez d'énergie pour essayer des choses, ça bouge, que ce soit dans un établissement, ou dans un quartier, un village ou une région. Les exemples ne manquent pas à ce sujet. Si nous favorisions l'apparition d'un tel mouvement, cela ne serait sans doute pas une grande révolution, mais nous aurions, dans certains secteurs, des lieux d'attraction et, par un phénomène de boule de neige, les tentatives s'étendraient.

C.B. : Parmi les éléments d'une telle stratégie d'ensemble, l'internat et la thérapie de milieu auraient leurs outils spécifiques. Comment les décririez-vous ces outils ?

M.L. : Quand un milieu institutionnel m'invite à lui faire retrouver un sens à son action, je souligne toujours que le pari consiste à ranimer chaque sujet au cours d'un séjour en établissement, afin de l'aider à construire son sentiment d'identité. Cela veut dire permettre de répondre aux grandes questions, comme : « Qui suis-je ? », « Qu'est-ce que je fais ? », « Avec qui ? » et « Au nom de quoi ? »

Pour construire son identité, il faut, sur le plan psychique, avoir une colonne vertébrale qui tienne le coup, et pour s'inscrire dans un environnement, il faut s'appuyer sur ses propres fondements. Je propose volontiers la métaphore de la colonne vertébrale psychique, parce qu'une colonne vertébrale réelle est composée de vertèbres qui soutiennent le corps, qui autorisent le maintien debout ainsi que le déplacement. La thérapie de milieu tente de renforcer chacune des vertèbres de l'identité. Quelles sont-elles ?

Un sujet est d'abord un corps et le personnel va travailler pour aider ce corps à s'épanouir. Pour se bâtir, un corps doit mettre en jeu différentes stimulations sensorielles : stimulations visuelles (on observe le lieu où l'on se trouve), stimulations auditives (on prête attention aux sons dans lesquels on baigne, à la musique qu'on entend), stimulations gustatives (on prend plaisir à manger), stimulations olfactives (on s'arrange pour sentir bon et on fait en sorte que l'environnement soit propre et sain), stimulations kinesthésiques (on exprime son besoin de bouger lors d'activités sportives ou manuelles). Tout cela est d'autant plus important que plusieurs des jeunes que nous recevons ont été négligés, maltraités, hypo ou hyper stimulés, et qu'ils ont peu de capacité de se reconnaître en tant que corps global.

Leur schéma corporel est mal intégré. Or, dans un établissement, nous avons des moyens extraordinaires pour favoriser l'élaboration d'un schéma corporel. Par exemple, on incite le jeune à ressentir la totalité de son corps lors de jeux dans une piscine, à se faire filmer et à se regarder ensuite, à reconnaître le son de sa voix enregistrée, etc.

Souvent, ces jeunes sont profondément dévalorisés, leur image corporelle est très atteinte, que ce soit parce qu'ils ont été maltraités, abusés ou négligés. Pourtant, l'image du corps peut être restaurée en cultivant la fierté, par exemple grâce aux vêtements, en portant un vêtement de sortie dans les grandes occasions, en soignant la propreté corporelle. Ces choses ne sont pas anodines, malgré les apparences.

Aider le corps, c'est aussi favoriser la motricité, et Dieu sait si les jeunes que nous recevons sont souvent pataudes, en difficulté dans leur coordination, dans leur équilibre, dans leur latéralisation. Il est donc important d'organiser des activités pour les rendre mieux coordonnés et pour qu'ils se revalorisent par une réussite minimale.

Bien sûr, il faut aussi penser à leur santé, car ils ont souvent pris de la drogue et ils ont été mal alimentés. Ces dimensions supposent une écoute des besoins des sujets. Une capacité d'évaluer leurs forces et leurs limites, afin de constituer un lieu où les situations quotidiennes sont fréquemment révisées, et qu'ainsi ils se sentent mieux dans leur peau.

Cela veut dire également créer un cadre de vie agréable dans les lieux où l'on se trouve. On ironise parfois sur ces petits établissements qui accordaient une très grande importance à des petits jardins où chaque jeune pouvait cultiver des légumes ou des fleurs… Cela semble peut-être dépassé, mais n'empêche que l'idée de créer un lieu d'appartenance est déterminante. Il est bon d'être fier de sa chambre à coucher, où on place des objets personnels. Il ne faut pas sombrer dans l'uniformisation, qui fut la plaie de tant d'établissements. Laissons le jeune décorer les murs afin que l'espace devienne sien.

La troisième vertèbre de la colonne vertébrale psychique, je l'appellerais la gestion du temps. Ces garçons et ces filles n'arrivent pas à garder de souvenirs. Ils ont été tellement ballottés de droite et de gauche, ils ont été si peu l'objet d'intérêt, que le seul temps dans lequel ils s'inscrivent est le temps subjectif, celui qui déclenche des désagréments.

Ainsi, le fait de se faire un journal de bord, de se constituer un album de souvenirs, de reprendre les séquences qui ont déjà été vécues, de les inscrire en tant que passé, de les évoquer par des récits, de prendre plaisir à transmettre des traditions à ceux qui arrivent, tout cela est essentiel quand on parle de projets de vie. On donne un sens au passé, au présent et au futur. Corps, espace, temps, mais aussi expérimentation, droit à l'essai, droit à la création, qui donne la fierté par exemple d'avoir un petit orchestre, de construire un objet de ses propres mains, d'écrire un texte ou de participer à un journal… Quel que soit le moyen, ce qui compte c'est de devenir acteur de son présent et de son devenir.

Je considère également comme un objectif important que d'aider les jeunes à mieux vivre leur anxiété. En leur organisant un milieu de vie, on leur évite des soirées de trop grande solitude, on fait attention aux nuits où les fantômes du passé deviennent envahissants, on accompagne le réveil de l'un qui vient de faire un cauchemar.

Beaucoup de jeunes ont une vie imaginaire très pauvre, en particulier ceux qui ont des difficultés d'adaptation sociale. On peut les aider grâce au jeu symbolique, au théâtre, à l'expression par l'art, à la musique. On fait bien de les mettre devant des médias susceptibles de faire émerger de l'imaginaire, de rendre possible l'impossible.

Travailler le langage est aussi une tâche essentielle. Certains jeunes ont de très faibles capacités de recevoir des messages complexes et il faut adapter ces derniers pour qu'ils puissent comprendre leur environnement. Il faut les inviter à s'exprimer afin qu'ils sachent se présenter, ne serait-ce que devant un patron.

Ces choses peuvent s'expérimenter par des jeux de rôles. On peut mobiliser la créativité des jeunes par le dessin, s'ils souhaitent adopter ce mode d'expression, ou par la sculpture dans la terre glaise, etc. Dans tous les cas, on ranime les processus symboliques conscients et on active l'inconscient. Les activités symboliques renforcent les vertèbres de la colonne psychique, que ces activités fassent appel au corps, à l'espace, au temps, à l'expérimentation, à la gestion de l'anxiété, à l'imaginaire, aux processus symboliques conscients, au langage, au graphisme.

Dans un groupe, on peut améliorer tout le champ de la socialisation. Si l'éducateur sait manier la dynamique de son groupe, il va faire découvrir les rôles qui se jouent et les réseaux de communication qui se forment, il va permettre que les sujets apprennent à mieux tolérer les frustrations, tout en apprenant à les affronter. Gérer les pulsions agressives, sexuelles, voilà d'autres variables de l'identité qui peuvent être affinées, dans la mesure où l'on ose aborder ces sujets avec les jeunes.

J'enrage quand, parfois, j'entends le personnel d'un établissement dire, par exemple : « Je ne vois pas le sens de ce que nous faisons. » Il suffit pourtant d'observer chacune des vertèbres de cette colonne psychique pour saisir l'immense travail qu'un séjour en établissement permet dès que l'on comprend le sens de son action et qu'on le fait sentir aux jeunes. Dans un milieu de vie, on peut y parvenir tout le long du jour, ou encore de neuf heures à dix-sept heures, cela peut se réaliser aussi dans des rencontres de soir ou dans des groupes de quartiers, mais dans tous les cas, il s'agit à mon avis de thérapie de milieu.

C.B. : Vous venez de donner tout un sens à ce qu'on appelle l'importance des activités et à l'organisation de la vie en relation avec les besoins du jeune. L'ensemble des éléments peut et doit nous guider lorsque nous parlons d'une programmation intégrée visant à la fois au cheminement du jeune et à l'édification de son projet de vie. Ces éléments que vous venez de donner doivent aider les intervenants, non seulement à bâtir un programme, mais aussi à guider leurs observations.

M.L. : Je souhaiterais que tout cela soit enseigné dans les écoles d'éducateurs.

C.B. : Vous avez touché à une dimension que j'aimerais vous voir reprendre. À un moment donné, vous avez parlé du temps. Cette notion a été maltraitée durant ces dernières années, on l'a mise en relation avec des problèmes administratifs, avec des problèmes de durée de séjour, on a évité de parler des problèmes réels, comme le danger de priver un jeune de sa liberté, mais on a aussi utilisé le concept de temps pour des prétextes moins nobles, y compris financiers. Pouvez-vous nous parler de ce problème du temps dans la thérapie de milieu ?

M.L. : On a oscillé entre deux pôles, l'un d'eux consistant à garder très longtemps des jeunes en thérapie de milieu, surtout en internat. Les raisons invoquées étaient les suivantes : le milieu extérieur était nocif et il fallait protéger le jeune des mauvaises influences, familiales ou autres. Plus on le connaissait, plus on découvrait sa fragilité et, découvrant cette fragilité, plus on se donnait de raisons de le maintenir en vase clos. À partir d'une telle conception, on est tombé parfois dans d'interminables thérapies de milieu qui ressemblaient d'ailleurs beaucoup aux psychanalyses dites « interminables ».

Il s'est alors produit un mouvement de balancier et aujourd'hui, on défend plutôt l'idée de thérapies à court terme. Cette expression, on la retrouve partout dans les Centres jeunesse et en pédopsychiatrie. Cependant, tout comme il y a eu des excès dans les longs séjours, il peut y en avoir pour les courts séjours. D'autres raisons motivent nos choix actuels : des facteurs financiers, des facteurs d'engorgement ou la crainte de rouvrir des établissements. Je vois actuellement l'ensemble du milieu institutionnel et pédopsychiatrique qui s'illusionne avec cette conception de la thérapie à court terme. Garder un jeune pendant trois mois a du sens pour résoudre des crises passagères, et seulement dans la mesure où une équipe bien coordonnée mène une action intensive sur le jeune et sa famille.

Il y a bien des groupes qui travaillent dans ce sens. Quand on a affaire à des jeunes dits « en bout de ligne » ou quand on se retrouve avec de gros handicaps mentaux, comment espérer retrouver en quelques semaines des capacités potentielles ? Cela m'apparaît tout simplement de la folie, et cette folie n'est pas sans conséquences, de la même façon que l'institutionnalisation abusive avait des répercussions sévères.

On entre dans une répétition d'échecs, dans une dévalorisation des soins, aux yeux des jeunes et de leur famille. Le fait de retourner une deuxième, une troisième ou une quatrième fois dans un milieu institutionnel, ou revenir dans un lieu psychiatrique pour la nième fois, ce n'est pas très brillant pour l'image personnelle. Il se produit alors un enfermement.

Tout le problème est donc d'apprendre à gérer le temps, de saisir le moment propice pour modifier un programme, des exigences, de savoir quand il est le temps de transformer un séjour de 24 heures sur 24 en un séjour d'une journée ou en un séjour de soirée. Il est difficile de faire cela pour un tas de raisons, car celui qui travaille quotidiennement avec un jeune n'est pas toujours bien placé pour apprécier ces moments. Soit il en a assez et il veut raccourcir un séjour, soit il hypertrophie la fragilité et conseille indûment une prolongation.

De telles décisions ne peuvent se prendre qu'à partir de réunions interdisciplinaires, où se trouve un membre moins directement touché et qui peut poser les bonnes questions. Pour quelles raisons poursuivez-vous votre action ? L'intervention garde-t-elle un sens pour l'enfant et pour sa famille ? Que faut-il ajouter, retrancher ? Est-ce possible, au sein d'un même groupe, d'avoir des jeunes qui font de longs séjours et d'autres qui font de courts séjours ?

C.B. : Je crois en effet qu'il est à peu près impossible de mélanger des personnes qui relèvent d'un court séjour avec des sujets qui relèvent d'un long séjour. Sur la question du temps, les gens s'entendent rarement sur les éléments à considérer comme base de décision. En fait, ce sont très souvent les facteurs extérieurs qui font pencher la balance. La longueur de l'ordonnance, la transformation de celle-ci par le juge, un comportement qui se détériore, la pression de la famille, etc. Dans plusieurs unités de vie de certains Centres jeunesse, nous sommes très peu capables à l'heure actuelle de préciser avec quel modèle nous travaillons et sur quelles approches se fondent nos pratiques quotidiennes.

M.L. : C'est la raison pour laquelle j'ai proposé, comme points de repère, les vertèbres de ma colonne vertébrale psychique de l'identité. Nous pourrions sûrement prendre d'autres images, mais l'important est de savoir sur quoi nous réfléchissons et de pouvoir en tout temps savoir où nous en sommes par rapport à tel et tel aspect. Nous devons nous demander quelles sont les forces qui émergent, sur quoi nous pouvons tabler pour proposer un défi à tel ou tel jeune, quel est le sens de notre action, pour lui et pour nous, etc.

C.B. : Notre entretien achève, mais j'ai encore une question à vous poser. Que diriez-vous à des jeunes et à des parents à propos de la thérapie de milieu sous l'angle de ce qu'ils peuvent en attendre ?

M.L. : Je leur dirais ceci : « Votre enfant ne parvient pas, à l'heure actuelle, à s'adapter aux exigences scolaires, sociales et familiales habituelles. Nous devons donc lui proposer, pendant un certain temps, un milieu de vie particulier qui permettra de réfléchir à la question suivante : comment lui proposer des stimulations et un mode de relation qui soit assimilable ? Pour parvenir à résoudre cette question, votre jeune va vivre avec des éducateurs, il va pratiquer des activités qui sont inhabituelles à l'extérieur.

« Il s'agit donc de créer un milieu où l'on tentera, par des sollicitations et par des modes de relation, d'opérer un changement chez votre enfant dans sa manière d'être, de penser et de faire. Une telle structure n'a de sens que si vous collaborez et si vous savez ce que nous faisons. Nous allons donc d'abord vous rencontrer pour vous exposer notre programme et les objectifs que nous poursuivons. Dans toute la mesure du possible, nous chercherons à réintégrer votre fils ou votre fille dans votre famille. Cela se fera complètement ou partiellement, selon l'évolution du jeune et de votre propre évolution. »

Voilà, en gros, comment je proposerais le contrat. C'est d'ailleurs à peu près comme cela que nous parlons lorsque nous intégrons des enfants dans une thérapie de milieu. Le message sera évidemment différent selon le type de jeunes dont on parle. Quand je m'adresse à des parents qui ont des enfants autistes, par exemple, je souligne le fait qu'ils ne sont pas responsables du handicap de l'enfant, tout en soulignant l'influence qu'ils peuvent avoir sur lui. Je les invite donc à oser regarder les sentiments qui surgissent en eux, afin d'améliorer leurs attitudes. Je souligne aussi l'importance de bien connaître à la fois ce qui est tenté dans le milieu familial et ce qui est fait dans le milieu d'intervention, afin d'assurer une cohérence entre les deux.

La situation est différente avec des jeunes qui présentent des difficultés d'adaptation sociale. Bien souvent, leurs problèmes proviennent d'un dysfonctionnement du milieu familial.

Il faut donc travailler dans cette perspective, sans négliger le fait que les troubles du comportement du jeune ont joué aussi un rôle dans les difficultés familiales. Il n'y a pas un responsable désigné, mais une spirale qu'on tente de briser. La thérapie de milieu créera un temps de séparation où d'une part on aidera le jeune et d'autre part on tentera d'opérer un changement dans le milieu familial dont ce jeune fait partie.

C.B. : Par rapport à ce que vous observez actuellement, pensez-vous que la thérapie de milieu va dans la bonne direction ?

M.L. : Je ne suis pas trop optimiste. Beaucoup de choses se sont améliorées dans les établissements en ce qui concerne la prise en charge des familles par rapport à l'aide apportée aux tout-petits. Par contre, les établissements sont en crise et l'espoir des gens qui y travaillent s'est un peu lézardé. De très fortes pressions vont dans le sens de valoriser des séjours manifestement trop courts. Cela ne veut pas dire que je ne crois plus à la thérapie de milieu. Nous vivons une phase difficile, car il s'est produit des changements trop rapides. Il nous faudra retomber sur nos pieds en créant de nouvelles formes d'intervention. Mais c'est un peu enrageant de se dire que le Québec était l'un des endroits le plus à l'avant-garde sur le plan de l'organisation institutionnelle. Le Québec était aussi très en avance sur le plan de la formation du personnel éducatif. Je crains qu'actuellement nous soyons en train de passer du peloton de tête au peloton de queue…

C.B. : Le pari consiste sûrement à redonner un sens aux interventions, à leur redonner une place et des moyens. Il faut travailler dans cette direction, en incluant l'ensemble des acteurs. Il y a un prix à payer pour enseigner aux nouveaux éducateurs la maîtrise de leur profession. On demande au personnel d'être plus rigoureux et cela doit s'accompagner à la fois d'exigences et de moyens. C'est une belle commande.

Références bibliographiques

1. Bettelheim, B. *Un lieu où renaître*. Paris : Laffont, 1975.
2. Amado, G. *Méthodes psychologiques, pédagogiques et sociales en psychiatrie infantile*. Paris : Monographie de l'Institut national d'hygiène, no 24, 1961.
3. Bettelheim, B. *La forteresse vide : l'autisme infantile et la naissance du Soi*. Paris : Galimmard, 1969.
4. Redl, F. et D. Wineman. *L'enfant agressif*. Paris : Fleurus, 1964.
5. Makarenko, A. *Poème pédagogique*. Moscou : Éd. en langues étrangères, 1953.
6. Amado, G. *Les enfants difficiles*. Paris : PUF, 1955.
7. David, M. et G. Appell. *Lóczy ou le maternage insolite*. Paris : Éd. du Scarabée, 1973.
8. Slavson, R. *Psychothérapie analytique de groupe*. Paris : PUF, 1953.
9. Capul, M. et M. Lemay. *De l'éducation spécialisée*. Ramonville Saint-Agne : Érès, 1996.
10. Redl, F. "The Life Space Interview techniques". *American Journal of Orthopsychiatry* 1959 29 (1) : 1-18.

Le psychodrame et les jeux symboliques

Dialogue avec Brigitte LEBLANC

Avec son épouse Édith Prodhomme, Michel Lemay a pratiqué le psychodrame et les jeux symboliques pendant une trentaine d'années.

Cette expérience se fit d'abord en France dans un centre médico-psycho-pédagogique et dans une institution pour jeunes délinquants, puis au Québec dans un département de pédopsychiatrie ainsi qu'en institution pour enfants et adolescents.

Édith Prodhomme et Michel Lemay créèrent aussi un service de formation en psychodrame dans le cadre de l'Institut psychothérapique et de réadaptation de Montréal.

Brigitte Leblanc, ergothérapeute mais aussi formée au psychodrame par ces deux personnes, fait une entrevue où, à partir de sa propre expérience, elle entame une discussion sur cette forme particulière d'approche thérapeutique.

B.L. : C'est un honneur pour moi de parler avec vous du psychodrame ! Il y a une quinzaine d'années, j'ai eu la chance de suivre la formation que vous donniez avec votre épouse et qui durait trois ans. Depuis, cette formation m'a toujours accompagnée, sur le plan personnel comme sur le plan professionnel, en tant que thérapeute. Cela m'a permis d'acquérir des techniques applicables dans toutes les formes de thérapie individuelle. Quand j'évoque cette participation aux sessions de psychodrame, les gens me demandent souvent en quoi cette approche est spécifique, différente des autres formes de thérapie individuelle. Ils ont du mal à situer le psychodrame par rapport aux jeux de rôles ou même au théâtre. Pouvez-vous définir la spécificité du psychodrame ?

M.L. : Pour répondre à votre question, il faut distinguer deux choses : l'école de pensée à laquelle on se rattache et le psychodrame lui-même. Mon épouse et moi avions reçu au préalable une formation analytique et nous nous appuyions sur l'ensemble de ce bagage. J'avais aussi connu la thérapie familiale avec Nathan Ackerman aux États-Unis. L'aspect interactionnel restait donc un apport intéressant. De plus, nous avons tous deux suivi des *t. groups** et fait un peu de théâtre.

Un thérapeute qui fait du psychodrame met nécessairement l'accent sur des perspectives analytiques et interactionnelles, tout en tenant compte des concepts de dynamique de groupe. Cependant, selon ses motivations et en fonction des demandes des personnes qu'il accompagne, il accorde plus ou moins d'importance à l'un ou l'autre de ces aspects.

Cependant, un thérapeute ne peut pas éliminer les composantes suivantes : les fantasmes qui fusent, les interactions qui s'installent, les corps qui sont mobilisés dans des rôles. Un peu comme au théâtre, il faut maîtriser une gestuelle et accepter l'idée que, par leurs corps, les gens mettent en scène les thèmes qu'ils désirent représenter et évoquer. C'est le premier versant de ma réponse.

Le deuxième versant est plus technique. Ce qui caractérise le psychodrame, c'est le fait qu'il ne s'agit pas d'une thérapie strictement verbale. Nous ne sommes pas protégés derrière un bureau. Si nous avons affaire à des enfants, nous ne leur proposons pas de petits personnages pour qu'ils imaginent des scénarios. Au lieu de cela, nous mettons en scène diverses situations, directement, en donnant la place autant au langage verbal qu'au langage corporel, qui est fait de nos mimiques et de nos mouvements.

C'est le génie de Moreno d'avoir osé proposer que la personne engagée dans la thérapie actualise ses rêves, ses fantasmes, sa vie imaginaire et sa vie réelle en jouant des rôles et en faisant endosser des rôles aux psychothérapeutes, afin que tous soient le plus possible au service les uns des autres. Dans de telles situations, tout le monde ressent des émotions et il faut, après le jeu, s'asseoir et en parler, pour clarifier ce que chacun a vécu.

* T. groups : *Training groups* organisés dans une conception rogérienne.

Quelquefois, cet échange verbal est très bref, parce qu'il donne l'idée de rejouer autre chose; d'autres fois, il débouche sur de longs échanges entre participants.

Les prises de rôles et leurs incarnations dans un « ici-et-maintenant » sont donc des caractéristiques générales du psychodrame. Par contre, il y a plusieurs écoles dans ce domaine, et on trouve des psychodrames d'inspiration analytique, d'autres d'inspiration interactionnelle, et d'autres encore qu'on appelle « moréniens » insistent sur la spontanéité.

B.L. : Glissons un mot sur le corps. On dit souvent que le réchauffement corporel améliore la respiration et favorise une liberté de mouvement et une plus grande détente. Je sais bien que dans le psychodrame, ces mouvements gestuels nous engagent dans bien d'autres directions, mais n'ont-ils pas en eux-mêmes un effet libérateur? Au théâtre, avant de jouer, on se réchauffe le corps. Serait-il pertinent d'agir ainsi avant une séance de psychodrame? Cela arrive-t-il chez Moreno, qui bénéficiait d'une scène où se déroulait l'action, exactement comme dans un théâtre?

M.L. : Il est bien possible que certains psychodramatistes fassent faire des réchauffements de ce genre. Mon épouse et moi ne le faisions pas, car ce n'était pas la partie théâtrale qui nous intéressait dans le psychodrame. La grande différence avec le théâtre, c'est que dans un spectacle, on apprend des rôles d'auteur. Au contraire, dans le psychodrame, même si on fait de l'improvisation, même si on cherche à transmettre l'idée de l'auteur tout en gardant son originalité et sa créativité, la personne qui arrive laisse aller ses propres images, essaie le moins possible de s'inspirer de livres ou de films. Elle crée ses scénarios, distribue des rôles à partir de ses éléments personnels et demande aux protagonistes de se mettre au service de ce qu'elle évoque. La qualité théâtrale importe peu, il ne s'agit pas d'être bon ou mauvais acteur, il s'agit de laisser son corps et son psychisme s'exprimer librement dans une relation à l'autre.

B.L. : Pouvez-vous nous décrire un peu une séance de psychodrame, afin que nous comprenions mieux?

M.L. : Il existe deux grandes formes de psychodrame : individuel et de groupe. Dans le psychodrame individuel, une personne se présente (enfant, adolescent ou adulte) pour s'interroger sur sa personnalité, son histoire ou sa vie, sur des manifestations gênantes dont elle ne comprend pas la racine. Elle est habituellement accueillie par deux ou trois thérapeutes. Le groupe est constitué de la personne qu'on appelle « la patiente » et des thérapeutes, dont l'un a la responsabilité d'animer la séance. On appelle ce dernier le « psychodramatiste principal ». Les autres thérapeutes sont les « thérapeutes auxiliaires » et sont là pour aider le patient à actualiser ses rôles en incarnant tel ou tel personnage et en utilisant des techniques dont nous parlerons tout à l'heure.

Dans le psychodrame de groupe, il y a bien un psychodramatiste principal, un ou deux thérapeutes auxiliaires, mais il y a aussi un groupe de patients. Quand il s'agit d'enfants, nous les réunissions habituellement par groupes de cinq. Ce chiffre n'est pas choisi au hasard, car avec quatre personnes, il se forme plus souvent des paires, des couples durables, qui risquent d'entrer en rivalité les uns avec les autres.

Cinq participants se retrouvent donc ensemble et ont pour mission de se mettre successivement au service de l'un des leurs. Le participant qui choisit le thème à travailler devient le principal protagoniste. Il joue un rôle issu de sa propre histoire et distribue les autres rôles, soit à ses camarades, soit à l'un ou l'autre des thérapeutes auxiliaires. C'est dans ce climat que les choses se déroulent.

Que le psychodrame soit individuel ou de groupe, la séance se déroule toujours en trois temps. Il y a une première phase, qu'on appelle « le temps d'échauffement ». La personne qui désire jouer une situation expose son idée au groupe. Par exemple, l'enfant met en scène une situation qui l'a beaucoup inquiété à l'école et déclare qu'il souhaiterait dire des choses qu'il n'a pas pu exprimer quand les événements se sont réellement passés.

Prenons l'exemple d'un enfant qui veut jouer son propre rôle. Il choisit un des thérapeutes auxiliaires pour représenter l'enseignant à qui il aurait aimé parler, mais il garde à ses côtés un camarade qui l'aidera à parler à cet enseignant. Dans cet exemple, il y a trois personnes qui jouent des rôles.

Le psychodramatiste principal invite le sujet à décrire les personnes en cause dans l'action. Tout son talent consiste à rendre présent chaque personnage, afin que les membres du groupe jouent leur rôle de la manière la plus juste possible. Ces derniers doivent se mettre totalement au service du protagoniste principal.

Lorsque le psychodrame se déroule en individuel, ce sont les thérapeutes qui assument cette tâche. Par contre, lorsque le psychodrame se déroule en groupe, les participants doivent relever le défi de devenir, pendant un moment, des sortes de thérapeutes pour leurs camarades. Ils doivent se mettre à leur service. Quand on a l'impression que les participants se sont assez réchauffés, c'est-à-dire quand chacun sent bien son rôle et a le sentiment qu'il va pouvoir le jouer, alors on passe à la phase de jeu.

Cette phase se déroule soit comme il avait été prévu au départ, c'est-à-dire que l'enfant joue fidèlement les séquences présentées, soit en modifiant en cours de route cette idée de départ. Le participant propose alors des changements, ce qui soulève des problèmes d'adaptation que doit traiter le psychodramatiste principal. En fait, ces changements sont assez proches de ce qu'on appelle, en thérapie analytique, les associations libres.

B.L. : C'est tout un défi pour les autres enfants !

M.L. : En effet. C'est la raison pour laquelle le psychodramatiste principal ne participe pas directement au jeu, car il doit être extrêmement attentif aux réactions de chacun. On conserve généralement un thérapeute auxiliaire pour aider tel ou tel enfant à jouer plus juste ou à se mettre en double, afin d'exprimer des émotions qu'il voudrait sortir, mais qu'il n'arrive pas à nommer. Il y a donc un processus extrêmement actif entre les jeunes et les thérapeutes. Et même si je parle de jeunes, cela se fait aussi avec des adultes.

Le jeu se déroule en dosant sa durée. Trop court, il laisse dans l'incertitude, trop long, il tourne en rond et crée de la lassitude. Quand le psychodramatiste principal a l'impression que les choses les plus importantes ont été jouées (ce qu'on peut demander directement à l'enfant), il arrête la deuxième phase et on entre alors dans la troisième, la phase du retour au groupe. À ce moment-là, le protagoniste principal, celui qui a choisi le scénario, dit ce qu'il a ressenti personnellement et par rapport au groupe. Les autres protagonistes donnent ensuite leurs opinions, et les thérapeutes se permettent également de dire leurs sentiments de façon à ce que quelque chose d'authentique surgisse des échanges.

Cette phase de retour au groupe peut inciter un enfant à associer le jeu à sa propre problématique et à vouloir reconstruire un élément du jeu. Il se peut aussi qu'un enfant s'étant retenu jusque-là par rapport à son propre thème veuille maintenant aborder son histoire. On repart alors dans une nouvelle phase d'échauffement, une nouvelle phase de jeu et une nouvelle phase de retour au groupe, jusqu'à ce que la séance se termine.

B.L. : Par rapport à ce que vous venez de dire, il y a évidemment des techniques que les protagonistes utilisent et que le meneur de jeu dicte à certains moments. Pourriez-vous nous parler de ces techniques ? À tout le moins de celles qui permettent au jeu d'évoluer.

M.L. : Il y en a un très grand nombre.

B.L. : J'ai lu quelque part que Moreno en avait cité environ 350 !

M.L. : Ces techniques sont utiles, mais quand on devient un psychodramatiste chevronné, on découvre qu'on n'a pas intérêt à trop en utiliser. On en reparlera plus tard, mais soulignons déjà qu'après un certain temps, le groupe devient lui-même créateur et qu'il trouve ses propres techniques pour avancer.

Il existe tout de même trois grandes techniques, dont l'une est ce qu'on appelle « le double ». Prenons un exemple pour en expliquer la fonction : un enfant veut expliquer quelque chose, mais il n'y parvient pas, soit qu'il lui manque les mots, soit que l'émotion est trop forte, soit qu'il entre dans des résistances qu'il semble vouloir briser. On lui demande alors s'il veut avoir un double.

La première fois qu'on utilise un tel processus, on explique à l'enfant qu'on se mettra derrière lui en essayant d'imiter sa gestuelle et ses attitudes posturales, afin de se mettre le plus possible dans sa peau et de lui suggérer ce qu'il veut sans doute exprimer. Si ce jeune acquiesce et si le thérapeute ou l'enfant qui fait le double a le sentiment de rejoindre ce camarade, on continue à tenter d'exprimer pour lui ce qu'il n'était pas encore capable de mettre en mots. La technique du double peut durer relativement longtemps, mais elle peut aussi ne durer que quelques secondes.

La deuxième technique proposée est ce qu'on appelle le « moi auxiliaire ». En voici un exemple. Je me souviens d'un adolescent qui faisait des cauchemars terrifiants. Il avait le désir de rencontrer une sorte de monstre qui hantait ces cauchemars. Il avait donc demandé à son thérapeute principal d'incarner ce personnage monstrueux afin de l'affronter et de réfléchir ensuite au sens de cette image.

Le jeu s'est déroulé comme prévu. Puis, brusquement, j'ai entendu ce garçon dire « S.O.S., S.O.S. mettez quelqu'un derrière moi ». Nous avons arrêté la séance et nous avons demandé au jeune s'il désirait continuer. Il a dit « oui, si j'ai quelqu'un derrière moi ». Ici, nous ne sommes plus dans l'attitude du double, mais plutôt dans une attitude de soutien qui, à un moment donné, permet de soutenir le moi de l'enfant. Celui-ci peut alors aller dans le sens qu'il désire.

Une troisième technique souvent utilisée est « l'inversion des rôles ». Cette technique est intéressante, car elle permet à un sujet de comprendre le sentiment et la pensée de l'autre. Prenons une situation classique : un enfant a l'impression d'être rejeté par une personne, sans toutefois comprendre ce que ses comportements déclenchent chez l'autre. Il choisit de se jouer en victime et on lui demande ensuite d'inverser les rôles, en jouant momentanément le rôle de celui qu'il considérait comme son persécuteur.

Voilà qu'en jouant ce rôle, l'enfant découvre que les choses ne sont pas si simples. Le thérapeute imite ses attitudes et cela le gêne, le désoriente. Il découvre que celui qu'il percevait comme un attaquant n'était pas ce qu'il pensait être. Il est renvoyé à une image de lui-même et de l'autre qui, pour la première fois, lui fait découvrir la complexité des interactions humaines. Dans une telle situation, on utilise une quatrième technique que l'on appelle « le miroir ».

Il y a donc une série de moyens à mettre en œuvre. Au fur et à mesure qu'un groupe progresse, il est extrêmement intéressant de voir que ses membres s'identifient au psychodramatiste principal et aux thérapeutes auxiliaires. À un moment donné, ce sont les participants eux-mêmes qui utilisent certaines de ces techniques.

Ainsi, j'ai vu des enfants de dix ans faire des doubles absolument remarquables. Je me rappelle, par exemple, une séance de psychodrame où un garçon s'était levé pour dire : « Est-ce que je peux doubler mon camarade ? Je sens qu'il a quelque chose de difficile à dire. »

En faisant cela, il devenait responsable de l'autre et c'est là le grand apport de ce qu'on appelle « le psychodrame de groupe », par opposition au « psychodrame individuel ».

B.L. : Vous venez de montrer certains atouts du psychodrame par rapport à une thérapie plus classique, qui ne fait appel qu'à la parole. Pouvez-vous préciser ces atouts et peut-être aussi aborder certains pièges liés au psychodrame ?

M.L. : Votre question est doublement intéressante puisqu'elle m'amène à renverser mon rôle et à voir aussi bien ce qui est positif que ce qui l'est moins. Cette thérapie se caractérise entre autres par le fait que nous travaillons simultanément à peu près toutes les bases de l'identité. Je m'explique. Pour bien se percevoir, pour être à l'aise avec soi-même, il faut se sentir bien dans son corps et exercer sa gestualité. Or, que propose-t-on ?

On dit au sujet: «Tu vas utiliser ton corps, ta gestuelle, ta motricité, ton tonus, tous ces aspects pour incarner des rôles qui sont dans ta tête. Tu vas te déplacer et adopter diverses attitudes, afin que tes partenaires comprennent ce que tu veux exprimer. Tu vas te situer dans un espace réel ou imaginaire. Ton histoire se passera dans une forêt ou une maison, ou encore sur la Lune, peu importe, mais ce lieu, il faut que tu nous le fasses sentir. Tu dois créer cet espace imaginaire.»

Le psychodramatiste principal est toujours très attentif à cet aspect. Par exemple, si l'enfant dit que, dans la pièce, il y a une table, il devra par la suite tenir compte de cette table, se rappeler où elle est, la contourner ou se cogner contre elle, la rendre présente. Au bout d'un certain temps, les participants peuplent leur espace imaginaire. Il y a la zone de jeu, la zone où on se repose, la zone on l'on se réfugie quand on a peur, la zone on l'on se détend, etc.

B.L.: Les lieux deviennent symboliquement marqués.

M.L.: Oui, c'est extrêmement net. On doit aussi demander au sujet de bien gérer son temps. On lui dit: «Tu as 20 minutes pour faire ton jeu. Si tu amènes trop de séquences successives, celles-ci se bousculeront dans ton esprit, tu ne pourras pas maîtriser ton histoire et, surtout, les autres n'arriveront pas à te suivre.»

Mine de rien, il est quelquefois très difficile pour un enfant de gérer son temps. On travaille donc non seulement le corps, mais aussi l'espace et le temps. On lui dit également que c'est à lui de créer le jeu. Jamais on ne propose de thème, ou très rarement. C'est à l'enfant d'expérimenter, de proposer un scénario. Il faut donc maîtriser la causalité, les relations de cause à effet.

L'enfant ne suit pas une directive, il n'est pas non plus comme un bouchon sur les flots, il peut agir sur ce qui l'entoure, il est maître à bord. Si ses camarades ne jouent pas dans son sens, il peut arrêter le jeu et les interpeller pour corriger le tir. Les évocations et les associations qui surgissent créent inévitablement de l'anxiété. D'ailleurs, il n'est pas facile de jouer devant les autres au début. C'est gênant de présenter en public des sujets qui touchent à la vie familiale ou personnelle. Chaque sujet doit apprendre à affronter son anxiété et tout le groupe doit en faire autant. Pour que les émotions se transmettent, il faut oser les dire aux autres.

Par ailleurs, les jeunes savent qu'ils seront protégés si leurs mécanismes de défense sont insuffisants, puisque les thérapeutes auxiliaires et le psychodramatiste principal sont là pour doser les situations vécues. On travaille aussi le langage, puisque tout se dit aussi par les mots. Il y a des échanges verbaux qui exigent de s'exprimer, d'écouter, d'intégrer des messages. D'ailleurs, on peut aussi se servir d'autres modes d'expressions symboliques, comme le dessin, des inscriptions à la craie sur un tableau, etc.

On mobilise tous les modes d'expression symbolique, et la vie imaginaire elle-même est activée dans le sens des rêveries et dans le sens des processus inconscients. Des fantasmes surgissent, et par le jeu on tente de réaliser sur un mode presque hallucinatoire des désirs impossibles à satisfaire dans la réalité. Tout cela, je le rappelle, se produit dans un groupe où les interactions doivent être canalisées et interprétées afin que chacun se mette au service de l'autre, attende son tour, ait une certaine capacité de gérer ses émotions et d'accepter la frustration, par exemple en ne recevant pas le rôle désiré, etc.

Quand le jeu devient impossible, il y a aussi une sorte d'apprentissage à la socialisation. Le psychodrame lance un message assez extraordinaire pour la gestion des pulsions. « Laisse aller tes images sans les censurer. Tu peux tout imaginer, tu peux tout jouer, mais tu ne dois rien agir dans le sens d'un *acting out.* » Par ce terme, je veux dire que tout se déroule dans le « comme si ».

Ainsi, l'agressivité est parfaitement autorisée, qu'elle soit verbale ou physique. Bien sûr, on ne se touche pas. Évidemment, on ne se fait aucun mal. Il en est de même quand le thème concerne la sexualité. Les participants peuvent aborder crûment des thèmes sexuels, mais jamais se toucher.

On comprend dès lors que certains thérapeutes s'intéresseront davantage à l'aspect dynamique de groupe, d'autres aux processus inconscients, d'autres encore au domaine de la socialisation. On passe d'une perspective analytique à une perspective plutôt pédagogique.

Dans une perspective analytique, le transfert et le contretransfert ne se jouent pas que vers le thérapeute. C'est là un des problèmes du psychodrame par rapport à une thérapie individuelle. Dès qu'il y a un groupe, on voit apparaître des contretransferts et des transferts latéraux entre les thérapeutes auxiliaires et le psychodramatiste principal. C'est pourquoi il faut oser regarder ce qui se passe dans l'« ici-et-maintenant », chez les participants comme chez les thérapeutes. Selon son école, on accorde plus d'importance aux processus inconscients ou aux phénomènes interactionnels.

Didier Anzieu, qui a fait du psychodrame analytique pendant toute sa vie, a écrit un livre très intéressant à ce sujet (*Le psychodrame analytique chez l'enfant*, publié aux PUF). Il présente chaque séance sur deux pages. Dans l'une de ces pages, il met de l'avant une perspective psychanalytique et, dans l'autre, une perspective interactionnelle. Il montre ainsi comment les deux regards se conjuguent et s'associent.

C'est là un aspect du psychodrame que j'apprécie. Les choses ne dépendent pas seulement du thérapeute, mais aussi de la personne qui a choisi cette forme de thérapie. J'ai toujours respecté le fait qu'un jeune choisisse la direction dans laquelle il veut aller et je ne considère pas qu'il s'agit forcément d'une résistance.

B.L. : Dans votre description, on découvre qu'il est assez complexe d'être psychodramatiste. Est-ce pour cela qu'il faut plusieurs thérapeutes ensemble ?

M.L. : Effectivement, on fait rarement du psychodrame seul, car on ne peut pas être à la fois un psychodramatiste principal, regardant tous les processus que je viens de mentionner et, en même temps, participer directement à l'action. D'une manière générale, sauf exception, quand un sujet insiste pour que le psychodramatiste principal joue, la règle habituelle c'est que ce dernier doit devenir le maître de la séance et les thérapeutes auxiliaires se mettre au service des enfants en suivant les directives du psychodramatiste principal.

B.L. : Jusqu'ici, vous nous avez présenté les bons aspects du psychodrame. Y a-t-il des aspects mauvais, des problèmes, des pièges ?

M.L. : Bien sûr, il y en a même beaucoup. Nous parlerons peut-être tout à l'heure des indications et des contre-indications. Pour l'instant, je me contenterai de parler des limites que nous rencontrons au cours des séances de psychodrame.

Voici l'une des difficultés à vaincre : les thérapeutes doivent être suffisamment à l'aise les uns envers les autres pour se mettre à nu devant leur voisin. Il n'est pas agréable de sentir que notre gestuelle n'est pas idéale, qu'on n'a pas écouté comme on l'aurait voulu ou que tel phénomène contre-transférentiel est manifestement apparu. On se trouve parfois dans une situation plutôt ridicule, où il faut faire le cheval qui hennit ou l'horloge qui égrène les heures. Il se peut aussi qu'un enfant nous demande de communiquer non par la parole, mais par le chant, etc.

Les thérapeutes qui forment l'équipe doivent donc se connaître suffisamment pour avoir de l'humour devant cela, tout en respectant les limites des autres. Bien sûr, chaque thérapeute doit essayer en même temps de percevoir les sentiments de l'enfant. Cette empathie groupale n'est pas aisée à obtenir. Peu à peu, le fait d'avoir joué longtemps ensemble permet à chacun de connaître ses zones de faiblesse et ses zones de force.

Il est inévitable que surgissent, par moments, des rivalités ou des désaccords au sujet des directives. La dynamique de groupe est donc aussi importante pour les thérapeutes que pour les enfants, adolescents ou adultes qu'on accompagne.

C'est la raison pour laquelle les thérapeutes doivent se réunir pendant une heure, environ, après les jeux psychodramatiques, pour dire les sentiments qu'ils ont éprouvés. Ils doivent se critiquer et s'interroger sur les difficultés vécues durant les séances. En particulier, ils doivent observer les processus contre-transférentiels des uns et des autres. Ils doivent donc se sentir en confiance les uns par rapport aux autres pour qu'une telle forme de discussion soit non seulement supportable, mais agréable. Le psychodrame suppose une mise en cause de soi avec soi, ainsi qu'une mise en cause de soi avec les autres, en faisant preuve de sensibilité et d'écoute mutuelle.

L'autre difficulté concerne la dynamique de groupe des enfants. Dans une thérapie individuelle, la qualité de la relation se joue entre un thérapeute et une personne, alors que dans un psychodrame de groupe, où on a affaire à cinq enfants par exemple, quatre peuvent s'engager et l'un d'eux refuser de participer, ce qui sabote le processus. On se retrouve alors dans une dynamique de groupe qu'il faut travailler. Peut-être finira-t-on par proposer à cet enfant une autre forme d'aide, peut-être au contraire l'enfant se mettra-t-il à participer au fur et à mesure qu'on aura triomphé de ses résistances, mais alors peut-être qu'un autre commencera à entrer en rivalité avec ses compagnons…

On voit aussi les participants jouer des rôles-types où ils tendent à se fixer. On constate que des sous-groupes parfois paralysants se forment. Cela ralentit l'équipe dans sa marche, tout en la mobilisant puisque l'on se trouve tous devant un défi à relever.

Toutefois, la qualité d'un groupe ne dépend pas simplement des thérapeutes, elle dépend aussi de ce qu'on appelle « l'économie du groupe », c'est-à-dire ce que les jeunes ou les adultes sont capables de faire ensemble. Quand on commence un psychodrame de groupe, on ne sait jamais jusqu'où ça va aller. On ne sait pas non plus si on mettra l'accent sur l'analyse des processus transférentiels ou s'il s'agira plutôt d'une expérience de socialisation.

B.L. : Ce que vous décrivez exige évidemment que le psychodramatiste soit formé. Vous-même étiez psychiatre. À ce titre, qu'est-ce qui vous a d'abord attiré dans le psychodrame ? Et ensuite, comment avez-vous eu le souci de créer une formation au Québec ? Enfin (et la question est peut-être plus indiscrète), pourquoi avez-vous décidé de travailler en couple réel de psychodramatistes ?

M.L. : Votre première question est la plus simple. Ce qui m'a attiré, dans le psychodrame, en tant que psychiatre, c'est que je suis convaincu qu'on ne fait bien que ce qu'on aime. Or, j'avais du plaisir à vivre avec des groupes d'enfants, j'aimais le théâtre et je me sentais à l'aise dans une forme de communication qui ne mobilise pas seulement le verbal, mais aussi le corps.

Dans votre deuxième question, vous me demandez ce qui a fait qu'ensuite, j'ai eu le souci de créer une formation au Québec. Pour vous répondre, je vais vous relater l'histoire de la formation que j'ai reçue avec mon épouse.

Nous étions tous deux inscrits au Groupement français de sociométrie et de dynamique de groupe, avec Ancelin Schützenberger et Claude Auzilou. Nous habitions une ville de province et ces deux thérapeutes y venaient cinq fois par année, en plus de nous recevoir à Paris pour des périodes d'observation. Mon épouse et moi étions inscrits dans des groupes différents, car Mme Ancelin n'acceptait pas que les couples réels se retrouvent ensemble dans une même formation. Par conséquent, nous nous engagions à nous mettre en position thérapeutique. Après cette expérience, on nous a proposé des places dans des groupes d'observateurs. Nous regardions fonctionner des thérapeutes chevronnés, et nous étions évalués selon nos observations. Par la suite, on nous a proposé de devenir thérapeutes auxiliaires dans des groupes où l'on retrouvait surtout des adultes. Il y a dans cette formation toute une évolution qui s'est déroulée de 1961 à 1972.

B.L. : C'est une formation bien longue…

M.L. : Oui, elle est longue, étalée dans le temps, mais cela nous apparaissait nécessaire, car nous savions qu'il est difficile de devenir psychodramatiste. Madame Jeannine Guindon avait une école de thérapie à Montréal et elle nous a proposé, quand nous sommes arrivés au Canada, de faire de la thérapie avec des enfants de son centre. Un an ou deux plus tard, elle nous demandait de mettre en place une formation de psychodramatiste. Comme vous le savez, nous regroupions une douzaine de personnes à la fois, lors de fins de semaine et de soirées, et notre formation durait trois ans. Après quoi il y avait des périodes d'observation, puis des périodes où les étudiants participaient au psychodrame en tant que thérapeutes auxiliaires. Ainsi, nous avons formé une dizaine de groupes entre 1973 et 1985, ce qui veut dire qu'une centaine de personnes ont bénéficié de ce perfectionnement.

B.L. : Et le fait de travailler avec Édith, votre épouse ?

M.L. : C'était un défi supplémentaire. Il est rare que des psychodramatistes travaillent en couple réel. D'ailleurs, Didier Anzieu nous avait interpellés à ce sujet. Il nous avait mis en garde contre le fait que des tensions pouvaient apparaître entre nous deux et se répercuter alors, inévitablement, sur la dynamique du groupe. On nous disait aussi qu'il serait plus difficile de liquider les phénomènes transférentiels et, surtout, contre-transférentiels qui risquaient d'apparaître au sein de notre relation. Ces mises en garde ne nous ont pas empêchés d'avoir tous deux une grande confiance dans la qualité de notre relation. Alors, nous nous sommes lancés ! D'autant plus qu'en Belgique, un autre couple le faisait, les Lemoine.

Ce fut une expérience très enrichissante, qui nous a certainement rapprochés, car nous avions la joie d'éprouver en même temps et par empathie les mêmes sentiments à l'égard d'enfants ou d'adultes qui nous faisaient confiance. Nous en reparlions, en prenant un certain recul devant ces éléments, en revoyant les participants sur des bandes vidéo que nous enregistrions avec eux. Par ailleurs, il est certain que nous avons vécu des moments de tension dans le couple, et ces tensions se sont peut-être répercutées sur la dynamique du groupe thérapeutique. Pourtant, je vais vous confier un fait très amusant : quand nous avions des disputes, nous arrivions tendus dans le groupe. Cependant, on aurait dit que toutes ces tensions disparaissaient au long de la séance, car nous étions très centrés sur les problèmes d'accompagnement des enfants. Mais dès que c'était fini, nous reprenions nos discussions !

B.L. : C'est peut-être la force de ce qu'on appelle l'« ici-et-maintenant » ?

M.L. : Probablement. Cependant, il ne faut pas minimiser les dangers que le fait de travailler en couple entraîne pour les thérapeutes auxiliaires. Inévitablement, ils ont l'impression de se retrouver devant un couple uni et ils ont parfois du mal à s'insérer comme partenaires à part entière.

B.L. : Comme le disait Anzieu, j'imagine qu'il se passait aussi des choses bien particulières par rapport au transfert, car dans l'idéal vous représentiez des parents, mais vous étiez aussi un couple amoureux, un couple réel, en chair et en os.

M.L. : Certes, nous étions à la fois des parents symboliques et des parents réels. Bien sûr, s'il y avait eu un drame, dans le sens d'une rupture ou d'un divorce, cela aurait eu des répercussions très grandes sur les enfants et les adultes que nous accompagnions. En fin de compte, nous avons tiré de cette expérience beaucoup de plaisir, sans doute quelque chose qui nous a rapprochés davantage. Et j'espère que mon témoignage aidera aussi les personnes qui gravitaient autour de nous.

B.L. : Y a-t-il des indications spécifiques et des contre-indications au psychodrame ?

M.L. : Pour répondre à votre question, il faut distinguer le psychodrame individuel et le psychodrame de groupe.

Je crois que le psychodrame de groupe se trouve parfois limité, en particulier quand il s'agit d'enfants dont certains sont incapables d'aborder les thèmes en cause. Je pense par exemple à des thèmes à tonalité sexuelle ou à des sujets d'agressions ou à des conflits douloureux avec une mère, un père, etc. Le choc est parfois tellement fort que certains enfants ne supportent pas d'entendre l'histoire de leur camarade. Ils se mettent à chahuter, à faire du bruit, à faire un brouillage, de sorte qu'on ne peut pas travailler avec l'enfant qui aurait voulu aborder ce thème.

Selon mon expérience, avec des enfants de moins de onze ou douze ans, le psychodrame de groupe est plutôt une expérience privilégiée de socialisation. Les jeunes y apprennent à s'écouter, à s'exprimer, à jouer des rôles, à partager, à métaboliser leur rivalité. Ce ne sont pas des groupes strictement thérapeutiques, au sens classique du terme.

Souvent, les psychodrames avec des groupes d'enfants se situent à mi-chemin entre la psychothérapie et la pédagogie. Avec des enfants qui présentaient des difficultés plus légères, j'ai eu tendance à proposer le psychodrame de groupe plutôt que le psychodrame individuel.

Qui étaient ces enfants ? Certains étaient anxieux et présentaient des difficultés de rivalité fraternelle, d'autres étaient inhibés, ou impulsifs avec l'impression qu'ils dérangeaient, aussi bien eux-mêmes que les autres jeunes.

Quand nous sommes arrivés au Québec, nous avons fait du psychodrame par exemple à Boscoville, un établissement où les sujets étaient très délinquants. Nous avons également pratiqué dans des centres pour jeunes qui souffrent de graves troubles d'adaptation sociale, avec d'énormes passés carentiels et des capacités de langage assez réduites. Nous avons alors eu tendance à proposer plutôt du psychodrame individuel.

Ce que je vous dis là est peut-être discutable, car certains thérapeutes de groupe disaient y arriver. C'est sans doute qu'ils maîtrisaient mieux que moi l'animation de groupe. Personnellement, je ne suis parvenu que deux à trois fois à un niveau d'écoute absolument extraordinaire avec des enfants âgés de neuf à douze ans. D'autres fois, nous étions limités par ces problèmes de rivalité ou de tension dont j'ai déjà parlé et qui nous obligeaient à travailler davantage la dynamique du groupe que la dynamique personnelle de chacun.

B.L. : Je me permets une parenthèse. Quand on fait du psychodrame de groupe dans le contexte que vous décrivez, par exemple avec cinq enfants, considérez-vous que deux psychodramatistes suffisent ou ajouteriez-vous d'autres thérapeutes auxiliaires ?

M.L. : Je dirais qu'il faut au moins un thérapeute auxiliaire et un psychodramatiste principal. Bien sûr, si l'on dispose d'un autre thérapeute auxiliaire, cela facilite l'animation. Ce chiffre de trois thérapeutes pour cinq enfants amène parfois des résistances de la part des gestionnaires, surtout en ce moment, avec leurs restrictions budgétaires.

B.L. : Est-ce pour cette raison que cette technique, pourtant si enrichissante, semble moins populaire en Amérique du Nord qu'en Europe ?

M.L. : C'est peut-être l'une des raisons, oui, mais vous savez, il y a des modes dans les thérapies, comme dans tout le reste. Il se trouve que le psychodrame, individuel ou en groupe, a été sans doute mieux connu en Europe qu'au Québec et au Canada ; je pense en particulier à la France et à la Belgique.

B.L. : Pouvez-vous maintenant nous parler des indications et des contre-indications ?

M.L. : J'ai déjà fait la distinction entre le psychodrame individuel et le psychodrame de groupe. Toute indication de psychothérapie suppose que l'on remplisse plusieurs conditions. L'enfant se trouve-t-il dans une situation suffisamment stable et rassurante pour investir la thérapie ou faut-il d'abord s'assurer que cette cohérence est réalisée ? Peut-il et désire-t-il mobiliser ses capacités de symbolisation pour évoquer son monde actuel et son monde intérieur ? Y a-t-il des raisons de penser qu'en laissant aller ses images et ses représentations internes, il se produira un changement positif de sa personnalité ? Faut-il s'orienter vers une forme de thérapie plus comportementale ? Le patient peut-il bénéficier du sit-in particulier, d'une psychothérapie par le jeu ? Y a-t-il intérêt à ce que l'approche se fasse de façon individuelle plutôt que sur un mode groupal ?

Quand on a répondu à ces questions, il reste à déterminer le type de psychothérapie qui conviendra le mieux au patient. Il y a des enfants qui se sentent plus à l'aise de s'exprimer en dessinant, d'autres en manipulant des petits personnages, d'autres en suivant une thérapie essentiellement verbale. En fait, durant la démarche diagnostique, je place souvent l'enfant dans ces différentes situations et je vois la forme d'approche où il se sent le plus à l'aise, où il paraît apporter le meilleur de lui-même.

Là encore, on soulève de nouvelles interrogations. Par exemple, y a-t-il intérêt à mobiliser son corps ? L'enfant se disperse-t-il quand on agit ainsi ? Y a-t-il dans le jeu psychodramatique un côté exhibitionniste et narcissique qu'il n'est pas avantageux d'actualiser ? L'enfant est-il prêt à affronter les émotions que soulève inévitablement une telle approche ? Faut-il d'abord se préoccuper de le structurer, de le socialiser, de lui faire accepter des règles en lui proposant une démarche éducative ? Ou vaut-il mieux se diriger d'emblée vers des associations libres ?

B.L. : On ne peut donc pas dire que pour une clientèle donnée, il ne faut jamais faire de psychodrame. Ça dépend de l'enfant ?

M.L. : Oui. Cependant, il faut être prudent dans certaines situations. Par exemple, il arrive que, dans un établissement, les éducateurs soient désespérés par tel ou tel enfant. Alors, quand ils ne savent plus quoi faire, ils ont quelquefois tendance à lui recommander une thérapie. On subit alors une pression et on mythifie une forme de traitement qui n'est pas nécessairement indiquée à ce moment-là. Moi-même je me suis fait piéger quelquefois. Je me rappelle par exemple une petite fille qui souffrait d'avoir été abandonnée et qui n'arrivait pas à inscrire sa famille d'accueil comme son lieu d'appartenance. Lors d'une rencontre, elle soulignait qu'elle avait besoin d'une thérapie, mais en réalité elle ne faisait que répéter ce qu'un adulte lui avait dit.

J'ai alors accepté de l'embarquer dans une série de séances, mais je n'ai pas tardé à découvrir que sa souffrance de ne pas se sentir chez elle dans sa famille d'accueil était réelle. Et en fin de compte, on exacerbait cette souffrance en amenant la fillette à rejouer son désir, qui n'était pas satisfait dans la réalité. Avant de faire quoi que ce soit, il fallait lui créer un lieu d'appartenance.

B.L. : Vous vous disiez que ce n'était pas en faisant du psychodrame qu'elle règlerait son problème ?

M.L. : On peut même aller plus loin. Pendant une heure chaque semaine, on créait un lieu symbolique idéalisé, en pensant que cela pouvait compenser le manque qui était en elle. Mais en réalité, on l'incitait à faire un clivage entre un bon endroit et un endroit plus difficile, qui serait la famille d'accueil. À partir de notre désarroi et d'une écoute insuffisante, nous risquions d'augmenter ses problèmes au lieu de les résoudre.

B.L. : Y a-t-il des modifications à apporter, selon les difficultés du sujet ?

M.L. : Certainement, et c'est l'une des complexités du psychodrame. Selon la fragilité du sujet, il faut évaluer l'utilisation du double, du moi auxiliaire, du miroir et du chœur, ainsi que le rythme de l'animation. Par exemple, si quelqu'un est méfiant et vit sous le registre de la persécution, je ne crois pas qu'il soit indiqué de commencer par faire un double, car cela risque d'être perçu comme une sorte de mouvement magique menaçant de divination.

Certains enfants ont de la difficulté à faire la distinction entre l'imaginaire et le réel, de sorte qu'ils sont excités à la fin de la séance. Il est alors nécessaire de mettre en place une période de repos et de distanciation, soit sous la forme d'un entretien verbal, soit sous la forme d'une période de pause, avant que le sujet regagne son logis.

Certains jeunes délinquants peuvent jouer de manière répétitive des actes asociaux au cours de jeux psychodramatiques. Il faut alors oser les interpeller et leur demander s'ils travaillent vraiment des comportements ou s'ils sont en train de trouver un certain plaisir à rejouer des actes délictueux. Quand un enfant a une vie imaginaire très pauvre, il faut parfois l'aider, soit en débutant un conte, soit en lui proposant d'utiliser des étoffes pour mieux évoquer son histoire. À l'occasion, on peut aussi s'appuyer sur des marionnettes pour aider ceux et celles qui se sentent trop maladroits sur le plan gestuel.

B.L. : Vous avez connu des enfants qui ont fait du psychodrame pendant plusieurs années. Avez-vous eu l'occasion de les revoir après un certain temps ?

M.L. : Bien sûr. Et je constate d'abord une chose : parmi les enfants qui reviennent me voir, il y en a davantage qui avaient fait du psychodrame que de la psychothérapie individuelle. Cela montre que, du moins avec notre équipe, le psychodrame avait eu un plus grand impact. Et il est assez impressionnant d'entendre ce que nous disent ces jeunes gens et ces jeunes filles, dix ou quinze ans après avoir fait du psychodrame. Ils soulignent généralement que cela les a aidés, sinon ils ne viendraient pas nous voir. Cependant, ce qui les a marqués le plus n'est pas forcément ce que nous, les thérapeutes, avions trouvé le plus impressionnant.

Par exemple, beaucoup de ces jeunes nous ont dit avoir été étonnés de voir des médecins, psychologues ou autres professionnels accepter sans discuter de se mettre à leur écoute en jouant tous les rôles qu'ils proposaient. Ils nous disaient aussi des choses du genre : « Nous savions que vous étiez un vrai couple et, souvent, nous avions la nostalgie que vous soyiez nos parents. »

Parfois, ils nous rappellent certaines séquences de jeu qui nous avaient paru anodines, mais qui, dans l'alchimie des émotions, leur avaient paru prégnantes. Certains m'ont reproché de ne pas avoir été suffisamment intrusif; d'autres, au contraire, auraient préféré un rythme plus lent. J'en ai vus, surtout parmi les plus délinquants, qui remettaient en cause d'une manière troublante le problème du secret professionnel. Selon eux, il y avait un certain contenu des séances qu'ils souhaitaient que nous n'abordions pas avec leurs éducateurs. Cependant, ils se considéraient comme tellement manipulateurs que l'absence de lien entre thérapeute et éducateur de la vie quotidienne leur avait donné l'impression qu'un hiatus s'était constitué et qu'ils y avaient perdu quelque chose.

Il y a eu aussi, bien sûr, tous ceux qui ne sont jamais revenus. Pour ceux-là, hélas, nous ignorons si nos séances de psychodrame ont été utiles. Mais cela est normal, c'est le drame de la solitude des thérapeutes.

B.L. : Vous est-il déjà arrivé aussi de faire du psychodrame dit « à court terme » ?

M.L. : Les thérapies à court terme sont actuellement en vogue. Effectivement, surtout avec des adolescents, il nous est arrivé d'accepter de faire des thérapies à court terme, par exemple en fixant dix ou douze séances pour travailler tel ou tel aspect particulier qu'un jeune voulait élucider.

B.L. : Peut-on intégrer les techniques psychodramatiques dans d'autres formes d'aide ?

M.L. : Beaucoup de gens qui ont suivi notre formation ne sont pas devenus psychodramatistes, mais ont utilisé ces techniques dans leur démarche diagnostique, dans leur démarche éducative ou dans leur travail en tant que psychologue scolaire, par exemple pour aider un élève à verbaliser et pour organiser des jeux de rôles dans l'enseignement. En fait, ce qu'il y a d'intéressant, c'est de faire une expérience pour soi-même, car on transforme toujours ce que l'on a reçu selon sa discipline, selon les situations vécues, selon ses propres motivations et selon sa créativité personnelle.

B.L. : Voici ma dernière question : dans votre carrière de psychiatre, pourquoi avez-vous privilégié le psychodrame ?

M.L. : La réponse est simple : on ne réussit bien que les choses qui nous apportent du plaisir. J'aimais le théâtre et mon épouse aussi. J'avais été éducateur et je désirais continuer à avoir un partage direct avec des enfants. J'ai souvent éprouvé du plaisir dans des groupes, et le psychodrame de groupe me permettait de retrouver cette alliance collective. Comme j'aime mobiliser mon corps, je peux proposer aux autres de le mobiliser aussi. Je suis très convaincu que l'on ne fait bien que ce qu'on aime. J'ai donc choisi cette forme de thérapie parce que je m'y sentais à l'aise.

B.L. : Merci beaucoup, docteur Lemay. Même si vous avez arrêté de donner cette formation, j'espère que le psychodrame continuera à faire des petits, que ce soit dans son essence même ou dans son esprit. Je souhaite aussi qu'un jour, il y ait un précis de psychodrame, non seulement du docteur Anzieu, mais aussi de vous-même… Sait-on jamais ?

Le travail en équipe

Dialogue avec Jean LEMIRE

Dans la majorité des actes thérapeutiques en pédopsychiatrie, la dimension de l'équipe est fondamentale.

Il n'est pas simple de regrouper des praticiens ensemble pour œuvrer de façon cohérente.

Jean Lemire, psychoéducateur, a une longue expérience tant dans les institutions (il a dirigé longtemps un service appelé Le Carrefour où il s'occupait d'adolescents délinquants ayant des difficultés psychiatriques associées) que dans les services pédopsychiatriques (il a été coordonnateur des soins spécialisés à l'enfance au CHU Sainte-Justine et, actuellement, des services de la région de Joliette).

Il a une longue complicité avec le docteur Michel Lemay puisqu'ils ont travaillé près de 20 ans ensemble.

Ils échangent donc sur leurs visions mutuelles de l'équipe.

J.L. : Aujourd'hui, nous allons parler ensemble du travail en équipe. Pourquoi ce travail est-il nécessaire ? Ne serait-il pas plus simple de pratiquer seul, en cabinet privé ?

M.L.: Nous avons tendance à privilégier la pratique privée. Cette manière d'approcher l'enfant n'est pas mauvaise non plus. Pourtant, à partir du moment où des gens décident d'œuvrer ensemble à une tâche commune, ils doivent constituer un groupe. Comment définir une telle action ? Une équipe est un groupe de professionnels qui ont des tâches précises, qui possèdent une certaine idée de leurs approches réciproques et qui doivent constituer une sorte d'identité collective pour répondre à des besoins particuliers et à une clientèle donnée. Tout cela se déroule durant un temps précis et dans un espace singulier, qu'il s'agisse d'un établissement, d'un hôpital ou d'un service de quartier.

J.L. : À quel moment peut-on dire qu'un groupe de professionnels forme une équipe ? Dans une clinique, par exemple, il y a souvent plusieurs professionnels qui ne coordonnent pas nécessairement leurs objectifs. En médecine physique, on fait passer des électrocardiogrammes et on accomplit d'autres gestes médicaux, sans que ce soit un travail d'équipe.

M.L. : En effet, certaines personnes peuvent travailler en parallèle, les unes à côté des autres. On peut imaginer un psychologue dans un coin, un psychiatre dans un autre, un éducateur dans un troisième, une orthophoniste dans le quatrième et une psychomotricienne ou une ergothérapeute dans le dernier. En fonction de la demande, on oriente le client vers telle ou telle personne. Il n'y a donc pas d'équipe. Une équipe, cela suppose que des personnes comme celles que je viens de nommer décident de travailler ensemble et de mettre en commun leurs connaissances pour comprendre, grâce à des collaborations réciproques, ce qu'est un enfant au sein de sa famille.

Une démarche diagnostique faite en équipe suppose que les intervenants coordonnent leurs interventions en sachant ce que les uns et les autres tentent de faire. L'un parle avec la famille, l'autre engage le jeune dans une série d'activités et un troisième crée un lieu d'expression où l'enfant aborde le monde de ses émotions.

À partir d'une telle organisation et pour parvenir à une réalisation, on constitue un groupe de professionnels centrés sur une même tâche, mais se donnant des responsabilités différentes et accumulant des données qu'ils se communiquent les uns aux autres.

Dans certaines démarches tentées en institution, une équipe d'éducateurs reçoit des adolescents et assure une cohésion des attitudes et des demandes en donnant à chacun des objectifs quelque peu différents. Ainsi, l'un fait les entretiens tandis que l'autre se préoccupe du suivi scolaire, etc.

Le groupe instaure une structure qui permet à l'enfant d'évoluer, tout en se demandant sans cesse s'il ne faudrait pas ajouter quelque chose. Comment se mettre en rapport avec la famille ?

Qu'est-ce que ce jeune éveille en nous ? Quelles tensions déclenchées ont des répercussions sur notre démarche éducative ?

Que les équipes soient unidisciplinaires ou qu'elles réunissent différents représentants de la psychiatrie, de l'éducation, de la psychologie ou de l'orthophonie, le groupe bénéficie de connaissances mutuelles, d'un savoir-être, d'un savoir-faire dans une direction donnée, pour une clientèle donnée.

J.L. : Le travail en équipe suppose-t-il la conviction qu'on n'arriverait pas à remplir sa tâche si on était seul ?

M.L. : Il est indiqué de former une équipe dès qu'on a le sentiment de ne pas pouvoir aboutir tout seul à un bon travail. On peut très bien envisager de mettre sur pied une activité de socialisation dans un club de quartier sans passer pour un groupe de professionnels. Par contre, si dans ce même club de quartier, plusieurs éducateurs se retrouvent centrés sur le ou les mêmes enfants, il devient nécessaire d'échanger entre professionnels. Qui, chaque soir après l'école, offrira des activités artistiques et sportives ou de l'aide scolaire ? Quels liens établirons-nous avec la famille, avec l'école ? Quelles répercussions l'action de l'un a-t-elle sur l'autre ? Un début d'équipe apparaît donc.

Si je suis dans un milieu hospitalier où je surveille l'évolution d'enfants autistes et que je veux adopter des stratégies d'intervention, il me faut une évaluation de plusieurs aspects. Je sais bien, dans de telles circonstances, qu'une évaluation psychiatrique isolée ne suffirait pas. Il me faudrait savoir comment cet enfant réagit lors d'activités éducatives, quelles sont les possibilités qu'il s'intègre à un groupe, comment il entre en relation avec les autres. J'aurais sans doute à me demander quel est son niveau intellectuel. A-t-il des troubles du langage ? Si oui, quelle aide lui faudrait-il pour que ses capacités réceptives et expressives s'améliorent ? J'aurais certainement besoin tantôt d'être en relation individuelle avec cet enfant, tantôt de le voir dans un petit groupe, avec des approches spécifiques.

À ce moment-là, j'en conclurais qu'il est nécessaire de former une équipe de soignants.

J.L. : Pour bâtir de telles équipes, on cherche des compétences diverses, en psychologie, en médecine, en psychoéducation, en ergothérapie, etc. On espère aboutir au meilleur cocktail de personnalités possible. En effet, il faut certaines qualités pour travailler en équipe, car même si on décuple ses forces, on doit aussi faire des compromis.

M.L. : Votre question est d'autant plus intéressante que dans la majorité de nos professions, nous n'avons pas été préparés à travailler en équipe. Par exemple, dans la formation des psychiatres, il n'y a, à ma connaissance, pas un seul cours portant sur la dynamique de groupe et l'animation de groupe. Or, nous savons que beaucoup de psychiatres doivent coordonner des équipes. En psychoéducation, il y a un cours sur le groupe et sur l'animation de groupes d'enfants, mais je ne suis pas sûr qu'il y ait grand-chose sur la façon de coordonner une équipe en tant que psychoéducateur.

Nous sommes donc très peu préparés à animer une équipe et je connais un tas de professionnels de bonne volonté qui se sont cassé le nez lorsqu'il leur a fallu prendre la responsabilité d'aider un groupe à coordonner ses interventions. Très vite, devant les rivalités, les problèmes de hiérarchie, les prises de rôles, la construction de sous-groupes, ils se sont affolés et leur attitude les a souvent conduits à se rigidifier. Ils se sont trouvés finalement en marge, coincés dans un cercle vicieux.

Vivre en groupe, cela s'apprend. Toute personne qui s'intègre à une équipe devrait savoir qu'un groupe comporte ses lois, ses réseaux, ses tensions, ses attirances et ses rejets, ses mécanismes adaptatifs, etc. Des forces attractives et répulsives entrent en jeu, des non-dits s'accumulent, des rumeurs courent, chacun a ses petites manies et ses écoutes sélectives. Chacun a son mode d'expression plus ou moins facile à décoder.

Si, en parlant des groupes, on utilise le mot « dynamique », c'est à cause de tous ces processus complexes. Il faut absolument les connaître pour les assumer. De plus, le fait de travailler avec des enfants engage chacun dans sa propre histoire, dans son propre vécu émotif.

Le groupe de jeunes aussi a sa dynamique, qui influence plus ou moins tel ou tel intervenant. Les réflexions de ce dernier, au sein de son équipe, dépendent non seulement de ce qu'il vit avec ses collègues dans le quotidien, mais aussi de ce qu'il a vécu les jours précédents dans son lieu de travail. On a réalisé de très nombreuses études sur les processus de groupes. Je crois que ce serait une belle chance, non seulement d'avoir des cours sur ces sujets, mais aussi de faire soi-même des expériences de groupe dans lesquelles on vivrait subjectivement tous ces phénomènes.

Par exemple, cette aventure collective, on peut la vivre par le psychodrame de groupe. Cette approche est une thérapie de groupe qui aide par la suite à se situer dans une équipe et peut-être même à la diriger. J'ai eu moi-même la chance de faire une psychanalyse ainsi qu'une formation de thérapie de groupe par le psychodrame, et j'ai constaté à quel point il s'agit d'expériences complémentaires. Mon expérience de groupe, en tant qu'élève psychodramatiste, m'a permis de constater comme il est difficile de communiquer et de s'entendre, et combien de fausses perceptions apparaissent entre les gens. Il se développe un véritable inconscient collectif qui n'est absolument pas l'addition des inconscients individuels. Dans les programmes de formation, il serait donc tout à fait nécessaire d'intégrer des expériences centrées sur les groupes.

J.L. : Quand des ingénieurs construisent un centre commercial, une grande partie de leur travail est objectif. Deux multiplié par trois, ça fait toujours six. On ne discute pas. Cependant, dans nos tâches centrées sur l'inadaptation sociale ou la santé mentale, nous savons bien qu'une grande part de nos connaissances restent « molles ». Le pouvoir de la parole se distribue différemment d'une profession à une autre. Vous avez dû observer souvent que, dans une équipe multidisciplinaire, les temps de discussion sont souvent inversement proportionnels au temps passé avec les patients. Les infirmières, les éducateurs, les psychoéducateurs, ceux qui sont vraiment avec les enfants parlent peu, alors que le psychologue ou le médecin, qui ne voient l'enfant que quelques heures, font de longs exposés sur lui.

M.L. : Vous avez tout à fait raison. Cela me met toujours mal à l'aise de voir à quel point l'éducateur ne sait pas transmettre à ses collègues ce qu'il a recueilli de données, ce qu'il en a fait dans son quotidien, ce qu'il a ressenti et ce qu'il a projeté de réaliser par la suite. Il prend la parole dix minutes alors que le psychiatre, qui a sans doute vu l'enfant une heure ou une heure et demie au cours des trois derniers mois, en parle pendant une demi-heure ! Cela démontre que les phénomènes hiérarchiques s'installent vite, que les inhibitions pèsent lourd et que le terme de « psy » inhibe souvent l'autre.

En réalité, ce n'est pas simple. Je décris le phénomène et, pourtant, il m'est arrivé de tomber dans le piège. J'ai souvent ressenti des pressions de ce genre de la part d'une équipe où l'on me disait, en substance : « Parlez-moi de l'enfant comme vous le voyez, avec vos connaissances. Vous l'avez compris, alors que nous sommes dans l'anodin du quotidien et que nous avons du mal à croire à l'importance de notre action. »

D'autres phénomènes très subtils se produisent : le droit de parole ne se distribue pas de la même manière selon les disciplines, mais également selon l'ancienneté, selon la facilité de parole dont on dispose, selon les termes techniques qu'on utilise, etc.

J.L. : C'est vrai que, dans nos professions éducatives, nous avons souvent tendance à demander aux autres professionnels ce qu'ils doivent faire et comment ils doivent le faire. Il est finalement bien difficile de se situer les uns par rapport aux autres.

M.L. : Vous soulevez la question de la contribution spécifique de chacun. Prenons par exemple le cas du psychiatre. Il peut apporter des choses très importantes à l'équipe, mais il ne partage pas des moments de vie avec l'enfant. Il ne voit pas sa symptomatologie au jour le jour. Il n'anime pas de groupes, car ce n'est pas son rôle, et il y a donc tout un domaine qui n'est pas le sien, celui des interrelations entre les enfants.

Par contre, il est bien placé pour parler de la dynamique de l'enfant, des forces qui surgissent quand il l'aide à s'exprimer avec des dessins ou des jeux symboliques. Il peut assez bien saisir les différences entre ce que l'enfant voudrait être et ce qu'il n'est pas, il peut reconnaître certaines limitations d'ordre intellectuel dans le jugement et dans l'analyse.

S'il s'intéresse aussi au corps de l'enfant, il peut repérer des modalités d'intégration sensorielle particulières. Sa rencontre avec la famille lui permet de soulever des hypothèses sur les liens entre les difficultés de l'enfant et les fantasmes que les parents projettent parfois sur lui.

Par contre, il ignore ce que l'enfant fait dans le quotidien de tous ces éléments. Sans doute le psychiatre est-il assez bien placé, avec le psychologue, pour parler de la dynamique de la personne, mais non de son économie. Il y a donc une complémentarité des visions.

Si le psychiatre remarque des problèmes d'intégration sensorielle et de motricité, il peut fournir à l'ergothérapeute des réflexions spécifiques qui seront également utiles à l'éducateur quand il organisera une activité scolaire ou de loisir.

Les champs d'investigation et d'action se complètent selon les catégories professionnelles, mais ne se remplacent pas mutuellement. Bien sûr, il existe aussi des zones de chevauchement, par exemple un psychiatre peut être amené à faire de la discipline dans son bureau ou à exercer son autorité parce que le jeune devient trop symptomatique. Il prend donc brièvement une position d'éducateur. C'est un chevauchement, mais ce n'est pas la spécificité de sa profession.

De la même manière, un éducateur perçoit, entend les émotions de l'enfant. Il saisit les relations familiales, il peut accompagner tout cela. Cependant, comme il est pris sur le plan affectif par sa relation avec le jeune, il lui est difficile de s'identifier à lui et, en même temps, à des parents maltraitants. Il prend régulièrement le jeune en entretien pour aborder avec lui ce qui se passe dans le groupe. Lors de tels échanges, des émotions surgissent et des confidences apparaissent. Cependant, il ne s'agit pas d'une relation de type psychothérapique, qui est souvent nécessaire en parallèle.

J.L. : Puisque vous avez été éducateur, vous devez comprendre la situation suivante : un éducateur vit dans le quotidien et voit les comportements au jour le jour. Il a donc très peu de possibilités de distanciation. Quand on est en contact direct, on reçoit les postillons des maladies mentales. On est sans cesse pollué et il faut continuellement lutter pour arriver à faire le point. Ce n'est pas du tout la même chose que d'être exposé à une pathologie six heures de suite ou de l'être pendant seulement 45 minutes.

Il s'agit là de différences majeures, dont il faut tenir compte dans les interrelations avec les malades. Par conséquent, l'éducateur risque sans doute un peu plus d'être intoxiqué que ceux qui sont légèrement éloignés. Il se produit donc des envies : les uns veulent occuper la place des autres. L'éducateur peut s'imaginer qu'il est très facile d'être psychologue ou psychiatre, tout en méconnaissant la solitude liée à ces métiers.

En parlant à une équipe, même sans savoir où elle en est, on peut presque savoir avec quelle clientèle elle travaille. Par exemple, des équipes s'occupant d'enfants autistes ont des réactions assez particulières et il en est de même avec des groupes professionnels qui tentent d'aider des délinquants. Avez-vous observé, vous aussi, cette maladie des équipes, maladie sans doute nécessaire et, je l'espère, passagère ?

M.L. : Vous avez fait allusion à mon expérience d'éducateur… En effet, pendant mes études de médecine et un peu après, j'ai travaillé surtout comme éducateur. Cette trajectoire particulière m'a aidé à comprendre les équipes, assez pour saisir qu'en effet, on n'est pas du tout dans la même situation quand on est dans son bureau avec un enfant ou dans un groupe de jeunes dont les symptomatologies s'additionnent. On n'éprouve pas du tout les mêmes sentiments.

En tant que « psys », nous sommes percutés par des résonances venant de notre propre histoire, et celles-ci rejoignent ce que nous dit l'enfant. L'éducateur, lui, est directement touché par les symptômes. Il vit de l'impuissance, un désir de pouvoir, un sentiment d'échec, une nécessité d'intervenir très vite. Parfois, il doit sauver la vie du groupe et se trouve ainsi en porte-à-faux vis-à-vis des besoins personnels de tel ou tel jeune.

Cette compréhension de l'intérieur, Bettelheim en a beaucoup parlé. Il disait que tous les « psys » devraient faire au moins un an d'éducation spécialisée. Il ajoutait qu'il en découle une expérience absolument essentielle, qu'il faut ensuite remétaboliser et repenser par rapport à sa propre discipline.

Il m'arrive souvent de conseiller cette expérience aux résidents dans leur démarche pédopsychiatrique. Je leur dis d'aller dans la vie de groupe des enfants, de se mouiller et de se laisser imprégner par les manifestations dont ils seront témoins.

J.L. : Vous ajoutez une deuxième dimension à vos réflexions, à l'effet qu'un groupe de professionnels a sa spécificité, mais travaille aussi avec une clientèle donnée et que cette clientèle provoque des impacts singuliers.

M.L. : Vous avez tout à fait raison : cela est très important. Ce n'est pas du tout pareil de travailler avec des enfants déficients mentaux, de se retrouver avec des tout-petits, de côtoyer des adolescents ou d'être avec des jeunes très agités. Les conflits ne sont pas les mêmes, les résonances ne sont pas identiques. Par exemple, quand nous travaillons avec des enfants de cinq ans et moins, c'est notre passé de tout-petit qui se trouve réanimé.

Tout ce qui nous a manqué, tout ce que nous avons désiré, nous le revivons d'une certaine manière et nous retrouvons nos conflits non résolus. Non seulement l'âge joue-t-il un rôle, mais la symptomatologie a une influence considérable. On sait bien que le terme « délinquant » ne signifie pas grand-chose en soi, mais qu'il désigne des jeunes extériorisant leur insatisfaction, présentant des difficultés d'adaptation sociale. Ils sont très ambivalents par rapport à la loi, ils veulent la transgresser et, souvent, ils doutent de l'aide qu'on leur propose. Ils ont été dangereux à un moment donné et ils adoptent souvent des comportements nuisibles.

L'équipe vit donc des sentiments de peur, d'échec, d'impuissance, des désirs de réprimer. Quand on vit toute la journée dans des établissements de jeunes délinquants, on voit souvent s'additionner progressivement les règlements, ce qui donne un climat non seulement normatif, mais même répressif. Il n'est pas étonnant que de bons établissements se transforment peu à peu en bagnes pour enfants. En France, ce fut le cas d'un certain nombre d'établissements qui étaient excellents au départ, mais qui — hélas — ont débouché sur la maltraitance.

J.L. : À ce sujet, ne pensez-vous pas qu'une équipe aurait besoin d'un regard extérieur dans une telle évolution ?

M.L. : Oui, on peut poser un regard neuf grâce à la présence de disciplines moins engagées. Un psychiatre qui ne vient qu'une fois ou deux par semaine risque moins d'être contaminé. Cependant, il existe de nombreux exemples où de telles intoxications concernaient également le psychiatre. Un psychologue peut avoir cette fonction, un travailleur social également. Le fait que, selon la discipline représentée, nous ne vivions pas les mêmes situations peut provoquer des tensions, mais cela peut aussi faire en sorte que les émotions sont mieux modulées.

J.L. : Il faut une grande confiance mutuelle pour oser se parler ainsi.

M.L. : Absolument. L'absence de confiance peut créer bien des brèches. Je citerai un exemple classique : un travailleur social suit une famille et sent que le parent devient dangereusement déprimé parce qu'il perd contact avec son enfant. Le travailleur social souhaite donc une plus grande fréquence des visites. De son côté, l'éducateur constate qu'après chaque congé, le jeune est désorganisé. Il lui faut cinq jours pour récupérer. L'éducateur souhaite donc qu'on distance les rencontres. Les deux demandes s'opposent profondément !

J.L. : En fait, les deux professionnels n'ont pas le même client.

M.L. : Non seulement ils n'ont pas le même client, mais ils ne s'identifient pas de la même manière. En aparté, l'éducateur va se dire que le travailleur social protège tout le temps les parents et ne comprend rien à la réalité du groupe éducatif. De son côté, le travailleur social pense que ces éducateurs ne pensent qu'au gamin, qu'ils prennent tout le temps sa défense et qu'ils oublient finalement que son évolution dépend de sa relation avec sa famille.

Quand les perceptions sont nommées, on peut rectifier les faits, négocier et trouver des solutions qui conviennent à tout le monde. Si personne ne se parle, des mois s'écoulent et, un beau jour, on s'engueule pour un petit détail qui n'a strictement rien à voir avec le conflit latent qui, lui, n'a jamais été abordé.

C'est ici qu'un coordonnateur d'équipe peut jouer un rôle énorme, s'il parvient à prendre une certaine distance, s'il bénéficie d'une supervision et s'il crée un espace à penser, qui l'amènera à moins réagir dans l'immédiat.

J.L. : Parlons justement du rôle de ce coordonnateur. Quelle est sa fonction ? Il ne peut pas être à la fois un bon neurologue, un bon médecin, un bon éducateur, un bon orthophoniste, un bon psychomotricien. Que doit-il faire dans une équipe multidisciplinaire ?

M.L. : Je dirais qu'idéalement, il fait le chef d'orchestre. Il a à sa disposition un certain nombre de musiciens, ceux que vous venez justement de citer. Ces musiciens sont excellents, mais ils doivent s'accorder les uns aux autres. Il faut une certaine harmonie pour que les enfants évoluent. Le coordonnateur doit entretenir une relation de confiance avec les différents praticiens, tout en étant capable de les interpeller pour parler de ce qu'ils font ensemble, de ce qu'ils font de contradictoire et de ce que chacun fait de son côté.

Quelqu'un doit pouvoir poser ces questions. Le coordonnateur sait qu'une équipe est un groupe et qu'il y aura des tensions de temps en temps. La personne qui fait la coordination doit faire surgir les non-dits pour permettre à la parole de circuler et éviter l'abcès. Si des rôles gênants se fixent, à un moment donné, il doit poser des questions à l'intéressé. Par exemple : « Avez-vous constaté que vous jouez un rôle qui paralyse la communication lors des réunions d'équipe ? »

Le groupe établit une certaine stratégie d'intervention, mais inévitablement on finit par l'oublier. Cet oubli est suscité par la charge de travail, par les difficultés d'assumer un acte d'autorité, etc. Le coordonnateur doit alors rappeler le plan d'intervention. Si, trois fois de suite, il y a eu une désorganisation au coucher, cela n'est pas forcément lié à la pathologie des enfants, mais souvent au fait que deux personnes sont parties avant l'heure.

Le coordonnateur doit également jouer un rôle d'arbitrage, faire le médiateur lorsque des conflits surgissent entre deux personnes et assurer une certaine cohésion dans le groupe. Il doit avoir du charisme, le sens de l'humour et assez d'empathie pour savoir qu'il est temps, par exemple, d'organiser un repas collectif qui réunira tout le monde et développera un sentiment d'appartenance.

Le coordonnateur a un rôle déterminant à jouer dans le fonctionnement du groupe. Quand il agit de façon authentique, il transmet peu à peu à chacun ces différentes attitudes. On constate un fait curieux: une équipe vieillit, comme une personne. Elle a souvent une enfance heureuse, parfois idéalisée, on est dans la construction d'un bébé de rêve. Puis, l'équipe grandit et on débouche sur une phase d'opposition, avec des « non » qui rappellent singulièrement ceux des enfants de trois et quatre ans. L'équipe entre ensuite dans une sorte de période de latence où les choses roulent bien, mais on débouche sur une crise identitaire, une sorte de crise pubertaire, où chacun essaie de s'affirmer dans son identité. L'équipe se renforce, entre dans sa phase de maturité, mais… attention à l'Alzheimer.

Bien sûr, elle est tout le temps percutée par l'arrivée de nouvelles personnes qui sont à la fois désirées et craintes parce qu'elles apportent des idées neuves et que cela remue le cocotier. Chacun veut profiter des noix de coco, tout en craignant de les prendre sur la figure.

Tous ces éléments, le coordonnateur doit les avoir en tête afin d'aider chacun à préciser ses fonctions et à les assumer le mieux possible. Vous avez connu cela, alors vous savez combien cette dernière partie est difficile à réussir.

J.L. : Oui, et ça me fait penser à ces coordonnateurs qui souhaitent une équipe où les gens s'entendent parfaitement bien, mais qui savent en même temps qu'il est dangereux que tous pensent la même chose d'un enfant, car on risque alors d'oublier des éléments importants.

M.L. : Sans compter le problème des déviances d'équipe. J'ai connu des équipes fusionnelles et presque trop soudées. Le coordonnateur était généreux, il invitait les gens chez lui. Tout semblait baigner dans l'huile. Cependant, en dépit de moments chaleureux, de telles intimités sont dangereuses. Le jour où les tensions apparaissent, on est comme des amoureux en conflit. Cela rappelle une situation de divorce où tout le monde se déchire. J'ai rencontré ainsi des équipes déprimées, blessées, et je me méfie maintenant de ce type d'équipe fusionnelle.

On défend parfois un autre principe : celui de la collégialité. Il ne faut pas de coordonnateur, les gens peuvent s'entendre dans un système de cogestion. Le mythe se résume à ceci : nous pouvons nous entendre sans avoir besoin d'un responsable. Dans de tels cas, on aboutit inexorablement à une impasse.

On connaît également des équipes où le coordonnateur est un persécuteur. Il installe une véritable dictature, il règne en divisant, en faisant peur, en laissant planer subtilement des menaces.

J.L. : Les membres d'une équipe deviennent, pour le coordonnateur, des instruments à son service, au service de son rêve ?

M.L. : Oui, et on peut ainsi déboucher sur des déviances assez fascinantes.

J.L. : On parle beaucoup d'équipes dont la tâche revient à accompagner des jeunes dans la vie quotidienne. En fait, des équipes peuvent remplir des tâches bien différentes. Dans une clinique, par exemple, on peut être une vingtaine à travailler ensemble. Ailleurs, il s'agit de très petits groupes, deux ou trois personnes qui œuvrent ensemble de temps en temps.

M.L. : Oui. Et j'ajouterais que les équipes fonctionnent en sous-groupes qui se font et se défont. À un moment donné, on doit collaborer avec tel travailleur social, tel ergothérapeute et tel psychologue pour parler d'un enfant. On constitue ainsi une équipe momentanée. À un autre moment, ce sera avec un nouveau travailleur social. N'oublions pas que l'équipe n'a de sens que par rapport à la tâche qu'elle doit accomplir.

J.L. : Dans une grande équipe, les gens ont tendance à se constituer en sous-groupes.

M.L. : Dans nos métiers, nous avons toujours la nostalgie d'être soutenus par d'autres, mais en même temps nous sommes très individualistes.

J.L. : Vous me disiez, récemment, qu'une équipe dépend beaucoup du type de clientèle avec laquelle elle travaille.

M.L. : C'est tout à fait vrai. J'ai vu se débiliter des équipes qui s'occupaient d'enfants déficients mentaux. On s'extasiait devant le moindre petit progrès. C'était à la fois nécessaire pour tenir le coup, mais, en tant qu'observateur extérieur, on ne pouvait que s'étonner de voir des gens si intelligents parler pendant une demi-heure d'un enfant qui avait enfin réussi à tourner un robinet du côté gauche ou à remplir un verre d'eau…

On pouvait s'émouvoir d'un tel enthousiasme, mais il était tout de même étonnant de voir cette tendance à se fixer sur un petit symptôme sans le voir dans un contexte global. L'équipe semblait perdre la dimension de l'évolution longitudinale. Que faut-il inculquer, comme habileté sociale, à ce jeune déficitaire pour qu'il s'intègre, sinon à un groupe normal, du moins à un atelier protégé ?

Je me rappelle une équipe qui s'occupait d'enfants psychotiques. À partir de quelques gestes et quelques phrases, je les voyais s'envoler vers des conceptions psychanalytiques kleiniennes qui me paraissaient assez dénuées de raison. Les gens se psychotisaient ensemble.

Il est assez impressionnant de voir le transvasement qui se fait de la pathologie du sujet vers celle de l'équipe.

J.L. : Vous avez dû connaître, en délinquance, des équipes qui se rigidifiaient à outrance sur le plan moral ?

M.L. : Tout à fait. Cela me rappelle une approche éducative dans un centre où j'ai travaillé momentanément. À partir d'une conception strictement comportementale, toute idée, attitude ou réflexion était décodée comme faisant partie de ce qu'on appelait la « pensée délinquante manipulatrice ». On renvoyait le jeune en permanence à ce qui était considéré comme des distorsions cognitives et, peu à peu, le système devenait extrêmement pesant.

J.L. : Les équipes changent de mandat. Elles étaient habituées à travailler à long terme, aujourd'hui on leur demande de faire le même travail en cinq ou six semaines, au maximum trois mois. Toute l'organisation des soins se trouve alors bousculée et les gens connaissent de grandes crises professionnelles. Ne pensez-vous pas qu'en acceptant de travailler en équipe, on doit également consentir à un certain mandat ?

M.L. : On doit à la fois consentir aux directives et oser s'y opposer parfois. Bien sûr, on est payé pour faire quelque chose dans un milieu institutionnel donné, un hôpital, un établissement, un service. Les coups de gouvernail font partie du jeu, qui dépend lui-même des pouvoirs publics, des contraintes budgétaires, des modes, etc.

À un moment donné, on peut considérer par exemple une intervention à très long terme comme n'ayant plus de sens, compte tenu des besoins de l'ensemble de la population. On peut aussi s'apercevoir qu'une intervention à court terme donne de bons résultats, dans la mesure où elle est bien menée et où elle se répète. Il peut être intéressant d'agir à plus court terme, sans pour autant fermer les dossiers ou en sachant les rouvrir quand cela sera nécessaire. Il y a une vingtaine d'années, par exemple, il arrivait qu'en soin de jour hospitalier, on garde des enfants pendant quatre ans. C'était sans doute une erreur, dans la mesure où on ne s'interrogeait plus sur la raison de la prolongation du séjour. Toutefois, on peut envisager des actions ponctuelles répétées qui s'étendent sur quatre ans et qui donnent des résultats intéressants, tout en libérant des places pour des centaines d'enfants qui attendaient jusque-là.

Par contre, on peut avoir des mandats absurdes et il faut savoir s'y opposer. La désinstitutionnalisation des dernières années a été très mal réalisée. Certes, il fallait changer des choses au sein des établissements, mais la fermeture sauvage d'un très grand nombre de centres n'a pas donné lieu à la création de foyers de groupe ou de services d'action éducative en milieu ouvert, comme cela avait été promis. Cela a déclenché un net recul dans la qualité des soins. Cela a aussi provoqué des blessures très profondes chez un certain nombre d'intervenants qui se sont mis à douter d'eux-mêmes. Il fallait alors avoir le courage de dire non. Nos fonctions supposent que l'on accepte des changements, elles exigent que l'on sache obéir, mais quand les choses vont trop loin, il faut aussi savoir s'opposer.

J.L. : Le choc des idées est nécessaire. On a parlé de la vie affective des équipes, mais qu'en est-il de leur vie intellectuelle ? Chaque professionnel doit intégrer des connaissances nouvelles au fur et à mesure qu'il évolue. Si on pratique de la même manière qu'il y a 40 ans, cela devient déprimant. À votre avis, comment inscrire au sein d'une équipe les connaissances nouvelles afin qu'elles trouvent place dans les actions quotidiennes ?

M.L. : Le perfectionnement continu est une responsabilité essentielle de toute institution prise dans son sens le plus large. Si on ne se perfectionne pas, on devient très vite des analphabètes. Si quelqu'un soignait les dents de la même façon qu'il y a 40 ans, on crierait au scandale. Or, ce scandale existe parfois dans nos milieux. Pourtant, les connaissances ont considérablement évolué dans nos professions.

Prenons, par exemple, le domaine des troubles de l'attachement : après avoir compris à quel point l'attachement était important, nous avons commencé à valoriser des interventions de plus en plus précoces entre parents et enfants, en fait dès les premières années de la vie. En même temps, cette découverte ne signifiait pas qu'il fallait laisser tomber les adolescents et ne pas agir auprès d'eux sous prétexte qu'il serait trop tard. Voilà donc un concept, celui de l'attachement, que la psychanalyse nous a apporté.

En même temps, puisqu'on parle de psychanalyse, bien des choses doivent changer. Le recul nous permet de voir que les analyses très prolongées avec des enfants perturbés ne donnent pas de grands résultats. Il faut donc oser s'interroger sur de nouvelles approches, si elles paraissent meilleures.

Le problème, c'est que nous avons tendance à rester collé à une vision philosophique de nos interventions plutôt que sur une vision clinique. Si un mode de traitement ne donne pas les résultats escomptés, il est scandaleux sur le plan social de continuer à mobiliser des intervenants dans une direction alors qu'ils pourraient obtenir plus d'améliorations avec une autre approche.

Pendant longtemps, nous avons été baignés, moi en tout cas, dans l'idée que tout ce qui s'approchait du behaviorisme et du comportementalisme était trop normatif. Tout ce qui était du domaine de l'inconscient était hypervalorisé. À présent, on découvre qu'on peut obtenir des résultats assez extraordinaires avec une série de séances bien organisées d'approche comportementaliste pour des états anxieux, des réactions phobiques ou des comportements obsessionnels.

De quel droit continuerions-nous à pratiquer d'anciennes approches alors que de nouveaux traitements semblent faire leur preuve ? Au nom d'une philosophie de l'inconscient ?

On se heurte ici à un problème éthique. Il ne viendrait pas à l'idée d'un médecin de médecine générale de continuer un antibiotique si on découvrait que cet antibiotique est moins actif qu'un nouveau produit. En psychiatrie, nous avons tendance à perpétuer des interventions qui ne sont pas forcément totalement dépassées, mais qui doivent en tout cas être profondément repensées.

J.L. : Au sein des équipes, on voit souvent s'installer une dualité. Des professions sont plus orientées vers une approche dite structurale, tandis que d'autres visent surtout une réadaptation.

M.L. : On peut prendre l'exemple de l'autisme. Dans un plan d'intervention individualisée, nous savons qu'il y a d'intéressantes améliorations lorsqu'on repère les émergences, et qu'on les renforce en se servant de rituels. L'enfant s'ouvre alors vers d'autres horizons. De quel droit ne le ferait-on pas ? Au nom d'une philosophie ?

En même temps, si on comprend que cet enfant développe progressivement un mode de représentation erronée, il faut rectifier. Certains s'opposeront aux thérapies, qu'elles soient cognitives ou émotionnelles. Mais là encore, de quel droit imposerions-nous de telles règles ?

Ce qu'une équipe doit comprendre, c'est qu'au fur et à mesure que les connaissances se développent, des hypothèses nouvelles surgissent. Bien sûr, il y en a des farfelues, mais il y en a aussi qui nous permettent d'avancer. Nous n'avons pas le droit de refuser ces pas en avant, sous peine de stagner.

J.L. : On lit partout, dans les journaux, que dans six ou sept ans, presque 40 % des gens qui travaillent actuellement se dirigeront vers la retraite et seront remplacés par de jeunes professionnels. Cela veut dire que pendant un certain temps, les équipes seront plus nombreuses et que les gens devront travailler à mi-temps avec des jeunes qui auront reçu des formations bien différentes de la leur. Les personnes plus âgées devront côtoyer des jeunes dont les connaissances nouvelles apporteront à la fois richesse et déséquilibre. En vieillissant, on apprend probablement à mieux tolérer le doute, mais on développe aussi un ensemble de mécanismes de communication et d'action répétitifs et un peu simplistes. Quand les équipes se forment ainsi, en rassemblant des gens de divers âges, il risque d'y avoir plus d'affrontements. Qu'en pensez-vous ?

M.L. : On peut traiter cette question sur un mode optimiste ou pessimiste. Si l'on est pessimiste, on dira qu'il y aura la souffrance de ceux et celles qui auront fait des choses avec énormément de générosité pendant des décennies et qui finiront par se voir mis au rancart. On leur adresse un message plus ou moins poli : vous êtes vieux jeu et les choses auxquelles vous adhériez sont maintenant dépassées. Vous devriez les remettre en cause.

Le problème, c'est la manière dont ces gens considèrent leurs habitudes. S'ils gardent assez de jeunesse de cœur, ils diront que c'est dans doute vrai et ils accepteront de repenser leurs affaires, de redémarrer dans une direction nouvelle, tout en apportant une certaine contribution liée à leurs expériences antérieures. Le drame éclatera si ces personnes, se sentant blessées à mort, se retirent avec le sentiment de perdre l'estime d'elles-mêmes.

C'est ce qui se produit dans toute démarche entre un enfant et son père. À un moment donné, un enfant va dire à son papa : « Tu ne penses plus comme nous, tu es déphasé. » Devant cela, le père peut évoluer, tout en restant lui-même, et se servir de ses expériences antérieures comme d'une sorte de base historique. Par ailleurs, il peut se raidir, avoir le sentiment qu'il a mis au monde une progéniture ingrate et se réfugier dans sa solitude pour camoufler sa blessure.

C'est un peu ce que vit une équipe composée de professionnels de générations différentes. Cependant, au-delà de ces histoires personnelles, une réalité existe, qui dépasse la question des équipes. Pendant longtemps, on a cru qu'une seule théorie pouvait faire le tour des problèmes. Ce fut successivement la théorie psychanalytique, les théories cognitivistes, les théories sociologiques, les théories organicistes, etc. De la même manière, on a pensé que le communisme, le christianisme ou le socialisme pouvait tout résoudre.

Or, on est en train d'admettre que les choses sont beaucoup moins simples que cela, sur le plan des théories et sur le plan des grandes croyances. On ne peut faire le tour du problème seul. Le communisme a perdu du terrain, le christianisme est remis en cause dans ses dogmes, le socialisme a déçu. Cela ne veut pas dire qu'il n'y ait pas d'excellentes choses dans tout cela, mais il faut faire le deuil de la toute-puissance du savoir et de la toute-puissance de l'action. Nous ne sommes pas Dieu.

Il faut perpétuellement repenser les choses en tâtonnant et sans renier ce qui s'est fait auparavant, tout en se disant qu'inexorablement, ce qui a été fait finira par être dépassé par les réalisations de l'avenir.

Quand je regarde les choses que j'ai faites il y a 25 ou 30 ans, certaines me font sourire, bien que je ne les renie pas. Par exemple, quand j'étais éducateur vers 1959, j'organisais des jeux de nuit avec des petits phobiques qui pissaient au lit. J'étais convaincu que c'était en les mettant face à leur peur, en lançant des pétards dans le dortoir, en nous habillant en monstre qu'on pouvait les amener à dépasser leurs angoisses.

J.L. : Vous mettiez en scène leurs fantasmes.

M.L. : On croyait ainsi soigner les phobies. D'ailleurs, en fin de compte, quand je rencontre les adultes qu'ils sont devenus et qu'ils me parlent de leurs expériences, je découvre que ce n'était pas aussi terrible que cela pourrait paraître à l'heure actuelle. Plusieurs d'entre eux m'ont dit qu'ils avaient eu peur, mais qu'en même temps, ils s'étaient bien amusés et qu'ils s'étaient étonnés de voir que nous passions tant de temps avec eux.

J.L. : Pourtant, aujourd'hui, avec des attitudes pareilles, vous vous retrouveriez devant les tribunaux.

M.L. : Absolument. Il y a donc une évolution qui s'est faite sur le plan éducatif. Dans ce cas, nos conduites antérieures ne sont pas à renier, on y a cru à un moment donné, mais elles ne correspondent plus au mode de pensée d'aujourd'hui. Certainement, dans 40 ans, les gens souriront devant ce que nous faisons en ce moment. Une science ne peut progresser que par essais et erreurs, avec des tâtonnements. Peu à peu, on capte des bribes de connaissances, on fait le deuil de certaines autres, des processus nouveaux réapparaissent et, dans la structuration théorique de ces interventions, on s'interroge continuellement.

J.L. : Une équipe de pâtissiers contemple son gâteau, en sachant qu'il est une œuvre fugace, bien que réelle. Dans le domaine des troubles mentaux ou de l'inadaptation sociale, qu'avons-nous à contempler en nous disant, avec certitude, voilà du bon travail ?

M.L. : Les choses sont d'autant moins simples que les patients que nous revoyons sont habituellement ceux qui ont échoué. Les autres, ceux qui réussissent à s'en sortir, disparaissent de nos vies. Là encore, pourtant, il y a des changements, car aujourd'hui des personnes frappées par l'adversité osent témoigner.

Si je me suis intéressé à la résilience, c'est parce que l'étude permettait de rencontrer des sujets dont la vie semblait avoir été brisée. Avant de telles rencontres, je pensais que certains stress étaient insurmontables, que certaines pathologies étaient trop lourdes, que nos interventions étaient souvent insuffisantes. J'ai fini par découvrir qu'un nombre assez impressionnant de « patients » qui m'avaient paru désespérés avaient relativement bien évolué dans leur existence. Notre gâteau, c'est un peu ça : la découverte, par des rencontres non organisées ou par des perspectives longitudinales, que nos attitudes et nos interventions ont joué un rôle salvateur.

Nos gâteaux, ce sont aussi les mini-joies éprouvées dans l'instant présent. Un sourire apparaissant brusquement chez un petit déprimé, la rencontre avec un gamin qui passait souvent à l'acte et qui vient nous voir pour nous parler fièrement de ses efforts.

Notre gâteau, c'est peut-être aussi la chance extraordinaire que nous avons de nous occuper de jeunes qui nous font partager une expérience humaine formidable, malgré les échecs et le sentiment d'impuissance qui survient fréquemment, malgré le décalage entre ce qu'on aurait voulu faire et ce qui a été réalisé.

Grâce à ces enfants et à ces adolescents, nous entrons dans un champ étonnamment varié de relations, de représentations, de conflits, de réussites et d'espérances. Et cela nous permet de constater que nos métiers nous entraînent dans des aventures passionnantes.

Je crois pouvoir dire, sincèrement, que je n'ai jamais été longtemps déçu par la clinique quotidienne, quelle que soit la réalité des conflits d'équipe et des affrontements idéologiques.

Les négligences, les carences et leurs conséquences

Dialogue avec Yvon GAUTHIER

Il s'est trouvé que le jeu du hasard et des motivations a conduit le docteur Michel Lemay à consacrer successivement des pans de sa vie professionnelle à des problèmes différents de l'enfance en difficulté : délinquance, troubles graves de l'attachement de type syndrome carentiel, comportements hétéro et auto agressifs, maltraitance puis autisme ont été des champs de préoccupations qui ont d'ailleurs débouché sur l'écriture de livres et de nombreux articles ou chapitres dans des ouvrages collectifs.

Le docteur Yvon Gauthier, psychanalyste, ex-doyen de la Faculté de médecine de l'Université de Montréal, discute avec lui sur les troubles de l'attachement. Il était particulièrement qualifié pour le faire puisqu'il est un spécialiste reconnu internationalement dans ce domaine.

Y.G. : Docteur Lemay, vous vous intéressez depuis longtemps aux problèmes de carence affective de la part de la mère, aux problèmes de négligence et aux conséquences de tout cela sur le développement de l'enfant. Comment en êtes-vous arrivé là ?

M.L. : Avant d'étudier la médecine, j'étais éducateur et j'ai continué de l'être pendant un certain temps tout en étudiant. Je travaillais dans un établissement pour enfants ayant des difficultés d'adaptation sociale. Ces enfants me fascinaient tout en me désespérant. Ils étaient d'une très grande avidité sur le plan affectif et ils nous collaient comme des sangsues. En même temps, dès qu'on essayait de leur apporter de l'affection, ils devenaient agressifs !

On se retrouvait donc dans des alternances de rejet et d'espoir par rapport à ces jeunes. Cependant, quand on connaissait leur vie, on découvrait qu'ils avaient vécu des séparations à répétition. Ceux et celles qui avaient vécu dans une famille avaient été mal aimés, on les avait soit étouffés soit abandonnés.

C'est alors que j'ai lu le livre d'Anna Freud sur les enfants sans famille et que j'ai découvert les écrits de Jenny Aubry. À l'époque, je n'avais pas encore découvert Bowlby, mais j'avais vu un petit film fait par Geneviève Appel et Myriam David sur une fillette qui ressemblait comme deux gouttes d'eau aux enfants dont nous nous occupions. Or, tous ces auteurs abordaient surtout le problème des petits enfants, à part Anna Freud qui parlait d'enfants un peu plus âgés. On ne retrouvait pas d'écrits concernant des enfants de plus de trois ou quatre ans.

Y.G. : Quel âge avaient les enfants dont vous vous occupiez ?

M.L. : De huit à quatorze ans.

Y.G. : Et la documentation ne parlait que de jeunes plus petits ?

M.L. : Oui, seulement des tout-petits. Je me demandais pourquoi on abordait si peu ces questions-là. Parallèlement à mes débuts d'études en psychiatrie, j'ai fait la connaissance de Myriam David, qui supervisait certains de mes cours; elle m'a fait découvrir le domaine de la carence. Nous avons beaucoup échangé, elle, Geneviève Appel et moi. Beaucoup plus tard, cela a débouché sur l'écriture d'un livre au sujet des carences relationnelles, qu'on a tendance à appeler maintenant les « troubles de l'attachement ».

Y.G. : Vous faites sans doute allusion au livre *J'ai mal à ma mère.*

M.L. : Non, ça, ce fut beaucoup plus tard. J'ai écrit *J'ai mal à ma mère* au Québec. Je faisais plutôt allusion au livre de psychopathologie juvénile que j'ai écrit en 1971, et dans lequel j'avais écrit un chapitre sur la carence relationnelle.

Y.G. : Donc, parmi les auteurs qui vous ont particulièrement intéressé et touché, ou qui vous ont été utiles, on retrouve Jeanne Aubry, Geneviève Appel et Myriam David.

M.L. : Oui, Myriam David, et pas tant dans ses écrits à ce moment-là que dans les échanges que j'avais avec elle. Elle m'a fait bénéficier de sa grande expérience des approches dans le service de placement familial qu'elle coordonnait. Bien sûr, j'avais aussi lu les ouvrages de René Spitz, avec ce qu'il apportait sur l'hospitalisme et, surtout, sur la dépression anaclitique, qui correspondait tellement au type d'enfants que nous recevions. Plus tard, j'ai découvert les Robertson, avec leur film sur la réaction des enfants à l'hospitalisation et, par eux, j'ai découvert ensuite John Bowlby.

Y.G. : Les films des Robertson sont toujours des témoignages importants, n'est-ce pas ?

M.L. : Sans aucun doute. Et les hôpitaux devraient continuer à réfléchir à ces témoignages. Il y a un grand nombre de problèmes psychiatriques et psychopathologiques dont on ne connaît pas les causes. Nous devons faire des hypothèses et prendre ensuite des directions qui ne sont pas sûres. Pour ce qui est de la carence, on connaît l'importance fondamentale de l'attachement au cours des premières années. Bien que l'on sache cela, bien qu'on le répète sur tous les tons et bien que tant d'auteurs se soient intéressés à ce sujet et continuent à apporter des éléments nouveaux dans les faits, cela change relativement peu les perspectives d'approche de la psychiatrie, de la psychologie, du travail social et du travail éducatif. C'est là une grande déception pour moi.

Y.G. : J'ai le souvenir de vous avoir vu dans un séminaire de périnatalogie à la fin des années 80. Il me semble qu'en parlant de Bowlby, vous aviez des réticences. Avez-vous été conquis d'emblée par Bowlby et toute sa théorisation, ou bien si cela c'est fait lentement ?

M.L. : Effectivement, cela s'est fait lentement. Sa découverte du processus d'attachement et de son importance est littéralement révolutionnaire. Je crois qu'on ne mentionnera jamais assez l'immense apport de John Bowlby. Ce n'est donc pas à son égard que j'ai des réserves, mais plutôt par rapport à la notion générale d'attachement, qu'on transforme parfois en un immense fourre-tout. Il me semble que l'on confond souvent la phase d'attachement et les investissements secondaires, qui sont rendus possibles par l'attachement, mais qui me paraissent quelque peu différents.

Y.G. : Ce que Peter Fonagy est en train d'approfondir.

M.L. : Si vous me demandez ce que je pense de l'attachement, bien sûr je répondrai que les deux premières années de vie sont absolument essentielles. Ce que l'enfant reçoit à ce moment-là, dans la qualité, la stabilité et la cohérence des soins de base, ce qu'il reçoit d'une manière générale comme bain verbal, sonore, visuel et sensoriel, tout cela lui permet de prendre conscience de son corps et de son existence, ce qui est essentiel.

Le concept d'empathie a été central, c'est-à-dire cette capacité à reconnaître d'emblée l'enfant comme un être singulier, ayant ses propres pensées, ses propres désirs, qu'il ne faut pas confondre avec nos besoins et nos désirs pour éviter une symbiose confusionnelle. Je crois à l'apport de ce qu'on appelle l'anticipation positive, c'est-à-dire la croyance en la capacité d'un être humain à faire surgir son potentiel. Il faut voir l'enfant tel qu'il peut devenir plutôt que tel qu'il est.

Cette phase de l'existence a été bien décrite par Bowlby, par Ainsworth et par ces chercheurs qui se sont intéressés à l'attachement. C'est l'un des grands apports de la psychiatrie infantile des dernières décennies. À partir de là, il y a une sorte d'étayage: un enfant peut développer un sentiment de sécurité, une confiance de base, une croyance en lui-même, une croyance en l'autre et il a le désir d'entrer en relation avec le monde qui l'entoure.

Jusque-là, donc, je n'ai aucune objection. Par contre, j'aime bien montrer qu'après la phase de l'attachement, il y a une seconde phase que j'appelle la phase de citoyenneté. À un certain moment, l'enfant doit prendre conscience que tout ne lui est pas dû, qu'il n'a pas tout le pouvoir et qu'il ne peut pas rester en symbiose avec son entourage. Il doit se détacher. À partir de ce moment-là, les parents doivent lui témoigner non seulement de l'empathie et ces qualités dont j'ai parlé tout à l'heure, mais ils doivent également accepter de désillusionner l'enfant en lui disant, par exemple, « tu devras affronter la solitude et la souffrance, et on a suffisamment confiance en toi pour penser que tu seras en mesure d'y arriver. Tu feras appel à ton imaginaire, à tes souvenirs et tu deviendras l'auteur de ta propre vie ».

Je préfère que l'on distingue clairement la première phase d'attachement et cette seconde phase que j'appelle la phase de citoyenneté, car c'est à ce moment-là que l'enfant acquiert la capacité de s'adapter à une vie collective, d'accepter les règles et les interdits. Il évite ainsi de devenir l'enfant qui se croit tout-puissant et veut dominer le monde. Voilà ma réticence par rapport à la pensée première de Bolwby, tout en pensant d'ailleurs que s'il avait continué, il aurait sans doute emprunté cette direction, lui aussi.

Y.G. : On a souvent tendance à mettre l'accent sur l'attachement plutôt que sur l'exploration, dans ce que vous appelez la phase de citoyenneté, c'est-à-dire la rencontre d'un enfant avec un milieu où il y a des contraintes, des choses qui se font et d'autres qui ne se font pas. Il faudrait que je revienne à Bolwby, mais cette phase-là, je la considère comme essentielle et elle fait partie de la théorie de Bolwby.

M.L. : Si je souligne cela, c'est parce qu'il me semble que les pathologies sont différentes au cours des deux premières années par rapport aux années suivantes. Si on est vraiment dans ces deux premières années ou un peu plus, sans possibilité d'attachement, on est dans la carence, dans la dépression anaclitique et même dans l'hospitalisme, alors que si un enfant a reçu un certain nombre de choses, mais n'a jamais été désillusionné dans sa toute-puissance, il risque de rester un être égocentrique ayant peu d'empathie et très peu capable de supporter la frustration. On évolue alors vers ce qu'on appelle la délinquance, c'est-à-dire des personnalités asociales et même antisociales, mais qui n'ont pas les traits du carencé relationnel, que j'ai décrit.

Y.G. : Je suis assez d'accord avec vous, tout cela fait partie de la théorie de l'attachement, du moins pour les deux ou trois premières années. On sait à quel point c'est important par rapport à ce qui va se passer après, pour que le développement soit normal ou pathologique. On touche alors à la question des troubles liés aux carences et à la négligence, qu'on appelle souvent des troubles de développement. Cette absence d'un milieu structuré autour de l'enfant est aussi pathogène.

M.L. : Je me suis beaucoup penché sur l'enfant de plus de quatre ans. Auparavant, j'avais l'impression que tout cela était déjà bien décrit. On ne pouvait pas apporter grand-chose de plus de ce que décrivaient Bowlby, Spitz ou Jenny Aubry. Par contre, je connaissais peu de descriptions d'enfants comme ceux que j'ai connus dans les institutions au Québec. Je connaissais un seul auteur qui les avait décrits : Germaine Guex, dans son livre *Le syndrome d'abandon*. Cependant, elle parlait de ce syndrome chez les adultes. Si je me retrouvais dans ce livre-là, il y a une différence entre l'âge de quatre ans et l'âge adulte.

J'étais frappé par le tableau suivant : les enfants mal aimés se collent à vous dès la première rencontre, sans distanciation, et sans ce moment de critique, de doute et de crainte qu'un adulte suscite normalement. Or, ils s'investissent d'emblée, massivement, vers une personne inconnue. Pourtant, dès que nous voulons entamer un dialogue et adopter nos propres positions par rapport à eux, quand nous voulons poser des limites et intégrer ces jeunes dans leur collectivité, la brisure surgit. Cela arrive avec les personnes, mais aussi avec les objets. En effet, ces enfants ramassent absolument tout ce qu'ils voient autour d'eux, ils mettent tout dans leur poche, mais ils ne gardent rien. Ils échangent, ils perdent, ou encore, dans un moment de colère, ils détruisent ce qu'ils ont accumulé.

J'ai commencé par me demander à quoi étaient liés ces mécanismes de brisure. Je comprenais bien l'avidité affective, puisque ces enfants avaient tellement manqué d'affection, mais je comprenais moins les raisons des ruptures. J'ai alors formulé certaines hypothèses. Ce qu'on pouvait apporter à ces enfants était toujours dérisoire par rapport à ce qu'ils auraient voulu avoir. Non seulement c'était dérisoire, mais on éveillait en eux le désir puisqu'on commençait à s'intéresser à eux. Comme les réponses n'étaient pas suffisantes par rapport à ce qu'ils attendaient, on soulevait en eux une grande déception vis-à-vis du premier désir. À partir de là, au lieu de nous vivre comme des gens qui méritaient une reconnaissance, ils nous vivaient comme des gens méchants et décevants.

Je trouvais aussi une autre raison: ces enfants étaient bien placés pour comprendre que l'affection, c'était dangereux, puisqu'on leur avait dit souvent qu'on allait s'occuper d'eux, pour ensuite les abandonner. L'apport devenait donc synonyme d'un danger potentiel. Les jeunes testaient très vite la relation et le message qu'ils envoyaient était celui-ci: « On va voir si ce que tu me promets est vrai ou si c'est de la blague, comme tous ceux qui se sont occupés de moi jusqu'ici. »

Une autre raison m'est apparue très vite: ces enfants avaient l'impression d'être mauvais et méchants parce qu'ils n'avaient pas été désirés. Ils ont d'ailleurs des phrases terribles, du genre « j'ai été un avortement raté, je suis mauvais, je suis méchant ». Ils traînent une sorte de boulet de culpabilité et d'indignité qui apparaît dès qu'on veut s'occuper d'eux. Ils nous disent: « Tu ne devrais pas t'occuper de moi, je n'en vaux pas la peine. »

Derrière cette immense blessure narcissique et cette dépression, je m'apercevais que les enfants tentaient de combler le vide en s'imaginant qu'ils avaient, quelque part, une mère toute-puissante ou un père tout-puissant; ce fantasme les empêchait probablement de basculer dans une dépression grave, mais il interdisait de s'attacher à quelqu'un, car entre le parent de rêve et la personne réelle qu'ils rencontraient, il y avait un hiatus insupportable. Ils avaient aussi le sentiment de trahir ce parent de rêve. Ils me disaient des choses du genre: «Tu sais, je fais chaque soir une prière où je promets au bon Dieu que je ne m'attacherai jamais à ma mère adoptive ou à ma mère d'accueil, parce que j'ai quelque part une maman qui m'attend. J'aurais l'impression de la trahir autrement.»

Peu à peu, je comprenais toute cette symptomatologie. De plus, ces enfants avaient un seuil de frustration extrêmement bas, une très faible capacité de supporter l'échec, peu de capacité de suivre une scolarité, car cela entraînait de la compétition. Bien que la plupart d'entre eux étaient intelligents, ils se mettaient assez vite en situation de rejet, non seulement dans leur famille, mais aussi à l'école, avec les copains et les copines. Comme ils étaient très agressifs et facilement frustrables, ils faisaient fuir tout leur entourage.

Y.G. : Donc, rien ne fonctionne plus…

M.L. : Non. En plus, ces enfants se mettent à voler les gens qu'ils aiment, dans une sorte de tentative d'incorporation. Très vite apparaissent des conduites régressives, comme des énurésies, des encoprésies, des somatisations difficilement supportables. Au fur et à mesure qu'ils avancent dans l'existence, ils adoptent des conduites de séduction qui font peur et qui attirent des pédophiles. Finalement, ces jeunes fascinent et attirent, tout en décevant leur entourage et en éveillant d'immenses blessures secondaires chez les personnes qui les entourent, dans leurs milieux respectifs, les familles d'accueil ou les familles adoptives.

Y.G. : À partir de ce que vous venez de décrire se pose déjà toute la question de la manière de s'occuper de ces enfants, de les aider, de les traiter. Quelle est votre expérience à cet effet ?

M.L. : Nous avons accueilli, mon épouse et moi, deux jeunes au sein de notre famille. Une jeune fille nous a fait vivre une expérience assez inoubliable. Tout naïvement, nous l'avions prise avec nous alors qu'elle avait seize ans.

Y.G. : Seize ans…

M.L. : Oui, seize ans. Elle avait déjà été placée une quinzaine de fois. Et dans une sorte de fantasme salvateur, nous l'avons reçue chez nous, avec nos enfants qui étaient petits à l'époque.

Y.G. : Pour s'occuper de vos enfants ?

M.L. : À la fois pour s'occuper de nos enfants et pour l'aider, elle. Nous avons vécu deux années fascinantes, mais terribles, car cette jeune fille se comportait comme une fillette de quatre ans. Elle entrait en rivalité avec nos propres enfants, elle essayait d'établir une relation séductrice à mon égard et tentait de rejeter mon épouse le plus loin possible. Elle nous a fait comprendre à quel point il faut soutenir une famille d'accueil à qui on confie de tels jeunes. D'ailleurs, je me demande si, à seize ans, la famille d'accueil représente encore la solution pour ce genre de jeune fille.

Y.G. : Surtout s'il y avait tellement de placements antérieurs qui n'avaient jamais fonctionné.

M.L. : Ça a été une expérience avec un grand E ! Cela nous a apporté beaucoup, à mon épouse et à moi, cela nous a rapprochés, mais nous avons également constaté à quel point ces jeunes pouvaient fragiliser un couple et entraîner des répercussions sur ses enfants. Nous avons aussi reçu une deuxième jeune fille, plus jeune et beaucoup moins atteinte. Cela a constitué une sorte de sixième enfant, avec un certain nombre de difficultés de l'ordre de la carence, mais de grandes capacités sauvegardées.

Y.G. : Quel âge avait-elle ?

M.L: Huit ans au début, et elle est partie quand elle avait quatorze ans.

Y.G. : Elle est donc restée plus longtemps.

M.L. : Oui, et elle allait aussi chez sa mère. Elle alternait entre les deux.

Y.G. : Ce fut donc plus positif ?

M.L. : Beaucoup plus, à la fois pour nous et pour elle. Nous continuons à la voir, de temps en temps, maintenant qu'elle est femme et nous savons que nous l'avons aidée. C'est donc faisable. La première nous a montré qu'on était dans l'illusion et la deuxième nous a montré qu'on était dans une démarche tout à fait pertinente. Il aurait été cependant drôlement utile que nous soyons soutenus par un praticien.

Y.G. : Votre récit pose la question des familles d'accueil par rapport à de tels enfants. Est-ce qu'à votre avis, cela reste une solution intéressante ?

M.L. : Pour les jeunes enfants, il s'agit d'une solution très intéressante, mais qui n'est pas simple. Ces jeunes ont une telle avidité affective qu'ils bouleversent la zone d'enfant qui reste enfouie en nous tout en bousculant nos proches, en particulier nos propres enfants. Il faut réfléchir à tout cela avant de s'engager. Il faut aussi que quelqu'un nous soutienne afin de pouvoir parler de nos émotions et prendre de la distance. Tous ces éléments me paraissent essentiels.

De plus, ces enfants ont besoin d'être aidés en parallèle, soit par une thérapie, soit par un service scolaire spécialisé. Si le séjour n'est pas interrompu par des reprises impulsives de la famille d'origine, ou par des manifestations symptomatiques auxquelles la famille d'accueil n'arrive pas à faire face parce qu'elle n'est pas assez soutenue, le placement substitutif constitue une grande chance pour beaucoup de jeunes enfants.

Y.G. : La continuité dans les familles d'accueil est sans doute un élément extrêmement important, mais qui est souvent impossible à atteindre.

M.L. : C'est l'étonnant hiatus qui existe entre, d'une part, nos convictions sur la nécessité fondamentale des processus d'attachement et, d'autre part, le constat que le système dans lequel nous nous trouvons provoque une sorte de discontinuité. Je trouve cela absolument dramatique, que ce soit en tant que psychiatre, psychologue, éducateur ou travailleur social.

Y.G. : Ce qui vous heurte, c'est de constater qu'au fond, l'ensemble du système n'y croit pas, à cette valeur de l'attachement ?

M.L. : S'il y croyait, on s'arrangerait pour modifier un peu les choses. Officiellement, on y croit, mais en réalité, est-ce qu'on intègre les pratiques en fonction de cette croyance ? Quand on voit la réalité de tous les jours, on ne peut que s'interroger.

Y.G. : Vous pensez sans doute à tous ces enfants soumis à de multiples placements, toujours et encore…

M.L. : Il y a les placements multiples, oui, et il y a ces nombreux enfants qui sont évalués par les uns, laissés et repris par les autres, et encore laissés et repris par d'autres ; quand ça ne va pas, l'enfant rencontre une série de « psys », dont chacun emmène l'enfant à se redire, ce qui éveille en lui l'espoir d'être pris en charge, puis l'attente s'arrête là. Je pourrais parler longtemps de la discontinuité de notre système éducatif, tant dans nos ressources pédagogiques, sociales, psychologiques que psychiatriques.

Y.G. : On voit disparaître les établissements qui recevaient ces enfants carencés. Pourquoi ? Aurait-il été préférable qu'ils restent ?

M.L. : Oui, mais dans la mesure où ils se seraient transformés. Il serait simpliste de dire qu'ils ont fermé à cause de personnes méchantes qui tenaient à tout désinstitutionnaliser. Bien sûr, il y a une mode et des raisons financières derrière tous ces changements, mais il faut admettre que ces établissements ne s'amélioraient pas au fil des années. Les gens n'étaient pas mauvais, mais les conditions de travail, les horaires, la fragmentation des présences, entraînaient une absence de continuité. Il n'était pas rare que les enfants se retrouvaient avec dix et même douze éducateurs dans une même semaine.

Y.G. : À ce point-là ?

M.L. : Eh oui ! Évidemment ça n'avait plus beaucoup de sens. La convention collective a beau prévoir trente-cinq heures de travail par semaine, si cela comprend dix heures de rédaction de rapport, trois heures de supervision et deux heures de comité, il ne reste plus grand temps pour les enfants. Dans ces conditions, ces jeunes réagissaient et ne s'intégraient plus dans les lieux institutionnels. Ceux-ci avaient perdu leur cohérence.

Rappelons qu'au départ, ces établissements étaient pris en charge par des personnes très engagées, qui ne comptaient pas leur temps et qui acceptaient de partager leur vie quotidienne avec les jeunes. Puis, le contexte social a changé et les nouvelles conditions de travail ont fait disparaître peu à peu cette réalité. On est arrivé à cette fragmentation des horaires dont je viens de parler.

Dans ces grands établissements, un jeune carencé pouvait-il s'intégrer à des groupes relativement nombreux, alors qu'il avait un tel désir d'une relation privilégiée avec un petit nombre d'adultes ? Les faits montrent que ça leur était bien difficile. Je crois que le grand établissement ne représente pas une avenue valable pour le carencé ; elle peut être une solution en temps de crise, pour récupérer, s'apaiser ou donner du répit à la famille d'accueil, mais il existe des formules intermédiaires, comme les foyers thérapeutiques ou les foyers de groupe, de petites unités où l'on trouve un personnel éducatif stable, présent cinq jours par semaine, remplacé pendant les deux autres jours par un personnel roulant.

De telles formules me semblent intéressantes. Quand j'ai lu le livre de Paul Steinhauer sur la carence (*Le Moindre Mal*, publié aux Presses de l'Université de Montréal), j'ai été frappé par le fait qu'il en était venu aux mêmes conclusions en proposant, lui aussi, de petites unités éducatives pour ces jeunes carencés qui n'arrivent pas à s'intégrer à des familles d'accueil. Dans cette conception, le jeune peut bénéficier de structures de loisirs et se sentir plus normal que dans ces grands établissements où les enfants se perdent.

Y.G. : On peut donc considérer comme une solution intéressante ces foyers de groupes qui semblent avoir pris la place des grands établissements.

M.L. : Je pense que cela pourrait représenter une solution intéressante, dans la mesure où l'enfant resterait longtemps avec un personnel stable et un accompagnement pour soutenir l'éducateur. D'ailleurs, on a déjà vu cela. J'ai moi-même travaillé longtemps dans un foyer familial scolaire, à Rennes, avec M. et Mme Bailly qui réalisaient précisément cela. Je pense aussi à l'expérience des Cartry, en Normandie. Au Québec, le travail en ce sens se faisait avec Noëlla Pilon. Les foyers Youville, avec les religieuses, faisaient aussi des choses de ce genre. Ces formules sont parmi celles qu'on peut envisager pour des jeunes déjà très avancés dans la carence, plus âgés et pour qui la famille d'accueil n'est plus pensable.

Y.G. : En fait, vous venez de décrire le foyer de groupe et les conditions qui doivent y régner pour qu'un jeune ayant de gros problèmes en tire profit et arrive à évoluer. On n'est plus avec des enfants d'un an ou deux ou même trois, mais comme ils ont été très carencés, ils ont besoin qu'on reparte à ce stade-là. Dans de tels foyers, on trouve des éléments qui incitent ces jeunes à bien fonctionner, comme la continuité, la stabilité du personnel et sans doute les liens qui se mettent en place dans le quotidien entre ces enfants et le personnel.

M.L. : Absolument. Ça me rappelle un de mes jeunes patients. Appelons-le Georges. Depuis l'âge de neuf ans, Georges était passé de famille d'accueil en famille d'accueil. Il les cassait les unes après les autres. Pendant un an, on l'a mis dans un petit établissement, un peu en dehors de Montréal. Malheureusement, on l'a ensuite retourné en famille d'accueil, parce qu'on présumait que ce n'était pas bon pour lui de vivre dans un tel lieu. Pourtant, cet enfant me disait : « Mais ils sont fous, ils sont fous ! Je ne peux pas supporter les familles d'accueil, ça me donne l'impression de trahir mon père décédé. Ce que je veux, c'est un milieu stable dans lequel il y a des éducateurs et des éducatrices qui me comprennent et où je peux continuer d'aller à l'école, où je fais du sport à l'extérieur. Je ne veux pas qu'on me trouve à nouveau une famille substitutive ; je m'en ferai une plus tard, une famille, quand j'aurai une blonde et mes propres enfants. » Son discours se tenait, mais on n'a jamais trouvé de structure qui correspondait à cela. Cela n'existe plus.

Y.G. : On se fait souvent dire qu'il faut prendre de tels enfants en thérapie. Quelle est votre expérience à ce sujet ?

M.L. : J'ai eu quelques expériences positives à cet effet, dans la mesure où les enfants vivaient dans un milieu stable. Certes, ils continuaient à avoir un certain nombre de difficultés, avec une nostalgie de leurs parents d'origine, mais ils avaient un désir ardent de comprendre leurs mécanismes répétitifs. Certains de ces jeunes continuent d'ailleurs à me téléphoner de temps en temps et me prouvent que cette démarche était possible.

Par contre, lorsqu'on me demande de prendre en psychothérapie un enfant abandonné, comme si je pouvais constituer à moi seul, et de manière miraculeuse, le lieu réparateur de son narcissisme blessé, je considère cela comme une mission impossible. Je me demande même si cette mission n'est pas néfaste, car même si le thérapeute est bon, l'enfant ne le voit qu'à l'occasion et le reste du temps, il n'a rien d'autre pour s'accrocher. Cela peut provoquer un clivage douloureux.

Y.G. : Vous savez sans doute que Paul Steinhauer en était venu aux mêmes conclusions. Vous vous êtes intéressé aux pouponnières en France, enfin à ce genre de lieux où l'on garde des enfants pendant un an ou deux, et même plus. Que deviennent ces enfants-là ?

M.L. : Je suis très partagé entre la conception qui a cours ici d'une famille de dépannage et la conception française des foyers de l'enfance, liés à des pouponnières. La famille de dépannage intervient quand un enfant est plus ou moins abandonné, sans toutefois être adoptable. On ne sait pas où le placer. On doit faire enquête et en attendant que les choses se règlent, on le place dans une famille… de dépannage. On verra ensuite s'il retourne dans sa famille d'origine ou si on va finir par lui trouver une véritable famille d'accueil.

C'est une formule pensable. Le problème, c'est que l'enfant s'attache à cette famille de dépannage quand le séjour se prolonge. Or, il doit en sortir et cela lui fait souvent vivre une phase dépressive secondaire, qui lui rend difficile l'intégration à la famille d'accueil ultérieure. On voit alors apparaître des problèmes qui deviennent des cercles vicieux. L'enfant dort mal, mange mal, est agressif, se remet à faire pipi au lit... et la famille d'accueil n'en veut plus. On entre alors dans la succession des placements. C'est à cause de cela qu'en France et en Belgique, on a préconisé l'idée des pouponnières. Pour les améliorer, on a mis en place l'opération pouponnière, qui consistait en l'idée suivante : créons un lieu d'accueil neutre, avec des puéricultrices bien formées qui s'occuperont d'un petit nombre d'enfants de façon particulière.

Y.G. : Style Loczy ?

M.L. : Oui. Faisons en sorte qu'en nous appuyant sur les phases de bain et de repas, et sur les moments d'intimité avec l'enfant, celui-ci puisse établir une relation privilégiée avec les puéricultrices et, le reste du temps, essayons de l'aider à être le plus autonome possible dans sa relation avec d'autres petits, en n'intervenant que si on le sent en désarroi, et rendons-le apte à mobiliser ses forces intérieures. Je pense que dans la mesure où l'enfant ne reste pas longtemps, c'est là une formule intéressante. Bien sûr, on peut me citer le nom de pouponnières qui ne fonctionnent pas bien, mais d'une manière générale, on a fait un effort énorme pour que le personnel comprenne ces processus d'attachement, réfléchisse sur la relation à créer avec les enfants et soit capable de déceler les premiers signes de souffrance afin de rectifier les attitudes, si celles-ci sont en cause.

Y.G. : À votre avis, qu'est-ce qu'une trop longue durée ?

M.L. : On parlait cette fois d'à peu près six mois, mais vous savez comme moi qu'il y a des enfants plus sensibles et plus fragiles que d'autres. Est-ce que, pour certains, six mois c'est trop ? Faudrait-il parler plutôt de trois mois ? Six mois, c'est un chiffre statistique, et non un chiffre valable dans l'absolu. On sait bien que cela dure souvent plus longtemps, quand la famille d'origine veut récupérer l'enfant. Il faut alors mesurer le degré de négligence, vérifier s'il y a eu abus sexuel, répertorier tout ce que l'on sait. Cela traîne, et on finit par se retrouver avec des enfants qui se sont attachés à leur puéricultrice. On arrive donc aux mêmes problèmes que nous avons ici avec les familles de dépannage. Mais si, vraiment, on peut obtenir des séjours courts, je crois que l'expérience Loczy est une formule intéressante.

De toutes façons, se pose la question des transitions organisées. J'ai connu quelques enfants qui ont été longtemps dans une famille d'accueil et qui sont retournés dans leur famille d'origine après quelques années. De telles situations sont pensables dans la mesure où l'enfant a été préparé et soutenu, et si la famille d'accueil a constitué un point de repère sans entrer en rivalité avec la famille d'origine, et réciproquement. Il ne faut donc pas adopter une seule formule et la couler dans le béton. Il faut chaque fois se demander ce qui constitue le moindre mal, pour parler comme Paul Steinhauer. Vous savez comme moi que si l'enfant habite longtemps dans un lieu stable et cohérent, il est difficile de l'emmener ailleurs. Ce sont là des décisions graves, dont il faut mesurer les conséquences. Pour prendre une telle position, il faut également se poser la question suivante : « Que faire pour atténuer le choc et pour que la famille antérieure garde de l'importance ? »

Y.G. : Pensez-vous que l'on en fait assez sur le plan de la préparation et de l'aide aux familles d'accueil ?

M.L. : Non. Je pense vraiment que l'on n'en fait pas assez. Recevoir un enfant dans une famille c'est toute une aventure, car on accueille un enfant qui a connu bien d'autres choses avant, et cet enfant doit être apprivoisé dans le respect de ce qu'il a connu antérieurement. On se retrouve devant un petit étranger qui doit s'inscrire dans un milieu, sinon de filiation en tout cas d'appartenance, et cela éveille chez cet enfant un ensemble de sentiments complexes. Quand il y a une fratrie dans cette famille d'accueil, il n'est pas simple de jongler avec ce que cela éveille dans la fratrie, même quand celle-ci était tout à fait d'accord pour recevoir un petit garçon ou une petite fille en tant que camarade. Il faut donc mettre en place un soutien permanent pour la famille d'accueil. Si l'on offre du soutien seulement dans les moments où ça ne va pas, la famille d'accueil hésite à appeler. C'est donc dans l'échec qu'on demande une aide. En tant que personne ayant fait l'expérience d'une famille d'accueil, je crois vraiment qu'on devrait dire aux familles, « nous vous rencontrerons chaque semaine, systématiquement, toujours avec la même personne ». Lorsque les choses commencent à se tendre, on a ainsi la possibilité de penser, de prendre une distance, de ranimer la confiance en soi, car ces enfants minent souvent notre estime. On devrait aussi pouvoir demander un répit, par exemple, sans se sentir coupable de faire une telle suggestion.

Je suis sûr que si on faisait cela systématiquement, beaucoup de placements successifs pourraient être évités et on découvrirait qu'un certain nombre d'enfants, même relativement âgés, peuvent tenir le coup dans des familles d'accueil.

Y.G. : On devrait donc mettre en place une continuité d'aide afin que les intervenants ne changent pas constamment, comme il semble que cela se fasse fréquemment. Comment voyez-vous le rapport entre les familles d'accueil et les familles adoptives ?

M.L. : Là aussi, il y a des certitudes à remettre en cause. On prétend souvent qu'entre la famille adoptive et la famille d'accueil, c'est toujours la famille adoptive qui est préférable. Ce n'est pas aussi simple. Un enfant peut être resté longtemps dans une famille d'accueil qui ne désirait pas l'adopter alors qu'il devient adoptable. Si cette famille d'accueil ne veut pas adopter l'enfant, mais est prête à continuer avec lui jusqu'à sa majorité, de quel droit rompre le placement au nom du fait que l'adoption est une meilleure chose ?

Il y a aussi un autre fait : l'enfant peut supporter une famille d'accueil sans pouvoir accepter une famille adoptive. La famille d'accueil ne provoque pas chez lui de conflit de loyauté, alors que l'idée d'être adopté provoque ce conflit. Je peux vous raconter une anecdote parce que cela m'a fait mal, même après avoir pris d'énormes précautions. Il s'agissait d'un garçon qui était dans une famille d'accueil depuis quatre ans. À un moment donné, même si tout se passait bien, cette famille d'accueil lui a proposé de l'adopter. Nous avons rencontré les gens de la famille d'accueil pour bien connaître leurs motivations. Nous avons également rencontré le jeune homme pour voir quelles étaient ses attentes. Tout cela nous a paru solide et un an plus tard, on procédait à l'adoption. À partir du moment où l'enfant a été adopté, il s'est mis à devenir délinquant, ce qui a abouti à la rupture de son placement. Pour ce jeune homme, l'adoption était absolument insupportable.

Y.G. : Pourtant, l'idée venait de lui…

M.L. : Eh oui. Quelquefois, l'adoption constitue une bonne solution, d'autres fois c'est la famille d'accueil qui est la solution la plus salvatrice, et d'autres fois encore ce qu'il faut, ce sont des foyers de groupe ou des établissements un peu plus classiques. Notre métier est terrible, parce que nous savons que rien ne peut être inscrit dans une règle rigide. Il faut réévaluer la situation chaque fois.

Y.G. : Les enfants qui sont placés en famille d'accueil continuent généralement d'avoir des contacts avec leur famille d'origine. Selon votre expérience, est-ce que cela se passe bien en général ?

M.L. : Ça se passe bien parfois, ça se passe mal d'autres fois. Tout dépend de la manière dont le départ de la famille d'origine a été préparé et de la manière dont se sont faites les relations avec la famille d'accueil et la famille d'origine. Comment la famille d'origine et la famille d'accueil ont-elles été soutenues par rapport à l'éventualité d'un conflit de rivalité ? J'ai en tête certains exemples de parentalité partagée qui m'amènent à penser que cela peut être la solution. On rencontre parfois une mère seule qui elle-même a vécu un passé carentiel. Elle a intériorisé très peu d'images parentales. Elle a eu la nostalgie d'avoir un bébé réparateur, et puis très vite elle n'a pas supporté les comportements de son bébé qui est devenu persécuteur. Cette mère n'en peut plus, tente tant bien que mal de surnager, alterne entre des moments de symbiose et des moments de rejet. On est amené à prendre une décision, soit par signalement, soit parce que la mère demande de l'aide, et on choisit alors une famille d'accueil.

Il m'est arrivé de tenir le langage suivant à cette mère : « La partie saine de vous a fini par prendre conscience que vous n'étiez pas capable d'être parent à plein temps. En même temps, il y a une partie de vous qui a besoin de cet enfant et qui sent, avec raison, que cet enfant a besoin de vous afin d'assurer quelque chose de l'ordre d'une filiation et que vous deveniez une image symbolique extrêmement importante. Alors, convenons du fait qu'à une fréquence déterminée, avec un contrat et un mandat précis, nous allons organiser des moments où vous verrez votre enfant. Cet arrangement vous empêchera de jouer de votre ambivalence sur l'enfant en brisant sa relation avec la famille d'accueil. »

On pourrait très bien concevoir, à l'occasion, une sorte de parentalité partagée dans laquelle la famille d'origine resterait la famille symbolique et la famille substitutive deviendrait la famille dans laquelle l'enfant s'intègre longuement pour se construire.

Y.G. : C'est très difficile, tout ça…

M.L. : Oui, mais il ne faut pas désespérer, car on a fait des choses intéressantes au cours des cinquante dernières années. Les grands mouroirs institutionnels ont disparu et il y a eu les placements familiaux, qui ont constitué des expériences intéressantes. Certains lieux institutionnels et certains foyers de groupe ont été une réussite. D'une manière générale, on est plus sensible à la notion d'attachement dans les services de la protection de la jeunesse, dans les services sociaux et dans le domaine de la psychiatrie. On tente tout de même de sauvegarder la continuité.

Cela étant dit, il faut admettre qu'il y a un hiatus extraordinaire entre ce que nous voudrions faire et ce qui est. Cependant, nos connaissances progressent, et plus nous découvrons la complexité de l'être humain et l'alchimie de sa construction, plus nous découvrons aussi ses exigences. Nous prenons conscience du fait que le fossé est grand entre ce que nous savons et ce que nous pouvons, et c'est probablement ce qui nous déprime.

En même temps, cela nous force à bouger et à améliorer des choses. Nos structures, avec la discontinuité des interventions à tous les échelons, morcellent l'enfant et créent des situations pathogènes que l'on pourrait éviter, mais cela supposerait non seulement une révolution de mentalité, mais presque une révolution sociale. Cela touche la vision de l'enfant chez les citoyens, cela touche aussi les écoles et toute la collectivité. À ce point de vue, les choses évoluent bien lentement.

La délinquance

Dialogue avec Jean LEMIRE

Cette entrevue est consacrée au domaine de la délinquance. Le docteur Michel Lemay a été éducateur au Centre de la Prévalaye à Rennes, puis à Hawthorne Cedar Knolls School à White Plains, États-Unis, pour prendre ensuite, pendant trois ans (1961-1964), la co-direction du Centre de la Prévalaye. Il a été par la suite psychiatre dans des institutions comme Boscoville, Clair séjour, le Centre d'orientation et la Clairière de Montréal.

Il discute ici de délinquance avec Jean Lemire, psychoéducateur. Ils ont beaucoup travaillé ensemble, que ce soit dans une section de Boscoville appelée Le Carrefour, où des jeunes avec des problèmes de délinquance et des troubles sévères de la personnalité se retrouvaient, ou dans les services de soins de jour de l'Hôpital Sainte-Justine que Jean Lemire a coordonnés pendant de nombreuses années.

J.L. : Nous allons parler de la délinquance chez les jeunes. Que désigne-t-on au juste par ce terme ? Où débute la délinquance et où s'arrête-t-elle ? Pouvez-vous me donner votre opinion là-dessus ?

M.L. : Vous commencez par la question la plus difficile ! Qu'est-ce que la délinquance ? Est-ce un problème de société ou un problème individuel ? J'ai envie de répondre qu'il s'agit des deux à la fois.

Plus une société se centre sur la consommation, plus elle est individualiste, plus elle accorde de place au désir de chacun de s'emparer des biens d'autrui. Cependant, je nuance tout de suite cette idée, car lorsque les sociétés communistes se sont ouvertes, nous avons découvert qu'elles étaient marquées par un haut taux de délinquance juvénile.

La délinquance n'est donc le produit ni des sociétés bourgeoises et capitalistes, ni des sociétés communistes. En fait, je ne suis pas qualifié pour traiter de ces sujets sociaux, alors je ne vais pas m'attarder là-dessus. Je vais plutôt décrire ce que j'ai connu en rencontrant de jeunes délinquants dans divers établissements. Quelle clientèle y trouvions-nous ?

Il y avait d'abord ce que j'appellerais les petits paumés : ceux-là sont mal dans leur peau, ils cherchent à oublier leur désarroi en chapardant des objets et ils se font prendre rapidement parce qu'ils ne sont pas très habiles.

Il y avait aussi tout un cortège de jeunes avec leur misère psychologique et sociofamiliale, des enfants n'ayant pas trouvé de personnes proches pour leur apporter ce dont ils avaient besoin en ce qui concerne l'alimentation de leur narcissisme. Ceux-là tentaient de combler le vide par des délits mineurs qui leur donnaient au moins l'impression d'être quelque chose.

D'autres semblaient avoir reçu des gratifications durant leur petite enfance, mais ils avaient raté ce que je me plais à nommer le « stade de la citoyenneté ». Voici ce que j'entends par ce terme : un enfant, pour développer un sentiment de sécurité, une confiance en soi et en l'autre, une capacité d'établir des relations réciproques, doit avoir des parents qui s'en occupent, qui l'aiment, qui lui font sentir son importance. À un moment donné, généralement entre l'âge de 18 mois et deux ans, l'enfant doit toutefois affronter des interdits, des limites. Il faut donc qu'il soit désillusionné dans sa « toute-puissance ». Il n'aura pas toujours maman et papa pour lui, il devra se débrouiller, connaître la solitude, l'incomplétude, la souffrance et les règles de vie.

Dans certains milieux, le parent apporte des éléments de base qui permettent à l'enfant d'établir son identité et cela, pour de multiples raisons. Toutefois, le parent n'arrive pas nécessairement à imposer des limites et alors il ne parvient pas à transmettre à son enfant la capacité d'avoir de l'empathie, cette aptitude à se mettre à la place de l'autre.

Ce sujet, qui a l'impression de pouvoir obtenir tout ce qu'il veut, devient ainsi une sorte de petit tyran. Bien sûr, il se heurte aux réalités de la maternelle, de l'école, de la société, et découvre des limites. Il souffre, se révolte et se sent persécuté. Dès lors, il entre dans le cortège des revendications de la colère et de la prise de possession. Il se trouve pris dans un engrenage, auquel s'ajoutent ses fragilités constitutionnelles, par exemple de l'impulsivité ou de l'hyperactivité.

Peu à peu, l'enfant entame un processus de durcissement et accumule une sorte de cocktail explosif. Cela deviendra de plus en plus évident, surtout quand le sujet s'approchera de l'adolescence.

J.L. : Tout cela me rappelle l'époque où on travaillait ensemble, vous et moi. Parfois je pense qu'aujourd'hui, avec nos connaissances, nous pourrions mieux aider certains des enfants que nous avons côtoyés alors. Toutefois, cela fait un peu peur de parler ainsi, car nous courons le risque de psychiatriser toute forme de délinquance. Cependant, rappelons-nous certains jeunes qui avaient un problème d'impulsivité: c'était une autre forme de délinquance. Ces jeunes fracassaient des choses, ils cassaient la gueule des gens, ils passaient pour des délinquants à cause de leurs gestes, mais ils étaient bien différents de ceux qui ont des pensées criminelles.

M.L. : En effet, ils sont différents, car plusieurs d'entre eux finissent par se ranger. C'est d'ailleurs au nom de cette amélioration spontanée que certains disent qu'il ne faut rien faire, que si l'on réprime ou si l'on essaie de transformer leur personnalité, on aggrave encore plus leur cas. Ils prétendent que ça ne sert à rien de fonder des établissements pour ces jeunes.

Je voudrais émettre mon opinion là-dessus. Certes, plusieurs jeunes s'améliorent, par une sorte de maturation naturelle, mais ils paient cher leurs frasques de départ. Ils n'arrivent pas à faire les études qu'ils auraient voulu faire et ils se sentent en situation d'échec. Ils ont le sentiment que quelque chose s'est brisé dans le circuit familial durant leur enfance et ils en gardent souvent de lourdes séquelles. Leur délinquance finit peut-être par s'arranger, mais si on leur avait évité ce dramatique passage inaugural, ils se seraient épargné une souffrance psychique et une insatisfaction qu'ils expriment quand on les rencontre à l'âge adulte.

Tout cela pose des questions très difficiles à résoudre. Pourquoi certains sujets entrent ainsi dans un processus de durcissement et basculent ensuite dans une délinquance qui continuera et s'aggravera même, parfois? Pourquoi certains ont-ils besoin, pour trouver leur identité, de cette sorte de cheminement chaotique pendant une partie de leur enfance et de leur adolescence?

J'avoue que je ne vois pas clair dans toutes ces questions. Cependant, nous pouvons énumérer les différentes formes de délinquance que nous avons connues. Il y a les petits paumés, les carencés, ceux qui ne sont pas parvenus au stade de la citoyenneté. Puis, il y a ceux qui, au moment de l'adolescence, passent par une crise. Et parmi les manifestations de cette crise, certains prennent de la drogue, d'autres font des tentatives de suicide, sont violents, délinquants.

Pourquoi certains adolescents, qui ne vivent pas forcément dans des milieux sociofamiliaux très perturbés, semblent ne pas pouvoir faire l'économie de cette crise identitaire ? Pourquoi, durant ce début de leur existence, ont-ils besoin de passer par cette phase de révolte, avec la nécessité —parfois— de se retrouver à plusieurs reprises devant un juge ?

J.L. : Au fond, c'est l'aspect légal qui nous fait parler de délinquance, autrement on parlerait d'un problème de conduite.

M.L. : Il existe, du moins en théorie, une autre forme de délinquance plus rare. C'est la fameuse « délinquance névrotique », où le sujet ressent une énorme culpabilité et essaie de l'apaiser par des gestes qui entraînent des punitions. De temps en temps, j'ai vu ce mécanisme, mais je n'ai pas l'impression que nous avons beaucoup à travailler sur ce genre de délinquance quand nous sommes éducateurs ou psychiatres dans un établissement. Ces jeunes relèvent probablement plus de la psychothérapie. Il faut espérer qu'un jour, un parent les amène chez un praticien qui leur offrira une telle forme de traitement.

J.L. : Quels facteurs incitent l'enfant à renoncer au plaisir immédiat ? Ce n'est pas drôle de devoir étudier, travailler, se rendre compte que si l'on n'apprend pas, on sera dépourvu d'un certain savoir. Il faut des renoncements pour découvrir la relativité de ses pouvoirs. Je mets cette interrogation en parallèle avec les recherches qui soulignent à quel point le cerveau continue de se structurer selon les expériences quotidiennes. Quelle est la place des frustrations, des interdits et du contrôle exercé par l'environnement pour instaurer une cohérence du système cérébral ?

M.L. : Cette hypothèse est intéressante parce qu'elle permet de relier nos connaissances neurobiologiques et psychologiques. En effet, le cerveau n'est pas achevé avant de nombreuses années. Il reste même à savoir s'il est achevé un jour.

Le cerveau, c'est un ensemble de neurones et de circuits qui s'organisent pour aboutir à nos capacités cognitives et émotives. On comprend que l'environnement « sculpte » ces circuits neuronaux et fait en sorte que le cerveau, en particulier la région limbique, apprenne à moduler les émotions et les stimulations. Pour expliquer cette transformation, on insiste sur le rôle de l'amour, qui permet de régulariser les émotions. C'est parce que j'aime mes parents que, finalement, je vais avoir suffisamment confiance en moi pour me tourner vers le monde de la connaissance. À partir de là, j'échapperai au désir de réaliser des choses dans l'immédiat pour viser plutôt des créations ultérieures.

Il y a une autre tendance qui souligne le rôle essentiel de la maturation cérébrale dans le développement. On a évidemment tout intérêt à relier ces diverses explications. Il faut bien finir par se désillusionner, car on ne peut satisfaire n'importe comment ses pulsions de possession et ses pulsions agressives, sexuelles ou orales. On doit expérimenter des limites dans un milieu qui rend les interdits supportables parce qu'ils sont accompagnés d'amour, de gratification et de valorisation.

En même temps, la maturation cérébrale sculpte progressivement nos circuits neuronaux. Pour apprendre à nous discipliner, nous avons besoin à la fois de recevoir et de « non-recevoir ».

En tant qu'éducateurs et psychiatres, nous espérons que nos actions participent à cette sculpture ; en tant que neurologues aussi, nous admettons cette idée, mais nous savons que la qualité de l'équipement neurologique de base est très importante.

J.L. : Nous, éducateurs, ou nous, médecins, nous sommes tous du « bon monde » qui voulons réussir !

M.L. : Nous voulons être des sculpteurs, mais fort heureusement, nous savons aussi que le sujet ne se laissera pas faire, car sinon où serait son espace de liberté ? Le sujet ne se laisse pas faire et non seulement il se sculpte lui-même, mais il sculpte son environnement. Par exemple, en tant que parents nous éduquons nos enfants, mais après quelques années, nous ne sommes plus comme nous étions au moment où ils sont nés. Les enfants nous ont transformés !

Dans cet échange, l'un apporte à l'autre. Et c'est dans cette alchimie que finit par se développer un être humain qui possède des tendances innées. Par exemple dans une fratrie, les frères et les sœurs ne réagissent pas tous de la même façon aux mêmes frustrations, aux mêmes gratifications. L'un est sage, l'autre est colérique, l'un est impulsif, l'autre est très actif, etc. Chacun n'accueille pas de façon identique ce que nous lui proposons.

Pour résumer les choses, je dirais que oui, le milieu transforme l'enfant, y compris sans doute dans son organisation neuronale. Parallèlement, son cerveau lui-même se transforme. Il est extraordinaire de constater que le cerveau est un organe qui s'enrichit et s'intoxique lui-même. En effet, il crée des pensées, des images, des fantasmes, des désirs, des émotions, qui deviennent ensuite de nouvelles pensées, de nouvelles images, de nouveaux fantasmes, de nouveaux désirs, de nouvelles émotions grâce à un processus de recaptage et de transformation tout à fait étonnant.

J.L. : Vous voulez dire que, finalement, le cerveau s'autoconstruit ?

M.L. : Oui, le terme est juste. Puisqu'on parle de délinquance, donc de troubles de la conduite, ces éléments s'interpénètrent pour freiner, dévier ou aider les processus de socialisation. Tout de même, n'oublions pas qu'il existe aussi une forme de délinquance que j'appellerais « professionnelle », et qui ne semble pas avoir grand-chose à faire avec la psychopathologie.

Jusqu'ici, nous avons parlé d'êtres en souffrance, car nous savons bien que celui qui n'arrive pas au « stade de la citoyenneté », celui qui essaie de résoudre ses mécanismes d'échec en se faisant punir et celui qui est en crise identitaire sont tous des êtres en souffrance. Il existe aussi, malheureusement, des gens qui vivent dans des milieux profondément égocentriques et asociaux, et qui s'identifient peu à peu à des contre-valeurs. Ils se disent alors : « On serait bête de ne rien posséder, de ne pas profiter de l'argent, de ne pas violenter l'autre quand l'autre ne peut se défendre. »

Cela ressemble à une sorte de professionnalisme, qui constitue sans doute la délinquance la plus sérieuse, mais aussi celle qui est la moins rejointe par les intervenants. Ces délinquants connaissent suffisamment la loi, même quand ils sont jeunes, pour faire appel à des avocats, pour naviguer entre deux eaux, pour utiliser les petits paumés et leur faire faire les coups. Ils vivent une existence relativement à l'abri de la police et de la justice. Quelquefois, ils se retrouvent dans de grands trusts. Cette délinquance dorée, on n'en parle pas beaucoup et, pourtant, c'est la plus dangereuse.

J.L. : Cette distinction est importante. Souvent, la société critique ceux et celles qui veulent aider les délinquants. On voit bien qu'une partie de ces jeunes sont des êtres en souffrance et ont besoin d'accompagnements particuliers, mais il y en a d'autres pour qui ce n'est pas nécessairement le cas. En fin de compte, ils choisissent délibérément d'être délinquants.

M.L. : On ne peut faire un tel clivage que pour les adultes. Je crois que nous devons toujours considérer les enfants et les adolescents comme des êtres en difficulté qui ont droit à nos interventions, mais vous savez, comme moi, à quel point il leur est difficile de résoudre leurs problèmes.

J.L. : Oui, mais il y a aussi une réalité dans nos établissements avec ces gens dont vous parlez : ils nous apparaissent comme tout à fait imperméables à nos interventions. On a l'impression de ne pas pouvoir établir avec eux de liens d'attachement. À la rigueur, nous pouvons être un ami ou une référence. Ils nous téléphoneront peut-être la nuit, si ça ne va pas. Nous comptons beaucoup pour eux, mais nous n'avons aucune espèce d'influence sur leur conduite quotidienne.

M.L. : Ce sont précisément ceux-là que j'appelle les « délinquants professionnels ». Ça ne veut pas dire qu'ils ne peuvent établir de relations d'amitié, et avoir une certaine fidélité à l'égard de personnes qu'ils ont rencontrées et qu'ils ont trouvées sympathiques. Ils peuvent même se montrer généreux.

J.L. : Oui, mais on peut se demander d'où viennent leurs cadeaux ! Maintenant, si vous le voulez bien, parlons de l'évolution de nos services. On a connu plusieurs modes, il y a eu la mode des pensionnats, avec les nombreux placements. Des études ont prouvé que 40 pour cent des enfants placés l'étaient pour de bonnes raisons, mais que 60 pour cent auraient dû bénéficier d'autres modalités. Vous avez vu défiler toutes ces opinions au cours de votre carrière. Pouvons-nous en parler ?

M.L. : Oui, j'ai vu défiler tout cela et j'en tirerais d'abord une conclusion : on ne sait pas trop quoi faire de cette clientèle. On oscille entre une direction et une autre. Au départ de ce qu'on peut appeler l'aventure éducative, ces jeunes ont été essentiellement placés dans des établissements.

En 1950, j'ai commencé comme éducateur dans un centre d'observation. Pendant quelques mois, on recevait des jeunes qui avaient des problèmes de conduite. On leur organisait un milieu sympathique, centré sur des activités et un certain charisme. On partageait leur vie. On les observait et on essayait de déterminer qui devait rester en institution, qui pouvait retourner dans sa famille, qui devait aller vers une famille d'accueil (déjà les familles d'accueil existaient).

L'idée n'était pas bête. Le problème, c'est qu'on n'avait guère de moyens et, comme souvent il n'y avait pas de solution, les garçons et les filles restaient beaucoup trop longtemps en institution. Devant l'impasse, devant leurs difficultés de se construire un projet de vie, ils entraient dans une sorte de désespérance et se mettaient à passer à l'acte.

Pour cette raison, on a plus ou moins abandonné la formule du centre d'observation. J'ai connu une période où un enfant passait finalement toute sa jeunesse dans un internat. Il pouvait y entrer à sept ou huit ans, en sortir à treize ou quatorze ans, puis se rendre dans ce qu'on appelait, en France, les « foyers de semi-liberté ». Ils restaient en « assistance » durant la plus grande partie de leur jeunesse.

À l'époque, on avait tendance à rayer le mot « famille », parce que l'idée dominante était que ces jeunes venaient de familles mauvaises. Le personnel voulait être substitutif en créant ce qu'on appelait des « pavillons familiaux ». Après ces essais, où il y eut le meilleur et le pire, on a parlé de la nécessité de la désinstitutionnalisation. D'ailleurs, cela n'a pas concerné que le domaine de la délinquance, puisque les milieux psychiatriques aussi ont été touchés.

Tout cela partait d'une idée généreuse : de quel droit éloignait-on aussi longtemps des enfants de leur famille ?

Des recherches basées sur des méthodologies sérieuses et des études longitudinales révélèrent la fréquence des récidives et le coût financier élevé du système.

Il y eut alors de nouvelles tentatives, par exemple la mise en place de ce que l'on a appelé, en Europe, « l'observation en milieu ouvert ». Un juge pouvait demander qu'un éducateur aille observer un enfant ou un adolescent dans son milieu, à domicile, pendant trois ou quatre mois. L'éducateur revenait ensuite devant le tribunal pour déterminer si l'enfant resterait dans sa famille ou s'il était préférable d'adopter une autre solution.

On commençait alors à associer à cette observation éducative des examens psychologiques et des évaluations psychiatriques. On tentait donc de trier, dans tout le groupe, ceux qui pouvaient retourner chez eux, ceux qui devaient aller en foyer d'accueil et ceux à qui il fallait un établissement plus sûr.

De là apparut une autre idée: l'action éducative en milieu ouvert. Quand un jeune s'attachait à un éducateur ou à une éducatrice, ce dernier continuait pendant un an ou deux à l'accompagner à la fois dans son insertion familiale, dans son insertion scolaire et, parfois, dans son insertion professionnelle. Si tout allait bien, le juge concluait que l'on pouvait stopper l'action éducative en milieu ouvert.

Cette formule d'éducation constituait une idée presque révolutionnaire. La famille n'était pas disqualifiée. On travaillait avec elle.

Parallèlement à tout cela, on s'est mis à parler de prévention en créant des « clubs de prévention ». J'en ai connu aux États-Unis, à Paris, à Lyon, à Rennes et à Liverpool. Des éducateurs s'inscrivaient dans un quartier, tâchaient d'attirer les jeunes vers des activités ou essayaient de les réorienter vers des loisirs organisés. Ils discutaient avec eux, s'inséraient même quelquefois dans leur bande, et tentaient d'infléchir la trajectoire délinquante au moment où elle commençait à se manifester.

Dans les faits, ces expériences n'ont pas duré très longtemps, même si elles donnaient d'assez bons résultats. Le milieu éducatif se retrouvait dans une grande solitude et se plaçait aussi parfois en porte-à-faux entre la police, la population, les jeunes et les familles « bien », qui criaient au scandale.

On a mis sur pied d'autres essais, par exemple les centres du soir, les services après l'école, les éducateurs en milieu scolaire.

À l'heure actuelle, on parle de plus en plus de « services de la petite enfance » dans lesquels on essaie de détecter le plus tôt possible les signes précoces de ce qui pourrait devenir la délinquance, à savoir le manque d'empathie, une hyperactivité, une certaine impulsivité, un faible degré d'anxiété.

En fin de compte, c'est fou en 50 ans le nombre d'expériences qui ont été faites, qui se sont arrêtées et qui ont été reprises ensuite. À cette énumération, on peut ajouter les foyers d'accueil, les villages d'enfants (dans lesquels on cherchait à ne pas séparer les fratries) et les centres dits sécuritaires (qui ont tenté de remplacer les prisons pour des adolescents plus endurcis).

Toutes ces expériences ont eu leur côté positif, mais la réalité est là: malgré ces multiples essais, le problème de la délinquance juvénile demeure très présent.

J.L.: Il est difficile de distinguer la véritable délinquance d'un simple trouble de la conduite. En ce sens, quelqu'un pourrait être très délinquant et ne jamais se faire prendre.

M.L. : Ce qui, d'ailleurs, est souvent le cas.

J.L. : Prenons, par exemple, le phénomène du décrochage scolaire. Il existe depuis que l'école est obligatoire ! Cette obligation est une très bonne chose, mais certains jeunes sont marginaux et il y en a peut-être dix dans une école à mériter ce terme. Pourtant, ils épuisent le dynamisme de l'ensemble du corps professoral et on parle beaucoup d'eux.

M.L. : Vous posez là le problème de l'impact des troubles de la conduite sur un milieu social. Nous savons bien que derrière des manifestations délinquantes se cache beaucoup de misère. Il n'empêche que si, dans ma rue ce soir, un de ces jeunes vient casser mes vitres, je vais faire comme tout le monde et téléphoner à la police pour qu'on l'arrête.

C'est une clientèle pas très sympathique… En fait, ces jeunes sont sympathiques dans une relation individuelle, mais quand ils s'expriment dans un quartier, à l'intérieur de petits groupes relativement bien organisés, ils deviennent redoutables.

Alors, on est partagé entre le désir de les aider et le désir de les punir, entre ce qu'on appelle la tendance normative et la tendance éducative. De la même manière, on oscille tout le temps entre une direction dite « thérapeutique » et une direction répressive.

Selon moi, quiconque s'occupe de délinquants affronte tous ces aspects. Quand les choses vont trop loin, quand les actes dégénèrent, il faut mettre en place un « arrêt d'agir », c'est-à-dire un système répressif. Le jeune est alors placé dans un établissement. Là-bas, les éducateurs ont souvent beaucoup de générosité, mais ils dérapent à cause des difficultés extrêmes auxquelles ils font face.

En France, par exemple, il y avait les « centres d'éducation surveillée » qui, pour la plupart, avaient commencé par être de bons établissements. Pourtant, vers la fin, un certain nombre d'entre eux sont devenus de véritables bagnes pour enfants.

J.L. : À quoi était liée cette évolution ?

M.L. : À la peur. Le personnel avait peur. On se décourageait. Ceux et celles qui étaient bien formés s'en allaient, et c'étaient les meilleurs. On se retrouvait donc, au bout d'un certain temps, avec des équipes non préparées, des gens apeurés qui accumulaient les punitions et s'installaient dans des cercles vicieux, car plus ils punissaient, plus les jeunes se révoltaient. Tout cela aboutissait à du sadisme et à des actes inadmissibles.

J.L. : Actuellement, on remet en cause le fait de mettre tous ces enfants ensemble. Ils sont trop pareils, ils ont tous des problèmes de socialisation, et cela finit par faire un ensemble presque ingouvernable.

M.L. : Entre 1950 et 1955, je travaillais dans un centre d'observation et nous n'avions pas trop de problèmes. Comme il n'existait pas beaucoup d'autres solutions que l'approche institutionnelle, la population de ces établissements était très mélangée.

Certains jeunes faisaient partie de la petite délinquance, quelques petits durs faisaient des crises transitoires, mais ça ne constituait pas la majorité de notre clientèle. Au fur et à mesure que nous avons affiné nos approches et découvert que certains jeunes pouvaient rester dans leur famille à la condition de recevoir une action éducative, les établissements se sont retrouvés avec ce que nous appelons parfois les « bouts de ligne ». Ces jeunes ont accumulé une série d'échecs et se sont souvent installés dans la toute-puissance. C'est une population explosive dont on ne sait plus très bien quoi faire.

Quand, pour des raisons de sécurité et de budget, on regroupe une centaine de jeunes de ce type, le mélange est invivable. On court alors le risque de devenir répressif, et certains phénomènes s'additionnent, comme la contamination, le trafic de drogues, la petite mafia, etc. Par conséquent, on devrait plutôt disperser ces jeunes dans des établissements de taille réduite qui, paradoxalement, resteraient intégrés à la ville.

Pour le moment, ce n'est pas la direction que nous prenons à Montréal. Si nous mettons ensemble des jeunes qui se caractérisent par une incapacité à socialiser, je ne vois pas très bien comment la socialisation peut s'effectuer. Si on les garde peu de temps parce qu'on se sent mal à l'aise vis-à-vis d'eux, le roulement continuel ne permet pas de développer une vie communautaire et de créer des traditions. On multiplie alors les difficultés. Pour ce qui est des milieux institutionnels, c'est là où nous en sommes, actuellement.

J.L. : Quand nous regardons l'histoire d'une ou d'un adolescent de seize ou dix-ept ans, c'est bien rare qu'il ou elle n'ait pas eu au moins une phase de délinquance spontanée. Comment distinguer ces faux pas, presque normaux, d'une organisation progressive de la personnalité allant vers des délinquances avérées ?

M.L. : Vous avez raison. À l'adolescence, il y a une délinquance spontanée presque naturelle. Les recherches montrent que peu de jeunes évitent un dérapage sur le plan de la socialisation, à un moment ou à un autre. Je peux même prendre mon propre cas ! Il m'est arrivé à deux reprises, adolescent, de chiper des objets dans un magasin, et si j'avais été pris, j'aurais pu me retrouver face à un juge d'enfants.

Je crois que peu de jeunes franchissent sans faux pas le tunnel inaugural de leur enfance et de leur adolescence. Dans la majorité des cas, les choses s'arrangent grâce aux valeurs déjà intégrées par le jeune et grâce au soutien familial et scolaire. Cependant, nous savons aussi que ces actes, apparemment anodins, peuvent constituer le point de départ d'une trajectoire beaucoup plus dangereuse. Tout un engrenage peut survenir ; le jeune découvre qu'il est facile de voler dans les magasins, il aperçoit autour des caisses des objets qu'il a envie de prendre, il découvre avec surprise qu'il se fait rarement pincer.

Ainsi, il y a des habitudes délinquantes qui peuvent durer quelques années, des flambées de troubles de la conduite qui sont des tentatives de se définir sur un mode identitaire.

À côté de cette masse de jeunes qui vivent simplement une phase transitoire de mésadaptation, il existe une population restreinte, mais terriblement gênante et active, qui percute la vie des quartiers, perturbe les sociétés et les écoles, s'installe progressivement dans des perspectives asociales et même anti-sociales.

Nous nous sentons souvent impuissants devant cette catégorie de garçons et de filles qui ne veulent pas être aidés et qui ressentent toute approche à leur égard comme des actes persécuteurs. Nos positions vis-à-vis d'eux se compliquent du fait que nous n'avons pas les mêmes perspectives selon que nous sommes éducateurs, psychologues, avocats ou juges.

Si nous sommes dans une position d'avocat, nous avons la mission de défendre ce jeune, ce qui signifie avoir pour lui la peine la plus réduite possible. Dans une perspective judiciaire, la peine est également donnée en fonction de la gravité de l'acte. Si le sujet vole dix dollars, cela sera beaucoup moins grave que s'il en vole dix mille. S'il récidive, il doit être davantage puni que si c'est la première fois, etc.

Ce raisonnement judiciaire ne peut me convenir en tant qu'éducateur, ni en tant que thérapeute. Je ne peux pas établir de liens clairs entre la gravité de l'acte et la gravité des troubles de la personnalité. Je ne peux pas, non plus, considérer que la meilleure solution serait d'obtenir la peine la moins gênante pour le jeune.

Le mot «peine» ne signifie rien pour moi, puisque je veux une mesure éducative.

Ainsi, nous nous trouvons coincés entre deux pôles qui s'opposent parfois et se rejoignent d'autres fois. Nous avons besoin de juges pour rappeler qu'il existe des lois, nous avons aussi besoin d'avocats pour qu'il n'y ait pas de dérives, sur les plans éducatif et psychiatrique. Par ailleurs, les juges et les avocats ont aussi besoin de nous. Cela étant dit, il y a tout de même de fréquentes tensions entre le système judiciaire et le système éducatif.

J.L.: On voit bien ces tensions, au Québec, quand on regarde le rapport entre la *Loi sur la protection de la jeunesse* et la *Loi sur les jeunes contrevenants*. On s'en rend compte aussi quand on parle à des policiers qui trouvent souvent les juges trop cléments. Ils ont l'impression que nos systèmes rendent payante la délinquance. Certains adolescents confirment cette déclaration policière en soulignant que la société manifeste trop tard, par un arrêt ou un signalement, sa réprobation de tel ou tel acte.

M.L.: Ils ont probablement raison jusqu'à un certain point. En effet, j'ai parfois entendu des jeunes me dire: «Si j'avais été arrêté plus tôt, je ne me serais pas installé dans l'engrenage du passage à l'acte.» On voit que chacun a sa vision par rapport au délinquant, selon qu'il est policier, juge, éducateur ou psychothérapeute. Pourtant, c'est en braquant successivement le projecteur sur toutes ces positions que nous finirons par y voir plus clair.

Pour ma part, je souhaiterais beaucoup que le grand cérémonial du tribunal soit modifié avec l'enfant. Dans ce cérémonial, il y a l'accusé, les avocats, le procureur. Cela est adapté aux adultes, pas aux jeunes. Je rêve à la constitution d'une table ronde, où le juge ne perdrait pas ses prérogatives, mais où chacun donnerait son opinion et discuterait d'égal à égal. Peut-être faudrait-il officialiser davantage la mesure décidée par le juge, mais je ne suis pas à l'aise avec l'organisation actuelle du tribunal pour enfants.

J.L.: Non seulement à cause de la mise en scène, mais aussi à cause de ce que cette mise en scène dit aux jeunes… Je vous proposerais maintenant de dire ce que vous pensez de la contribution de la pédopsychiatrie en ce qui a trait à la délinquance. Plusieurs professions s'en occupent: criminologues, psychologues, éducateurs, psychoéducateurs, travailleurs sociaux et psychiatres.

M.L.: À Montréal, la psychiatrie a réalisé quelque chose d'exceptionnel, à savoir l'Institut Pinel. Il y a très peu d'instituts psychiatriques pour délinquants dans le monde. Or, à Pinel, il y a une section pour adolescents. Je pense qu'il se fait là un travail de pionnier; on peut le critiquer, il y a probablement des choses à modifier, mais il faut rendre hommage à cet effort de s'intéresser à des personnes à la fois hautement délinquantes et présentant des troubles psychiatriques associés.

J.L. : Cette collaboration ne se fait ici que du fait de l'association entre troubles mentaux et troubles de la conduite.

M.L. : C'est vrai et je ne connais pas suffisamment l'organisation de l'Institut Pinel pour en parler en détails. Cependant, nous avons fait ensemble une expérience tout à fait extraordinaire à Boscoville, qui s'appelait «l'expérience Carrefour». On regroupait de jeunes délinquants qui avaient, parallèlement, des problèmes graves de personnalité et qui exigeaient à la fois une intervention éducative et une certaine supervision pédopsychiatrique.

Il y a quelques expériences ponctuelles de ce genre, mais il faut quand même souligner que, d'une manière générale, la psychiatrie éprouve une certaine gêne à s'occuper de délinquants.

On ne se bouscule pas aux portes, comme psychiatres, pour recevoir des cas graves de troubles de la conduite. À Montréal, dans les établissements pour jeunes en difficulté, il n'est pas facile de trouver des psychiatres qui acceptent de s'engager. Notre formation a été très centrée sur les personnes qui demandaient elles-mêmes de l'aide. Dès que nous avons affaire à des personnalités qui se dérobent à une telle demande, le psychiatre est en désarroi. C'est aussi le cas de plusieurs psychologues.

Cela étant dit, bien sûr que la pédopsychiatrie doit avoir son mot à dire dans les domaines des troubles de la conduite. On sait très bien que, parmi ces jeunes, certains souffrent de psychose, d'autres ont des hyperactivités sévères, d'autres présentent des états d'anxiété ou des comportements compulsifs, etc.

On peut donc souhaiter ardemment que des équipes tentent d'approcher cette clientèle en regroupant des éducateurs, des psychologues et des psychiatres.

J.L. : En clinique externe, où je travaille, 70 pour cent des demandes surviennent à la suite de troubles de comportement.

M.L. : Troubles de comportement ou délinquance?

J.L. : Troubles de comportement. Quand nous laissons aller ces désordres sans intervenir, ils s'aggravent progressivement. Le plus souvent, les motifs de consultation sont les suivants : des enfants cassent la gueule à d'autres, refusent d'aller à l'école, accumulent les échecs, manifestent leur opposition de toutes sortes de manières et, derrière ces manifestations, nous ne tardons pas à découvrir des anxiétés épouvantables, des amorces de schizophrénie, des formes d'hyperactivité particulièrement sévères, des problèmes d'impulsivité, toutes sortes de choses qui, dans le langage courant, relèvent plus du psychiatrique que du psychosocial.

Selon les psychiatres, ces jeunes relèvent de la psychiatrie, et selon d'autres disciplines, ils ont des troubles d'adaptation sociale. Bien souvent, la demande aboutit à une évaluation qui conclut à un trouble de la conduite ne relevant pas de la discipline psychiatrique. Chacun se renvoie la balle pour savoir qui aidera ces jeunes.

M.L. : Vous avez tout à fait raison. Il y a un « no man's land » dans la population qui nous arrive. Le psychiatre déclare que le trouble est psychosocial, l'éducateur affirme que ce n'est pas aussi simple, le travailleur social se trouve entre les deux pôles et ne sait plus comment agir. Les enfants sont comme des balles de ping-pong et vont de l'un à l'autre. Un certain nombre d'entre eux évoluent bien grâce à une relation importante avec un éducateur, un travailleur social ou, parfois, un psychiatre qui, curieusement, s'accroche à ce cas-là.

Cependant, beaucoup de ces jeunes ne répondent pas à une relation fondée sur la parole. Ils sont extrêmement ambivalents par rapport aux « psys » et à toute intervention autre que ponctuelle. Les approches verbales échouent, les médications ne sont suivies qu'épisodiquement ou deviennent des réponses « fourre-tout ». Pour avoir une influence, il faudrait sans doute accompagner plus concrètement ces jeunes dans leur quotidien. Certains éducateurs ont créé des clubs de quartier, des groupes de prévention, et cela fonctionne, mais rares sont ceux qui s'engagent dans de telles directions.

Au sein de ces structures, des psychiatres devraient pouvoir répondre immédiatement lorsque surgit une demande liée au désarroi. Trouver de tels psychiatres constitue une tâche à la limite de l'impossible, car ces praticiens ont été beaucoup plus formés pour travailler en bureau privé, avec des jeunes à consonance névrotique, plutôt qu'avec ceux qui extériorisent leur insatisfaction par des troubles de la conduite au sein de leur milieu.

J.L. : Compte tenu de la difficulté de traiter ces jeunes en milieu institutionnel ou en milieu naturel, on se tourne à l'heure actuelle vers la prévention afin de repérer les enfants qui risquent d'évoluer plus tard vers des troubles de la personnalité à la limite du curable. Cela est intéressant, mais on sent que cette évolution laisse place à une espèce de découragement par rapport à tout ce qui a été fait, de bonne foi, pour endiguer l'inadaptation sociale.

M.L. : Ces tentatives de prévention sont excellentes, dans la mesure où nous n'oublions pas les populations qui vivent des difficultés apparemment insurmontables. J'ai parfois entendu les messages suivants : mettons tout l'argent dans la prévention avec les tout-petits et laissons de côté les adolescents.

C'est oublier que ces adolescents mettront au monde, quelques années plus tard, des enfants qui, à leur tour, seront mal pris si leurs parents ne sont pas revalorisés dans leurs compétences. Nous avons donc tout intérêt à nous occuper autant de la petite enfance que de l'adolescence.

Cela représente un effort social colossal, quand on voit les immenses tentatives faites en ce sens depuis 50 ans. On est forcément un peu découragés de voir les innombrables problèmes qui restent, malgré la quantité de professions qui s'occupent de troubles de la conduite, au sens large.

Or, il existe plusieurs avenues pour réagir à ce découragement. Nous connaissons maintenant l'importance de l'attachement précoce et les conséquences néfastes quand il ne se produit pas. Nous repérons davantage ces troubles. Avant, nous parlions tout simplement de misère sociale ou de perturbations socio-familiales. Nous comprenons mieux les causes de nos échecs et des récidives, et nous découvrons nos limites, par rapport à certaines pathologies.

Cela n'est pas propre à nous. En médecine physique, nous sommes habitués aux échecs, étant donné que nous finissons tous par mourir et qu'il y a tant de maladies contre lesquelles nous ne pouvons rien faire. Cependant, cela ne nous empêche pas de lutter et de continuer les recherches qui visent à faire progresser nos interventions.

Il en va de même dans le domaine des grands troubles de la conduite, dont parlent de plus en plus les mass-médias. Ces cas-là font du bruit, même si, en réalité, ils constituent une minorité. Le public nous reproche ce qu'il perçoit comme de l'inaction. Et ces reproches nous blessent. Cependant, je me dis toujours que nous devons être un peu fous pour exercer nos professions et croire que nous finirons par avancer dans nos connaissances et dépasser ces difficultés qui nous apparaissent actuellement insurmontables.

J.L. : Le sentiment est un peu le même quand nous établissons des prédicteurs de la délinquance.

M.L. : Les recherches sur les prédicteurs ne sont pas nouvelles. Elles existent depuis une trentaine d'années. Elles convergent toutes vers une même constatation : les troubles démarrent très tôt et plus on intervient de façon précoce, plus on peut faire quelque chose. Cela étant dit, parfois les choses vont mal très tôt, mais au nom de quoi interviendrait-on quand il n'y a pas de preuve que l'enfant est en danger ?

La mise en évidence des prédicteurs ne risque-t-elle pas, parfois, d'aboutir à un excès d'interventions normatives dans des familles, sous prétexte qu'on est convaincu que les choses finiront mal ?

Je sais bien que ce n'est pas du tout l'idée de ceux qui font de telles recherches, mais le danger est tout de même présent. En fait, nous sommes partagés entre deux positions : nous introduire dans des familles quand elles sont en difficulté ou les responsabiliser au maximum. Là encore, la délinquance nous place dans des contradictions. C'est peut-être sa fonction sociale : nous déséquilibrer en tant que professionnels, en tant que citoyens, afin d'organiser nos communautés de vie pour qu'elles deviennent de véritables lieux d'accueil.

Le suicide chez les enfants

Dialogue avec Patricia GAREL

Le suicide chez les enfants est considéré comme très rare. En fait, travaillant depuis de nombreuses années dans des Centres jeunesse accueillant des enfants avec de graves troubles du comportement, le docteur Michel Lemay a constaté que des jeunes âgés de 9 à 12 ans posaient parfois des actes qui les mettaient de façon répétitive en situation de grand danger. S'agit-il de simples défis, de dénis de la mort ou d'équivalents suicidaires délibérés ? Il en discute avec le docteur Patricia Garel qui a beaucoup étudié le problème du suicide chez les adolescents.

P.G. : Nous allons aborder ensemble un sujet extrêmement délicat et touchant : celui du suicide chez les enfants. Nous parlerons également des équivalents suicidaires, une expression que vous avez utilisée en rapport avec des enfants très malades que vous avez rencontrés dans des Centres jeunesse et qui présentaient des facteurs de risque pouvant aboutir à des comportements suicidaires. J'aimerais vous entendre parler des souvenirs que vous avez gardés de ces enfants-là. Quelles sont vos réflexions sur ce terrible problème ?

M.L. : J'ai vécu une expérience extrêmement douloureuse dans des établissements qui recevaient des enfants de moins de douze ans, quand j'ai rencontré des cohortes de jeunes âgés de sept à douze ans qui parlaient de leur mort comme d'une issue souhaitable. Certains cherchaient à disparaître avec une composante dépressive évidente. Cependant, j'ai connu des garçons du même âge qui se mettaient en danger de manière répétée, mais sans montrer de signes dépressifs évidents.

Je vais donner quelques exemples de cette deuxième catégorie d'enfants. Je me rappelle un petit garçon de huit ans, qui sortait, torse nu, par moins 20 degrés, en disant son espoir d'attraper une pneumonie. Il affirmait cela très fort et comme les éducateurs essayaient de le raisonner en le ramenant au chaud, il criait devant ses camarades qu'il voulait retourner dans la cour afin de démontrer son invulnérabilité.

Je me souviens aussi d'un garçon qui s'était fracturé un os en ski pour la troisième fois. Je l'avais interpellé de la manière suivante : « Comment se fait-il que tu te blesses aussi régulièrement, alors qu'au gymnase tu fais preuve de tellement de souplesse et d'habileté ? » Il m'avait expliqué que chaque fois, il s'était cogné malencontreusement à un arbre. Je lui avais alors demandé de me dessiner la piste de ski et il avait représenté une magnifique pente avec un seul arbre au milieu. « Dis donc, lui avais-je alors dit, cela me paraît bizarre qu'un enfant aussi adroit que toi se soit brisé trois fois la jambe sur une pente avec un seul arbre ! » Avant de me répondre, il m'avait regardé longuement, puis m'avait déclaré : « Je voulais me prouver que j'étais plus fort que l'arbre. »

Cette histoire me fait penser à Thierry, un autre garçon de dix ans. Il s'était blessé en hiver en glissant d'un toit et s'était fracturé un membre après avoir lancé un défi à un copain : « Tu verras, il ne m'arrivera rien, car je suis le plus fort. »

Que nous apprennent de telles anecdotes ?

Au sein d'une population d'enfants regroupés dans des établissements pour des actes agressifs, délinquants ou oppositionnels, nous trouvons certains jeunes qui sont de grands déprimés avec des signes classiques de dépression.

D'autres relèvent plutôt de ce qu'on appelle le syndrome carentiel. Ballottés au sein de leur famille ou entre des familles d'accueil, ils se sentent abandonnés. Ils sont profondément dévalorisés, car fixés dans la position de sujets non désirés. Ils sont assoiffés de relations, tout en étant incapables de supporter longtemps de l'affection. Ils tentent d'agresser leur corps, sans avoir de véritable intention de se tuer, mais dans un mélange de désespérance et d'avidité.

Un troisième groupe est formé d'enfants qui sont en quête d'identité. Afin de se construire une image et de combler le vide qui est en eux, ils se mettent dans des situations de danger, avec le discours sous-jacent suivant : « Je veux vous montrer que je suis invulnérable. Vous allez voir que je suis un Superman ou un

Spiderman ou un Batman. Ainsi, vous comprendrez que j'existe, je me le prouverai à moi-même et je lancerai un défi à la mort en exaltant la vie. »

P.G. : C'est un peu ce qu'on retrouve chez l'adolescent. Les Français appelaient cela « les comportements ordaliques de risque à tout prix ». Avec eux, ça passe ou ça casse ! Ce que certains auteurs appellent des « comportements ordaliques » ?

M.L. : Tout à fait.

P.G. : Vous avez parlé d'une quatrième catégorie, tout en soulignant par vos vignettes cliniques l'hétérogénéité des situations qui poussent un enfant à se mettre en danger. J'ai cru comprendre que vous faisiez allusion à des enfants qui ne cherchaient pas la mort, mais y aboutissaient par l'espoir de retrouver les personnes qu'ils avaient perdues.

M.L. : Oui. En voici un exemple. Par un concours de circonstances étonnant, j'ai retrouvé récemment un jeune homme qui, à l'âge de cinq ans, avait perdu ses deux parents dans un accident de voiture. Ce fut une perte absolument effroyable. Pour l'apaiser, une de ses tantes lui avait dit : « Ne pleure pas. Tes parents sont au ciel et tu les retrouveras là-haut. »

Pendant plusieurs semaines, cet enfant a présenté une compulsion à se jeter par la fenêtre, pour rejoindre ses parents au ciel. En lui s'était enracinée la croyance magique qu'il pourrait retrouver sa famille. En se jetant dans le vide, il n'avait pas l'idée de mourir, mais plutôt celle de retrouver les êtres qu'il aimait. Nous l'avons hospitalisé et je l'ai suivi à partir de ce moment-là.

Nous l'invitions à dessiner ses impulsions, afin qu'il puisse se créer un espace psychique et que, peu à peu, au lieu de passer à l'acte, il se représente l'univers d'espérances qu'il s'était bâti. Progressivement, il a pris conscience des conséquences que ses actes désirés pouvaient déclencher sur sa vie.

Dans cet exemple, nous sommes dans une sorte de non-compréhension de la mort et dans une recherche magique de rejoindre les êtres chers à partir d'un discours que la tante pensait salvateur et qui l'avait amené à passer à l'acte : « Ne t'inquiète pas, tu pourras les retrouver au ciel. »

P.G. : Dans cette réflexion que vous émettez par rapport à ces comportements suicidaires ou à ces équivalents suicidaires, vous insistez sur le fait qu'ils ne sont pas toujours reliés à des dépressions. Dans toute prise en charge, il est important de donner un sens à ce qui se passe pour tel ou tel enfant. Comment vous situez-vous par rapport aux idées qui sont véhiculées aujourd'hui dans la documentation scientifique, à savoir que le risque majeur est la maladie mentale ?

M.L. : Tous les enfants ne choisissent pas de telles modalités d'adaptation. Je parle ici d'enfants que j'ai rencontrés en centres d'accueil. Tous avaient vécu des problèmes psychologiques liés à des insuffisances dans les soins de base, de la négligence, de la maltraitance. Nous sommes donc dans le cortège d'une population blessée, à la fois psychologiquement et parfois même physiquement. C'est une population éminemment fragile en ce qui concerne son évolution. J'ai suivi un certain nombre de ces enfants pendant de longues années, et la plupart d'entre eux ne sont pas devenus dépressifs. Une bonne partie d'entre eux n'ont pas de séquelles très marquées sur le plan mental. Ils ont des souvenirs de souffrance par rapport à leur enfance, et très souvent ils ont eu une adolescence difficile. Cependant, je peux affirmer que parmi ces enfants, qui sont âgés aujourd'hui de 22 à 30 ans, une bonne majorité n'a pas présenté de pathologie mentale sévère, alors que nous aurions pu le penser au moment où je les rencontrais.

Cela nous amène d'ailleurs à une autre question : est-ce les plus agissants qui sont les plus en danger, ou ceux qui intériorisent dans le silence leur propre souffrance ? On peut se demander si le fait de chercher à se faire écraser, de vouloir se jeter sous un wagon de métro ou de tenter de se pendre, si des actes aussi impressionnants n'ont pas créé un mouvement de sympathie à leur égard, ce qui leur aurait fourni de l'aide sur laquelle s'appuyer. On peut se demander également si le fait d'avoir extériorisé des symptômes et d'avoir ainsi mobilisé des éducateurs, comme moi-même, ne les a pas protégés de l'oubli.

P.G. : Par leurs comportements très perturbants et très inquiétants, ils envoyaient des signaux. Vous soulignez ici plusieurs points importants, le premier étant la valeur symptomatique d'un comportement suicidaire. Ce n'est pas un diagnostic en soi, mais cela nécessite une évaluation, une prise en charge spécifique en fonction d'un patient donné. Le deuxième point est la nécessité de rester prudent par rapport au diagnostic. En vous écoutant, on a la chance de bénéficier d'un recul vis-à-vis d'enfants que vous avez connus petits, qui ont grandi et que vous avez retrouvés, récemment, dans différentes circonstances.

M.L. : Oui. Il nous faut conserver une prudence diagnostique et une prudence pronostique. Parlons d'abord de la prudence diagnostique. À partir du moment où nous voyons un enfant qui s'est mis en danger, nous pensons tout de suite qu'il est déprimé et nous cherchons « le noyau dépressif ». Bien entendu à partir des questions que nous lui posons, nous pouvons susciter en lui quelque chose de l'ordre d'une grande tristesse.

P.G. : Ou du découragement.

M.L. : Découragement ? Oui. Nous ne le rejoignons plus dans le sens qu'il avait voulu donner à son acte. Il voulait nous dire « J'existe. Je veux prouver que je suis invulnérable. Je veux démontrer que mon corps est plus fort que mes blessures psychiques et que la mort. »

Si nous nous orientons à ce moment-là vers le diagnostic préconçu de dépression, nous allons dans le sens contraire de ce que le sujet voulait nous démontrer. Il se produit une sorte d'hiatus entre ce qu'il voulait nous dire et ce que nous entendons. Dans ce sens là, nous devons être prudents avant de poser un diagnostic.

La même prudence doit se retrouver dans le pronostic. Bien sûr, rien n'est plus inquiétant que de se retrouver devant un enfant de huit ou neuf ans qui a voulu attenter à ses jours. Nous anticipons alors un malheur possible et nous envisageons le début d'une dépression majeure, ou encore nous décodons cela comme des signes avant-coureurs d'une pathologie mentale. Les faits montrent que nos inquiétudes sont parfois fondées, mais dans les suivis longitudinaux que j'ai faits, ce pronostic ne s'est vérifié que dans environ 40 % des cas.

P.G. : Tout à l'heure, vous parliez d'une population blessée, donc dès le départ vulnérable et fragile. Nous sommes actuellement dans un débat très animé et très passionnel sur les liens entre d'une part les Centres jeunesse et les services sociaux, qui prennent soin de cette population, et d'autre part les milieux pédopsychiatriques hospitaliers. Nous avons parfois le sentiment que ces enfants sont comme des balles de ping-pong, ils rebondissent d'un milieu à l'autre. L'un dit que c'est un problème de carence, un avatar psychosocial. L'autre, à savoir les Centres jeunesse, rétorque : « Vous ne vous rendez pas compte qu'ils sont intenables et qu'ils ont des problèmes psychiatriques. » Les deux points de vue sont difficilement conciliables.

M.L. : Pour régler ce problème, il faut absolument le situer dans le contexte actuel des Centres jeunesse. Si les conditions étaient différentes, les réflexions seraient également différentes. S'il y a une crise identitaire de la psychiatrie, il y a une crise identitaire des Centres jeunesse. Ces dernières années, ceux-ci ont subi une désinstitutionnalisation absolument sauvage, en particulier pour les jeunes enfants. On s'est révolté à l'idée que des enfants de moins de douze ans restaient en internat et la solution miracle proposée fut de les laisser dans leur famille, tout en bénéficiant d'un soutien éducatif.

Comme ce n'était pas toujours possible, on a parlé d'augmenter les places en familles d'accueil et de créer des foyers de groupe. L'idée était intéressante en soi, mais une fois les centres fermés, il y eut peu de création de milieux substitutifs et les familles d'accueil ont été insuffisamment soutenues. D'ailleurs, il est difficile de trouver des familles capables d'endosser les responsabilités d'une population comme celle dont nous parlons. Quelques centres restaient ouverts pour les adolescents, tout en vivant des crises successives de personnel, liées à des problèmes extrêmement complexes d'administration et de syndicalisme qui s'additionnent à la lassitude des éducateurs, le tout aboutissant à des changements perpétuels.

Toutes ces conditions créent en elles-mêmes une pathologie institutionnelle. Alors, quand les pédopsychiatres reçoivent ces jeunes, ils ont envie de condamner les structures en raison de leur problème d'organisation. Ils disent, en partie avec raison, que le problème ne relève pas de la pédopsychiatrie, et que si ces enfants déjà fragiles ne perdaient pas leurs éducateurs et leurs travailleurs sociaux de trois mois en trois mois, il y aurait probablement beaucoup moins de souffrance et nous pourrions distinguer ce qui est réellement un problème mental de ce qui est un immense malaise lié à des conditions de vie défaillantes.

À ce discours, les Centres jeunesse répondent qu'ils ont sans doute à améliorer leurs structures, mais que les enfants qu'ils reçoivent sont dans d'immenses souffrances et qu'ils sont très inquiets par rapport à l'avenir de ces enfants, tout en étant percutés par leurs symptômes. « Nous ne comprenons pas que vous vous dérobiez à votre tâche, aussi bien sur le plan diagnostique que thérapeutique », disent-ils. Nous répondons : « Vous demandez des choses magiques à la pharmacologie et à la psychothérapie. »

Tant que nous ne nous parlerons pas davantage, en nous écoutant les uns et les autres, nous serons dans un dialogue de sourds. Nous avons mis en place, avec l'aide des Centres jeunesse, un forum appelé le *Forum Abandon* qui se réunit trois fois par an. On y fait du bon travail de sensibilisation. Cependant, il est décevant de constater que les responsables de la direction ne s'intègrent pas à ce forum. Nous avons l'impression de mettre en évidence la souffrance entre nous, sans que les choses se modifient. Je crois quand même que, grâce à de telles initiatives, nous progresserons peu à peu.

D'autre part, devant l'ampleur des demandes, chacun tend à privilégier les interventions brèves. Cela contribue là aussi à une discontinuité des moyens d'action. Il faut prendre conscience d'une réalité : si des actions courtes peuvent résoudre des crises, il reste toute une population d'enfants étonnamment impulsifs, qui s'auto-agressent ou qui agressent les autres.

Certains de ces jeunes parviennent à s'intégrer dans des familles d'accueil, dans la mesure où ces dernières sont soutenues. Mais d'autres ont absolument besoin d'un temps de séjour prolongé en internat spécialisé. La décision de fermer des établissements pour les enfants de moins de douze ans a été une folie et il faut savoir recréer des petits foyers encadrés par des éducateurs, eux-mêmes bien formés et soutenus par une équipe à la fois de psychologues et de psychiatres. Avant la fermeture des internats, j'ai été pédopsychiatre dans ce type d'établissement. Cela n'allait pas sans problèmes, mais j'ai en tête plusieurs noms d'enfants avec lesquels je suis resté en lien pendant plus de dix ans. Je sais que leur séjour en institution, joint à des suivis pédopsychiatriques et parfois psychothérapiques, les a aidés à reconstruire leur personnalité délabrée.

P.G. : Ce lien, dont vous parlez actuellement, n'est pas forcément relié à la fonction du pédopsychiatre, mais à des personnes signifiantes et à leurs caractéristiques au point de vue de la personnalité, de la sécurité, de la stabilité et de l'engagement.

M.L. : Cela est en partie vrai, mais la position de médecin et de pédopsychiatre joue un rôle important.

P.G. : Symboliquement ?

M.L. : Pas seulement. Ces enfants sont très altérés dans leur corps, ainsi que dans la vision qu'ils ont d'eux-mêmes et des autres. Ils font partie de ce que j'appellerais la psychiatrie lourde, et notre devoir est de nous en occuper.

P.G. : Par rapport à l'organisation de services, on souligne actuellement la place centrale que devraient prendre les omnipraticiens. Ce sont des médecins qui peuvent avoir une vision globale du corps et recevoir une formation sur l'aspect mental des patients, en travaillant en collaboration avec les éducateurs. Ils peuvent constituer une structure de soins ayant valeur de modèle.

M.L. : Je veux bien croire qu'il s'agisse d'un modèle possible, mais je suis sceptique sur la possibilité de généraliser ce type d'équipe. Je suis convaincu que nous pouvons avoir quelques médecins de médecine générale s'intéressant à cet aspect et pouvant consacrer un temps suffisant pour devenir des personnes référantes, comme vous le décrivez. Cependant, ils sont rares et n'ont pas été préparés à une telle tâche face à la population pédopsychiatrique la plus difficile, ne l'oublions pas. Je reste convaincu que dans ces lieux institutionnels, il devrait y avoir un pédopsychiatre rattaché qui ne fonctionne pas seulement comme un consultant occasionnel, mais comme un intervenant engagé.

P.G. : Souhaitez-vous ajouter quelque chose ?

M.L. : Je voudrais donner encore quelques exemples de ces enfants rencontrés en milieu institutionnel et qui illustrent bien la jonction entre l'éducatif et le psychiatrique. À nouveau, il s'agit de sujets qui présentent ce que j'appelle les équivalents suicidaires. Un de ceux-là me revient à l'esprit : il s'agit de Yann, onze ans.

Yann cherchait à défier la mort. Après avoir repéré avec un copain des travaux sous un viaduc à Montréal, il décida de partir dans cette direction. Il avait constaté que, du parapet, tombaient d'énormes blocs de béton et des gravats. Il avait dit à son ami : « On va aller là-dessous et le premier qui sera enterré aura gagné. » Les deux enfants ont alors installé sur les lieux une petite tente. Et les ouvriers qui travaillaient au-dessus d'eux ne les ont repérés qu'au bout de quelques heures. Comme ils refusaient de s'en aller, la police est venue les chercher.

Après ces événements, j'ai longuement parlé à Yann. Ce jeune s'était engagé dans une sorte de jeu de roulette russe, le gagnant étant celui qui se ferait enterrer et le perdant celui qui s'en tirerait. Il niait totalement l'idée de la mort, tout en y pensant puisque le garçon m'expliquait son plaisir d'évoquer ses parents pleurant devant son cercueil. Cet enfant souffrait d'une très grande blessure narcissique. Il y avait donc, dans sa conduite, l'espoir qu'il verrait enfin ses parents souffrir de sa disparition et se prouver ainsi qu'il était désiré.

L'histoire de Yann me fait penser à celle de Steve, huit ans. Steve aussi s'est fait enterrer et son projet a bien failli réussir. Parti seul dans un chantier où il y avait de gros tuyaux d'adduction d'eau, il s'est fourré dans l'un de ces tuyaux, que la grue est ensuite allée déposer dans le sol. Les ouvriers ont remis de la terre pardessus et à ce moment-là, il a crié. Son cri a été entendu et on l'a déterré à temps. Chez Steve, il y avait une conduite suicidaire réelle, le jeune voulait vraiment mourir. Il disait: « Cette fois-ci, j'ai eu peur et je n'ai pas tenu le coup, mais je vais recommencer. » À l'examen, il montrait des signes dépressifs évidents. On retrouvait une lenteur de l'idéation et de la motricité, puis des défenses maniaques passagères, suivies d'affects de tristesse où il disait vouloir mourir.

Prenons un autre exemple: celui d'Éric. À dix ans, Éric se prostituait, ce qui pour lui constituait vraiment un passage à l'acte suicidaire, puisque son but était d'attraper le sida. Il me disait: « Je vais finir par avoir cette maladie et, ainsi, je serai soigné. » Il était dans cet étonnant paradoxe, vouloir mourir et en même temps vouloir être soigné. Par rapport à ce désir de soins, il me parlait de sa nostalgie du milieu hospitalier. Chaque fois qu'il avait été hospitalisé, ajoutait-il, une infirmière s'occupait de lui, un médecin et plusieurs autres professionnels étaient gentils. Il voulait donc attraper ce qu'il appelait une maladie chronique afin de continuer à bénéficier de l'ambiance médicale.

Tel n'était pas le cas d'Antoine, un diabétique qui, volontairement, omettait de prendre son insuline. Il était dépressif et voulait disparaître.

On voit que, parmi cette population reçue dans nos établissements, nous trouvons des enfants qui appellent à l'aide, d'autres qui cherchent à affirmer leur existence, y compris en jouant à la roulette russe, d'autres qui sont de grands déprimés, et d'autres encore qui crient leur révolte. Je crois vraiment que tous ces jeunes ont besoin autant du psychiatre, du psychologue que de l'éducateur.

On nie trop souvent l'existence de ces équivalents suicidaires chez les enfants. Officiellement, dans les statistiques, il n'y pas de suicide chez les moins de dix ans et pourtant… Je pense par exemple à Serge. C'est son frère qui m'a raconté l'histoire suivante: Serge s'est noyé à l'âge de huit ans. Évidemment, je ne sais pas ce qui s'est passé au juste, puisque je ne l'ai pas connu, mais je sais par son frère que Serge a laissé une lettre. Tout prouve qu'il a préparé sa mort. Tout prouve son désir de mourir: depuis son départ sur les glaces, jusqu'à sa disparition. Et pourtant, la mort de Serge n'a jamais été présentée comme un suicide…

P.G. : Malgré la lettre ?

M.L. : Oui, malgré la lettre. Et avec la complicité de la police. Si j'ai bien compris, le policier n'était pas dupe, mais il avait préféré conclure à un accident, car reconnaître le suicide aurait été ajouter un poids insupportable à la famille. Ainsi, il y a quelque chose de l'ordre du tabou social qui fait que ces actes suicidaires, réels chez les moins de dix ans, ne sont pas reconnus. Bien sûr, ils sont plus rares qu'à l'adolescence, mais ils existent tout de même. Et ils doivent nous amener à être extrêmement prudents par rapport à ce qu'on fait à l'égard de ces jeunes.

P.G. : Vous parlez de tabou social. Serait-ce aussi une tentative de protéger les parents et l'entourage déjà très traumatisés par la perte de l'enfant ?

M.L. : Oui, sans doute. Je crois qu'il est absolument insupportable de penser que son enfant a voulu se tuer à cet âge-là. On préfère donc conclure à un accident.

P.G. : Vous illustrez remarquablement bien la complexité des comportements des enfants. Et cela nous en dit long sur le rôle que nous pouvons jouer auprès d'eux. Je vous remercie beaucoup d'avoir fourni ce témoignage.

Les agressions sexuelles sur les enfants

Dialogue avec Brigitte LEBLANC

La découverte des agressions sexuelles sur les enfants, la prise de conscience des tendances pédophiles chez des adultes ont bouleversé nos conceptions de la maltraitance et amené des prises de position parfois bien discutables, en particulier dans le champ des interventions préventives et thérapeutiques.

Le sujet fait l'objet d'une discussion entre Brigitte Leblanc et le docteur Michel Lemay.

B.L. : Le sujet d'aujourd'hui est d'actualité. Je suis très impressionnée par les agressions dont les enfants sont victimes, surtout les agressions sexuelles. Nous nous sommes si longtemps tus à ce sujet... Pourtant, devant ce phénomène, le Québec a été novateur, aussi bien en tentant d'en définir les signalements précoces qu'en cherchant à imaginer des traitements. J'aimerais comprendre pourquoi, parmi vos nombreuses préoccupations, vous avez choisi de consacrer l'essentiel de vos recherches aux agressions faites aux enfants, en particulier les agressions sexuelles ?

M.L. : C'est un sujet qui me touche. Longtemps, je me suis occupé d'enfants qui présentaient des troubles d'adaptation sociale, aussi bien au Québec qu'en France, où j'ai codirigé pendans quelques années un centre pour jeunes délinquants. Peu à peu, j'ai découvert l'étendue du problème des agressions sexuelles chez ces jeunes. Et je me suis senti très mal, parce que je fais partie de la génération qui a nié l'ampleur du drame. Comment se fait-il que, pendant tout ce temps, nous n'ayons pas vu à quel point il y avait de la maltraitance et des agressions sexuelles ? Au Québec, les yeux ne se sont ouverts que depuis une vingtaine d'années, et dans des pays comme la Suisse ou la France, la maltraitance n'est véritablement reconnue que depuis environ dix ans. Par exemple, Michel Manciaux et Pierre Strauss ont été les premiers à dénoncer cela et il a fallu du temps avant qu'on les écoute.

B.L. : Je pense que chez nous, le poids de la religion a constitué une des raisons de ce phénomène, et ce poids s'est ajouté aux tabous.

M.L. : J'ai du mal à accepter l'idée que le silence est lié à la religion. Des régimes communistes et socialistes niaient le problème de la même manière, et il s'agissait pourtant de régimes athées. La religion est sans doute une des variables en cause, puisqu'il y a des gens compromis parmi les religieux, mais je ne donnerais pas la prédominance à la religion sur ce point.

B.L. : Je suis d'accord avec vous : dès qu'on touche au problème sexuel, le mot « passion » surgit. Je pense à un livre intitulé *Quand j'avais cinq ans je m'ai tué*, de Howard Buten. Ce thérapeute-clown raconte une très belle histoire d'amour entre deux enfants, ils ont cinq ans et l'action se déroule dans les années soixante. À un moment donné, les enfants se couchent ensemble, nus, et les parents qui les découvrent en font tout un scandale. Ils internent le garçon et projettent toutes sortes de craintes sur ce qui aurait pu se passer. Cela montre à quel point il faut bien définir l'expression « agression sexuelle »...

M.L. : Vous avez raison. On parle d'agression sexuelle à tort et à travers. On aborde les attouchements entre enfants sans tenir compte de leur différence d'âge, alors que cela n'a évidemment rien à voir avec les cas d'exhibitionnisme ou d'inceste, ou encore les cas d'agressions criminelles.

La découverte de la sexualité infantile n'est pas nouvelle. Dans ma génération, on faisait la chasse aux « amitiés particulières ». Dans les collèges, qui étaient non mixtes, si deux enfants se tenaient un peu trop souvent ensemble on les soupçonnait aussitôt de faire des choses « malhonnêtes », surtout s'ils se retrouvaient du côté des toilettes.

Or, les amitiés particulières et les jeux sexuels entre enfants contribuent à la construction de la sexualité et n'ont rien à voir avec les agressions sexuelles. On me répondra peut-être que les agresseurs sexuels manifestent souvent leur tendance dès l'adolescence, mais on retombe dans les dérives du début du vingtième siècle si on associe à des agressions toute curiosité sexuelle entre enfants, ainsi que les jeux sexuels, les touchers réciproques et les regards curieux portés sur le corps de l'autre.

D'ailleurs, il faut préciser que le silence sur les agressions sexuelles ne représente qu'un aspect du silence général qui domine l'ensemble de la sexualité. On la décrit, on la montre, on l'exhibe, mais on cherche bien peu à percer son mystère.

B.L. : Dans certains écrits, vous citez des chiffres qui m'ont donné un choc, il s'agit de l'énorme pourcentage d'enfants qui auraient été agressés à un moment ou à un autre de leur vie. Le problème est donc si répandu ?

M.L. : D'abord, je ne sais pas d'où viennent ces données. Ce n'est pas moi qui les ai recueillies.

B.L. : Certes, mais vous les citez, en particulier dans votre chapitre de l'ouvrage de R. Feger intitulé *Désordre, rupture, échec* publié aux Presses de l'Université du Québec en 1995.

M.L. : Oui, les enquêtes laissent entendre qu'un très grand nombre d'enfants ont connu des épisodes d'agression sexuelle, surtout les filles. Cependant, il arrive qu'on mélange tout. Quand on regarde les chiffres de plus près, on se rend compte qu'on y a inclus les attouchements entre un adolescent et un enfant, ou la rencontre d'un exhibitionniste dans un parc à un moment donné. On associe tout cela à l'inceste, aux viols, aux actes criminels et aux véritables actes de pédérastie, commis à l'occasion par un moniteur de colonie de vacances, par un prêtre ou par n'importe qui.

De quoi parle-t-on au juste quand on utilise l'expression « agression sexuelle » ? À mon avis, on devrait parler d'agression sexuelle quand un adulte ou un grand adolescent utilise sa séduction, son autorité, son pouvoir sur un sujet beaucoup plus jeune que lui, afin de satisfaire sa sexualité en confondant les manifestations de tendresse et la génitalité. À ce moment-là, il y a utilisation de la force, du charisme, de la persuasion, de l'autorité, du prestige. On fait peser sur l'enfant le poids de tout cela pour aboutir à des actes qui touchent son corps dans son intimité et qui ébranleront profondément sa confiance en l'adulte, son regard sur lui-même et, sans doute, sa perception ultérieure de la sexualité.

Il existe d'ailleurs bien d'autres types d'agressions, des agressions morales, des agressions physiques, des cas de maltraitance. En fin de compte, on se trouve dans une situation d'agression chaque fois qu'un adulte ou quelqu'un ayant un très grand décalage d'âge avec un enfant fait peser sur celui-ci le poids de son affectivité, de sa morale ou de sa sexualité pour agir dans un sens qui ne vise pas l'épanouissement de l'enfant.

B.L. : Quand vous parlez de 80 % d'enfants qui se taisent, faites-vous allusion à toutes ces agressions ?

M.L. : À l'époque de mon enfance, on n'était pas loin de 100 % ! Lorsqu'un enfant parlait, on lui disait : « Tu es fou ! Ça ne se peut pas. ». À partir du moment où l'on a ouvert la boîte de Pandore, un certain nombre de jeunes se sont mis à parler. Le voile du secret a été partiellement levé, mais au fur et à mesure que les langues se délient, on découvre la fréquence des agressions sexuelles et le public va se mettre à paniquer, ce qui risque de faire retomber à nouveau la chape du silence.

B.L. : Pourquoi est-ce encore si difficile de parler de tout cela, dans les années 2000, alors que les tabous sont tombés sur tant de sujets ?

M.L. : Je suis incapable de répondre à cette question de manière générale, mais je crois que ce qui est scandaleux, dans ce genre de choc qui provoque le silence, c'est de découvrir que des adultes mettent l'enfant en danger, alors que jusqu'ici on pensait qu'ils avaient tous les droits sur les enfants.

Il se produit un changement considérable dans les mentalités. Il y a une cinquantaine d'années, l'enfant apprenait que son seul droit consistait à obéir.

Je me souviens d'une anecdote à cet effet : j'avais onze ans et je m'étais permis de dire à un de mes professeurs que je pensais différemment de lui. Il m'avait répondu : « Vous aurez le droit de penser par vous-même quand vous aurez 21 ans. En attendant, vous devez tout simplement obéir. » Il en avait même parlé à ma mère ! Il lui avait dit : « Madame, je suis inquiet. Votre fils est en train de montrer des signes de révolte qui me font douter de sa morale. »

Et voilà qu'aujourd'hui, l'enfant a non seulement droit de parole face aux adultes, mais nous apprenons qu'il est parfois maltraité par eux. Nous découvrons que l'enfant est un lieu de projection massive pour l'adulte et il n'est pas facile d'ouvrir les yeux sur ces projections. Je m'explique : l'enfant est influençable et l'adulte peut avoir envie de le modeler en fonction de ses propres désirs.

Or, l'enfant manifeste son autonomie et dit « non », ce qui déstabilise l'adulte et exacerbe ses inquiétudes par rapport à l'avenir, tout en frustrant ses désirs de domination. Pourtant, l'enfant est fragile, et l'adulte a besoin de le voir fragile, parce que cela justifie son besoin de le protéger. L'adulte profite de cette fragilité pour couver l'enfant et l'entourer d'un amour abusif. En manifestant son autonomie, l'enfant met l'adulte en échec. Celui-ci aurait voulu un poussin et se retrouve avec un canard.

L'enfant est donc perpétuellement en décalage par rapport aux espoirs de l'adulte. Celui-ci se trouve blessé sur le plan narcissique et nourrit un certain besoin de vengeance. L'enfant renvoie à l'adulte l'image de ce qu'il a été et de ce qu'il ne pourra plus jamais être. Plus il grandit, plus il oblige l'adulte à voir l'aspect inexorable de sa mort. L'adulte lui en veut de prendre sa place et cela éveille en lui quelque chose de l'ordre de l'agressivité.

C'est un peu la même chose dans le domaine de la sexualité. On a dit autrefois que l'enfant était pur et innocent. C'était un petit ange… Puis, Freud et les psychanalystes ont montré combien cela était faux : l'enfant est un être qui exprime très crûment sa sexualité. Il n'y a qu'à le voir, tout petit, toucher ses organes génitaux, aimer être nu, adopter des postures équivoques en écartant les jambes. Cette crudité-là éveille, chez l'adulte, à la fois une répulsion et quelque chose de l'ordre du désir, une certaine attirance qui est d'ailleurs nécessaire, car elle fait partie de l'amour. Cependant, cela explique aussi un certain nombre de dérapages et parfois de véritables drames.

Comme nous avons été ainsi, avant qu'on nous apprenne à nous comporter autrement, l'enfant éveille en nous des reliquats de ce qu'on appelle la prégénitalité. Il exacerbe des choses que nous avons du mal à dépasser. Qui peut affirmer qu'il est facile d'organiser en nous ce monde de pulsions sexuelles ?

Nous prenons peu à peu conscience de tout cela, mais il existe aussi de formidables défenses, en nous, pour dire : « C'est trop compliqué et trop angoissant. Arrêtons de penser à tout cela et revoyons l'enfant comme un petit être immature, dépendant, instinctuel, que nous allons complètement modeler et sculpter selon nos attentes. »

En tant qu'adultes, nous sommes situés en haut de la hiérarchie sociale, et l'enfant est tout à fait en bas. Regardez combien toute la psychologie a tendance à présenter l'enfant selon une série d'étapes ascendantes, allant de l'inférieur au supérieur, pour arriver à « s'élever » jusqu'à la maturité de l'adulte. Nous avons du mal à abandonner cette vision napoléonienne de l'enfant, ce qui nous empêche d'admettre que ce pouvoir en nous peut aboutir à des agressions.

B.L. : Ce que vous dites touche à une question que je voulais vous poser à propos du développement psychosexuel de l'enfant. J'ai moi-même des enfants et, bien sûr, j'ai le désir de les toucher, de les prendre, de les cajoler. Quelle différence y a-t-il entre cette érotisation normale (ce contact servant entre autres à développer la sensorialité de l'enfant) et un passage à l'acte ? Y a-t-il des signes qui permettent de reconnaître les limites à ne pas dépasser ?

M.L. : Vous soulignez ici toute la différence entre la fonction d'érotisation, qui est normale, et la fonction de génitalisation, qui peut être problématique. Pour qu'un enfant s'épanouisse, il faut qu'il soit érotisé, et même — dans une certaine mesure — « génitalisé », car c'est ainsi que se constitue sa sexualité.

Je m'explique : il est extraordinaire de penser que nous avons d'abord été dans un autre corps, celui d'une femme. Après avoir été à l'intérieur du ventre de cette femme et après en être sorti, nous avons connu un étroit corps à corps avec elle, avec la mère, durant les premiers mois et les premières années de notre vie. L'enfant reçoit le sein, il est placé, nu, sur la poitrine ou sur le ventre de sa mère ou de son père. L'enfant et l'adulte éprouvent du plaisir à cela.

Il y a un contact tactile et un contact gustatif. L'enfant a également un contact labyrinthique avec les adultes, puisqu'il est bercé, ainsi qu'un contact kinesthésique, puisqu'il est remué. Grâce à cette intimité entre parents et enfant, celui-ci découvre peu à peu les limites de son corps et s'aperçoit qu'il est à la fois contenant et contenu.

Ce que Didier Anzieu a appelé le « moi peau » ne pourrait pas se construire sans cette érotisation, qui provoque un très grand plaisir chez l'enfant. Toutefois, ce serait nier la réalité que de dire que cela ne provoque pas également un immense plaisir chez l'adulte. Les phrases qu'on lui dit sont d'ailleurs surprenantes : « Je vais te manger tout rond », « Je vais te croquer les foufounes », « Ah ! Le beau petit zizi ! »

De tels messages sont tout de même étonnants ! Cependant, ces conversations se déroulent dans un climat sain, tandis que l'adulte donne un bain à l'enfant, pendant qu'il le touche et lui parle. Plus tard il y aura un autre corps à corps quand l'enfant devra devenir propre. On se réjouira alors devant ce qu'il élimine: «Ah le beau caca!», «Quel caca tu me fais là!», «Oh le joli pipi!»

En prononçant de telles phrases, on érotise inévitablement la zone anale et la zone urétrale. Peu à peu (je pense que c'est là l'essence de votre question), on sent qu'une distance devient nécessaire. C'est charmant de prendre son bain avec son enfant de deux ans, mais cela devient plus discutable quand l'enfant atteint cinq ou six ans. À huit ou dix ans, je pense qu'on est dans le domaine d'une sollicitation anormale.

B.L.: Il y a finalement une sonnette d'alarme dans notre tête.

M.L.: Oui, et cette sonnette d'alarme nous fait prendre de la distance. On remplace l'érotisation directe par une autre forme d'érotisation, qui est la valorisation de l'enfant vis-à-vis de son image corporelle. On s'exclame: «Que tu es beau, que tu es belle! Comme tu as une jolie robe! Quel pantalon élégant! Cette chemise te va à merveille.» Par ces exclamations, on dit à l'enfant: «Tu deviens désirable, nous en sommes heureux, nous reconnaissons la jouissance que tu éprouves par ton corps. Et cette jouissance, tu l'exprimeras un jour à une personne que tu aimeras.»

La grande valeur du tabou de l'inceste, c'est de dire: «Oui, tu deviens désirable et nous allons t'aider à le rester, mais le désir de continuer à te cajoler, à te prendre, à te serrer dans nos bras, ce désir qui existe en nous, en aucun cas nous ne le concrétiserons par des actes équivoques ou par des actes sexuels. C'est vers l'autre que nous allons orienter ta sexualité. Nous t'avons aidé à la créer, par des plaisirs réciproques qui, désormais, s'orienteront vers des personnes de ta génération et hors de ta famille.»

B.L.: En parlant de plaisir, pensez-vous aux fantasmes ou aux désirs contradictoires qu'on possède comme adulte, à ce monde de nos projections?

M.L.: Oui, il est difficile de parler de tout cela, parce qu'il y a une grande différence entre l'agir et les fantasmes érotiques ou génitalisés à l'égard des enfants, y compris des fantasmes incestueux. Dans le discours religieux d'une certaine époque, on mettait sans doute beaucoup trop les désirs et les actes dans le même panier.

B.L.: Tout à fait. Lorsqu'un parent a vécu au cours de son enfance des passages à l'acte sexuel, risque-t-il plus d'avoir lui-même des fantasmes, des désirs incestueux ? Y a-t-il un plus grand risque de passage à l'acte envers ses propres enfants ?

M.L. : C'est là une question redoutable, car le message trop souvent envoyé à l'heure actuelle, c'est de dire que l'enfant agressé agressera à son tour. C'est le message le plus épouvantable qu'on puisse lui adresser.

Certes, peut-être certains mécanismes de répétition risquent-ils de surgir chez une personne qui a été précocement génitalisée, mais on peut également dire le contraire. Parce qu'on a été victime d'un inceste ou d'actes sexuels, on va au contraire être plus vigilant, parfois même de manière excessive.

Par exemple, je me souviens d'une maman qui ne parvenait pas à laver son petit garçon parce qu'elle craignait de déclencher des érections chez lui. Au cours de nos rencontres, cette femme m'a confié qu'elle avait été victime d'inceste pendant une partie de son enfance. Elle avait donc grand besoin qu'on l'aide à dissiper ses craintes.

B.L. : Pouvez-vous nous parler un peu de l'agresseur ? Comment peut-il conjuguer en lui ce paradoxe entre l'agression et le fait de vouloir aider l'autre, le modeler ? Comment se fait-il qu'en lui existent à la fois cet acte répréhensible et le fait de vouloir protéger un enfant ?

M.L. : Pour répondre à cette question, il faut d'abord parler des différentes formes de tendances pédophiliques. La pédophilie peut s'exprimer sous différents aspects. Il n'est pas facile d'y voir clair et d'ailleurs je ne prétends pas connaître tous ces mécanismes.

Les gens qui ont été très blessés au cours de leur enfance ont souvent un immense désir d'avoir eux-mêmes un enfant pour guérir ces blessures, et ils ont probablement plus que d'autres le désir de dominer cet enfant. La tendance à la domination est l'un des drames du pédophile.

Dans la majorité des cas, l'adulte qui agresse un enfant est également gentil avec lui. Il a en lui une zone perverse et des zones généreuses. Il peut être à l'écoute de cet enfant en lui offrant des jouets qui vont réellement l'intéresser, ou en l'aidant à faire ses devoirs. Il se rend aimable, et pas seulement dans la manipulation pour attirer l'enfant.

Ces attitudes paradoxales sont particulièrement piégeantes, car l'enfant se met à aimer cette personne, tout en découvrant qu'elle lui fait des choses pour le moins insolites. Au bout d'un certain temps, l'enfant est attiré par l'adulte, tout en étant déconcerté, choqué ou révolté par les actes qui altèrent l'intégrité de son corps. L'enfant est piégé. L'adulte aussi. Cet adulte sait très bien qu'il fait des choses incorrectes. Il a conscience d'avoir attiré l'enfant dans ses rets.

C'est là que réside la force pathogène des pédophiles. Ce sont ces genres de pédophiles qui sont les plus pathogènes. Face à un adulte qui a bu un coup de trop et qui, dans un acte violent, déculotte une fille ou un garçon, ceux-ci savent que les choses sont anormales. Ils voient cet adulte comme pathologique, alors que dans l'autre cas, l'enfant ne sait plus très bien ce qui est amour réel et ce qui est pathologie.

B.L. : Il n'y pas de portrait-type d'un agresseur, mais y a-t-il des facteurs qui le définissent ?

M.L. : Ici, on prétend y voir plus clair. On a dit que les agresseurs avaient été eux-mêmes agressés. Quand on sait la proportion de gens qui ont connu des agressions, on peut douter de cette explication, d'autant plus qu'elle constitue un alibi facile quand on est devant un tribunal. Les grandes blessures narcissiques orientent sans doute vers des désirs de réparation qui peuvent déraper en se tournant vers un enfant, mais on trouve un tas de gens qui sont des agresseurs et qui ne sont pas des blessés narcissiques. La question à se poser, c'est celle-ci : « Pourquoi la sexualité se fixe-t-elle à un moment donné sur un objet particulier ? »

B.L. : Dans le cas de l'inceste, l'acte se déroule dans un climat familial très particulier. Les mères semblent aveugles, déclarent qu'elles n'ont jamais repéré les secrets, pas lu les signaux de détresse. Elles vont même parfois jusqu'à se défendre en prononçant des phrases du genre : « Tu l'as voulu, tu étais provocante. »

M.L. : Pour comprendre une telle situation, il faut essayer de voir les enjeux liés au secret chez l'enfant, chez l'agresseur et dans la famille. Du côté de l'enfant, ces enjeux sont énormes ; progressivement et confusément il sait que quelque chose d'anormal se produit, il sent que s'il en parle, il y aura des conséquences terribles, aussi bien pour lui-même que pour l'agresseur, qu'il aime malgré tout, du moins en partie.

D'ailleurs, cela est classique, l'agresseur dit souvent à l'enfant : « Tu ne peux pas me dénoncer, nous avons un secret ensemble. Je t'enseigne comment aimer. »

L'enfant possède en lui un tel besoin d'amour qu'il ne veut pas courir le risque de rompre cette relation si importante pour lui. Il a aussi besoin de se construire à partir d'images idéales, et s'il salit l'image de l'adulte, son père par exemple, il détruit une image dont il a besoin pour développer sa personnalité.

Il aura donc tendance à nier que c'est mal, à s'auto-accuser en se disant: «C'est peut-être moi qui ai favorisé tout cela.» À moins que les agressions aient été douloureuses, par exemple s'il y a eu des pénétrations répétées, l'enfant a souvent ressenti un certain plaisir, et s'avouer ce plaisir, c'est reconnaître sa complicité avec l'agresseur.

Tous ces facteurs s'additionnent pour imposer la loi du silence. Évidemment, l'agresseur a d'excellentes raisons de se taire. S'il parle, il va se faire prendre, il est donc obligé non seulement de mentir à l'enfant, mais à l'ensemble des membres de la famille. Il adopte donc une position totalement inauthentique à l'égard de tout le monde. Il triche perpétuellement par rapport à lui-même et par rapport aux autres. S'il s'agit d'inceste, cela ne se produit généralement pas à l'égard d'un seul enfant quand il y a une fratrie. Des frères, des sœurs ont connu le même problème et se sont tus.

Nous voyons l'incroyable imbroglio qu'il y a dans ce genre de structure familiale. L'enfant victime ne peut pas parler, l'agresseur triche, la mère pressent, mais refuse de regarder la réalité. La fratrie connaît le problème, en est même un peu complice, par exemple si une fille aînée a connu l'inceste et voit maintenant sa sœur plus jeune en être victime.

La loi du secret est d'autant plus grande que, généralement, chacun sent que la mise au jour du problème provoquerait la dislocation de la structure familiale. Les conséquences sont importantes sur le plan financier, et tout s'additionne pour que tout le monde se donne des raisons de ne pas parler.

B.L.: On comprend bien pourquoi tout le monde reste silencieux, car oser s'ouvrir c'est se reconnecter avec ce moment douloureux où on a été abusé. Mais il me semble qu'il sera nécessaire d'en parler un jour.

M.L.: Bien sûr, c'est nécessaire, mais... comme tout cela est complexe! Il y a de multiples raisons qui font qu'un jour, un des enfants rompt le silence. Il parle peut-être parce qu'il veut se délivrer d'un poids, mais cela peut également se faire par vengeance: l'enfant vient de se faire punir et à cause de cette punition il se met à dénoncer. Il peut aussi sortir d'un cours à l'école où l'on a parlé de sexualité, l'enfant est remué et, impulsivement, se met à révéler son secret.

Tous ces facteurs font que le moment où la parole se libère constitue parfois une période de prise de conscience relativement réfléchie. Dans ce cas, cela libère un espace créatif. Cependant, s'il s'agit d'une impulsion, il arrive que l'enfant le regrette par la suite, ce qui explique bien des rétractations.

B.L. : J'imagine qu'il est tout de même possible de prévenir une certaine forme d'agression sexuelle ?

M.L. : Oui, et cela touche tout le domaine de la prévention. Il faut mettre les gens au courant de ce qui peut se passer. L'adulte doit admettre que son enfant peut connaître un jour des agressions et l'enfant doit savoir qu'il peut être victime d'agressions. J'aimerais que ces questions soient abordées directement, tout en sachant les situer de manière globale.

De manière générale, les enfants, les parents, les citoyens doivent savoir que des agressions morales, physiques, sexuelles peuvent se produire à l'égard des jeunes. La meilleure prévention passe par un discours direct aux enfants. Il faut leur dire que toutes les fois qu'ils se sentent menacés, la pire des choses est d'instaurer la loi du silence. Je souhaiterais que tous les enfants, à partir de sept ou huit ans, entendent parler de ces réalités.

B.L. : Pas avant ? Pas vers quatre ou cinq ans ?

M.L. : J'ignore si des enfants de quatre ou cinq ans peuvent comprendre. En tout cas, à partir du moment où ils réfléchissent, où ils arrivent à prendre une certaine distance, il faut leur faire certaines mises en garde.

Par rapport à l'intimité et à l'expression de la sexualité, je pense que tout enfant devrait entendre la mise en garde suivante : « Si jamais une personne cherche à te voir nu, alors que tu ne le veux pas et qu'il n'y a pas de raisons médicales ni de bonnes raisons d'hygiène, elle fait preuve d'indiscrétion et tu peux lui en parler. Une personne commet un acte répréhensible si, sans raison, elle touche délibérément tes seins, ton rectum ou tes organes génitaux. Tu dois fermement le lui dire. Si la personne insiste, tu dois immédiatement le signaler à un proche en qui tu as confiance, afin que cesse une telle attitude. Toute personne qui joue avec ton corps en exhibant ses organes génitaux, en voulant entrer dans ton corps par la bouche, par l'anus ou le vagin, en se collant longuement sur toi, en te demandant de lui faire des attouchements, est un agresseur dont les comportements doivent être arrêtés, par la police s'il le faut.

« Tu dois avoir ces exigences non seulement envers les adultes et les jeunes que tu côtoies, mais aussi envers toi-même. Si tu te sens attiré par l'un ou l'autre de ces actes, parles-en, afin qu'on t'aide à y voir clair.

« Les émois et les désirs sexuels que tu ressens sont parfaitement normaux, mais les attitudes dont on vient de parler ne le sont pas. Tu possèdes en toi une force immense qui te permet d'éprouver du plaisir et qui fera qu'un jour tu rencontreras un homme ou une femme que tu aimeras et avec qui tu feras l'amour parce que tu te sentiras proche de lui ou d'elle. Ainsi, tu choisiras peut-être de donner la vie et de prendre en charge un ou des enfants. Comme toute force, celle-ci éveille des questions et doit être maîtrisée si tu ne veux pas être submergé par elle. Tu as le droit de poser des questions et de recevoir des réponses pour apprendre à clarifier cet univers des sentiments dans le respect de toi-même et de l'autre. »

Ce discours, je crois que tout enfant peut l'entendre à présent sans que cela le trouble. S'il était généralisé, il éviterait bien des faux pas, bien des enlisements dans le secret. Il est à reprendre avec les jeunes gens et les jeunes filles, et avec leurs parents qui, dans la rapidité des changements actuels, ont eux aussi du mal à se situer.

Il est certainement utile de les inciter à réfléchir sur ce qu'ils peuvent faire si un de leurs enfants devient un jour victime d'une agression, car on sait à quel point les réponses immédiates comptent. S'il est également dramatique de nier, car cela enferme le sujet dans le rôle d'un être non seulement agressé, mais aussi incompris, voire perçu comme un menteur, il ne faut pas non plus réagir dans le désarroi, car la panique est perturbante. Elle transforme une situation douloureuse et anxiogène en une situation où tous les ponts s'écroulent face à des adultes désemparés.

B.L. : Vous considérez que cela doit être dit à l'école, à la maison ?

M.L. : Peu importe. Cela dépend de l'âge de l'enfant, du moment et du climat. Tout le problème consiste à savoir dire cela au bon moment et dans un climat de détente, plutôt que dans un cours centré sur les dangers de la sexualité, par exemple. Je souhaiterais que cela soit tranquillement expliqué à l'école dans des programmes de socialisation où l'on parle du respect de la vie, du respect de l'enfant, du respect des parents, et que toutes ces idées soient reprises au sein de la famille.

B.L. : Tout à fait. Si la prévention n'a malheureusement pas fonctionné, que peut-on faire à court et à long terme pour aider l'enfant, la famille et l'agresseur ?

M.L. : Voilà une question tellement vaste !

B.L. : Je pourrais faire une sous-question. Par exemple, comment aider la victime à unifier cette partie de soi qui éprouve de la culpabilité et cette partie de soi qui a éprouvé du plaisir ?

M.L. : Dans une approche d'aide, il est toujours nécessaire de distinguer la partie « aide » de la partie « sanction », « organisation policière et judiciaire ». Si on mélange ces parties, on n'y voit plus clair du tout. Quand il y a une dénonciation, un signalement, la police a un travail à faire et le juge doit assumer ses responsabilités. Des mesures sont prises pour protéger l'enfant, si on l'estime nécessaire. Tout cela entraîne un grand bouleversement, avec des étapes que l'on doit expliquer à l'enfant. Si les choses sont mal faites, on victimise l'enfant comme effet secondaire.

Après une agression sexuelle, il peut y avoir trois traumatismes successifs. Le premier, c'est l'agression elle-même, dans ce qu'elle a d'insolite et même de douloureux. Puis, il y a un deuxième traumatisme quand l'enfant aime la personne qui l'a agressé et que cette personne se trouve écartée, jugée, condamnée. Enfin, il y a parfois un troisième traumatisme créé par l'enquête et par les interventions que l'on prétend aidantes. Ce troisième traumatisme peut être provoqué par les intervenants : ou leurs actes sont apaisants ou, au contraire, ils sont agressants.

Sur ce plan, il faut s'inquiéter, car à l'époque où je travaillais dans des centres de jeunesse, je me suis fait dire par une grande proportion de jeunes ayant fait un signalement ou étant signalés, que les évaluations et les expertises dont ils avaient été l'objet avaient été si perturbantes que, s'ils l'avaient su à l'avance, ils n'auraient pas parlé.

B.L. : C'est terrible. Cela montre le côté passionnel des interventions, des interrogatoires, des examens, y compris des examens médicaux inutiles qui surviennent parfois, des tentatives de la part des avocats de contredire le témoignage, des reproches secondaires de la famille. Comment éviter ce troisième traumatisme ?

M.L. : Cela ne peut se faire que si l'on se parle entre intervenants pour s'entendre sur la démarche à suivre, sur le minimum à faire.

Cela concerne les juges, les avocats, les policiers, les éducateurs et les services de protection de la jeunesse. Il y a déjà eu un certain progrès. Aujourd'hui, on enregistre les entretiens sur vidéo, afin de ne plus mettre l'enfant directement en relation avec l'agresseur. Il y a aussi l'aide directe à l'enfant.

Dans les cas que j'ai suivis, j'ai constaté que pour ces enfants-là, le plus important consistait à parler des agressions proprement dites, mais pas trop longtemps. Ils avaient besoin de se confier, lors de trois ou quatre rencontres, mais ne désiraient généralement pas continuer à aborder ce sujet. Souvent ils souhaitaient qu'on continue à les suivre, mais ce qu'ils demandaient surtout, c'était de se retrouver auprès d'un adulte ayant de l'empathie et capable de créer un havre de paix.

Par moment, il leur faut reparler des événements, et cela se passe comme des reflux gastriques, des acides qui vous remontent dans la bouche et qu'il faut recracher. Il faut accompagner les jeunes dans ces retours douloureux, mais le reste du temps, donnons-leur surtout la possibilité de retrouver une belle estime d'eux-mêmes en découvrant que dans cette période difficile de leur vie, ils sont accompagnés à leur rythme et sans étapes préconçues. Il faut donc les écouter et pratiquer certaines activités valorisantes et créatrices avec eux.

Ne mélangeons surtout pas ce suivi avec ce qui se passe en parallèle dans le dossier, par exemple les nouveaux témoignages au tribunal, des décisions prises avec la famille, etc.

B.L. : Comment comprendre ces retours ?

M.L. : Il se produit une sorte de réminiscence. Pendant un certain temps, on a métabolisé les événements, on les a digérés. Puis, la mémoire du traumatisme revient, il faut en reparler, et c'est une grande chance alors de rencontrer le même thérapeute.

Je me souviens d'un garçon qui avait été agressé. Ce n'était pas une histoire d'inceste, car il avait été agressé par un instituteur. Il a eu besoin de m'en parler trois ou quatre fois, après la découverte de cette agression et après que l'enseignant ait été jugé et envoyé en prison. À la suite de ces quelques rencontres, le garçon m'avait dit que cela suffisait, puis il m'avait fait savoir qu'il avait décidé de s'inscrire à une compétition en natation, ce qui n'était pas banal, puisque l'agresseur était un professeur d'éducation physique.

Je lui avais alors répondu : « C'est formidable, tu vas améliorer les capacités de ton corps et tu vas te prouver que tu es capable de faire un tas de choses. »

Lors de la compétition, le jeune homme remporta une médaille. Il vint alors me voir, en me disant: « J'aurais besoin de reparler un peu de ce qui m'est arrivé. »

À ce moment-là, il a osé évoquer le plaisir qu'il avait ressenti dans les actes sexuels avec l'instituteur. Cet aveu n'avait pu se faire que dans un deuxième temps, à partir du moment où il avait retrouvé assez d'estime pour lui-même, grâce à un sport.

Je crois qu'il est essentiel d'avoir ce genre de rencontres espacées avec quelqu'un qui reste à sa disposition, mais qui ne force pas pour continuer.

Par contre, je suis assez réticent à l'égard des groupes de discussion qu'on a mis sur pied ici, au Québec, en s'inspirant de programmes américains. Un certain nombre d'enfants agressés sont regroupés pour parler de leurs sentiments.

Il s'agit de problèmes tellement intimes que je crains que l'on tombe alors dans l'exhibitionnisme. L'enfant qui expose publiquement les agressions dont il a été victime, et qui entend les autres parler des leurs, risque de trouver une sorte de gain narcissique qui est malsain.

Cela me rappelle un jeune garçon qui, dès notre première rencontre, me déclara fièrement: « Tu sais, je suis une victime d'agression sexuelle. » Cet enfant avait précisément connu de telles séances, les avait narcissisées de manière morbide et se présentait maintenant un peu comme le héros fondateur d'une sorte de dépassement de lui-même, qui me semblait très malsain pour son évolution.

B.L. : Trouvez-vous que les intervenants sont bien formés à ce point de vue ?

M.L. : Non. D'ailleurs, personne n'a reçu jusqu'à ce jour de véritable formation concernant de tels accompagnements. À ce sujet, on est tous un peu autodidactes. Je souhaite qu'au moment où un enfant dévoile son secret, il puisse rencontrer une personne qui lui offre une aide sans rien forcer, mais dans une réelle ouverture d'esprit pour l'écouter. Si cet enfant dit « oui, je veux être aidé », mais se contente de dessiner, de parler de son école ou de ses activités, ne prétendons pas qu'il est en résistance.

Il expérimente plutôt une relation réparatrice avec un adulte qui le respecte et c'est très bien comme ça. En fin de compte, il travaille déjà sur les séquelles de l'agression sans avoir encore la possibilité d'en parler directement, sans doute parce que c'est trop lourd. Peut-être le fera-t-il un jour, peut-être ne le fera-t-il jamais, mais il est de son droit absolu de se taire ou de s'exprimer.

Il me paraît essentiel d'intégrer ce message chez tout intervenant. Certes, il y a des sexologues qui peuvent aider parce qu'ils ont particulièrement approfondi ce sujet, mais ce n'est pas quelques cours qui préparent les autres intervenants à affronter la sexualité de l'enfant et tout ce que cela éveille en eux par rapport à leur propre cheminement sexuel.

B.L. : Je voudrais maintenant aborder la situation des éducateurs. Ils travaillent beaucoup avec des enfants qui ont été maltraités ou agressés. Et je me demande comment faire pour qu'ils puissent aider l'enfant à digérer toutes ses émotions, la colère, le dégoût, le plaisir... Comment faire pour lui enlever un peu le poids de son secret sans érotiser la maltraitance ?

M.L. : L'un des problèmes face auquel se trouve l'éducateur qui partage le quotidien de ces enfants, c'est de ne pas vivre comme s'ils étaient des sujets dangereux. Je m'explique : très souvent, à partir du moment où un enfant a été agressé, on interprète tous les tâtonnements de sa sexualité comme des conséquences de l'agression. Par exemple, s'il se met tout nu le soir avant de se coucher parce qu'il n'a pas encore acquis un sentiment de pudeur, on parlera d'exhibitionnisme lié à l'abus. S'il regarde sous la douche un autre enfant, on dira qu'il est voyeur.

On ne le voit plus comme un enfant, identique aux autres, en train d'essayer d'organiser sa sexualité, avec des petits dérapages. Il devient lui-même une sorte de sujet contaminé et contaminant. On se dit alors : « Attention, je ne peux pas toucher cet enfant, je ne peux pas lui mettre la main sur l'épaule, s'il vient s'asseoir sur mes genoux, il faut que je dise "non" parce qu'il risque d'interpréter tous mes actes comme des manifestations incestueuses. À ce moment-là, je craindrais d'être dénoncé ou de ne plus savoir quoi répondre. »

Il se crée ainsi une sorte de distance terrible par rapport à ces enfants. Il y a quelques mois, je me trouvais en France dans un foyer de l'enfance que j'avais connu antérieurement. J'ai constaté qu'à partir du moment où une agression sexuelle avait été reconnue, on supprimait complètement les douches collectives, qui étaient pourtant très saines. Il y avait interdiction de vérifier si l'enfant se lavait. Il ne fallait pas regarder sa nudité, j'ai même vu dans un groupe l'obligation pour les enfants de garder leur petite culotte en prenant leur douche. On retombe alors dans les errances, dans les tabous qu'on a eu tant de mal à éradiquer.

B.L. : Cela rappelle les années cinquante ici, au Québec ! Mais qu'est-ce donc qui nous attire et nous fait si peur ? Qu'on soit thérapeute, psychologue ou ergothérapeute, nous rencontrons tous ce genre de difficultés. Y a-t-il des résonances avec nos propres blessures ? Dans nos motivations pour exercer nos métiers, l'attirance envers des enfants est-elle toujours saine ?

M.L. : C'est là une question que nous devons tous nous poser. Pourquoi avons-nous choisi un métier où l'on s'occupe d'enfants ? Quand nous nous posons de telles questions, nous voyons toujours dans nos réponses le meilleur et le pire. Le désir d'aider est sans doute tout à fait sincère, mais c'est aussi le désir de nous aider nous-même, de retrouver notre enfance, de ne pas vieillir, de réparer les images parentales qui sont enfouies en nous. Dans l'attirance que l'enfant exerce sur nous par sa joliesse, son côté innocent, son côté spontané, vif et amusant, il peut y avoir des composantes sexuelles.

Tout cela ne doit pas nous faire peur dans la mesure où nous osons regarder les choses en face, les admettre. Nous retrouvons ici la fameuse règle du double regard, qui consiste à savoir regarder l'autre avec empathie, tout en sachant aussi nous regarder nous-même, avec les raisons qui nous amènent à aider tel enfant.

B.L. : Parlons un peu de la victime, de sa souffrance. Chacun s'en sort comme il peut et la résilience existe, mais le sujet vit tout de même un énorme stress qui peut entraîner des difficultés à l'école, des troubles de sommeil et, à long terme, de redoutables conséquences pour l'évolution de sa personnalité.

M.L. : Il est dangereux de s'inscrire dans un schéma préconçu, du genre « à partir du moment où il y a eu une agression, l'enfant évolue dans telle ou telle direction ». Cela est dangereux, car les répercussions sont extrêmement différentes selon chaque sujet. Tout dépend de la durée du traumatisme, de son intensité et de la manière dont il a été vécu dans le milieu familial et le réseau élargi.

Certes, l'enfant a vécu quelque chose d'incompréhensible, d'irrationnel. La chape du secret qui pèse sur lui, comme sur l'agresseur et sur la famille, est particulièrement lourde quand il s'agit de relations incestueuses, et c'est sans doute dans ces circonstances que surviennent les problèmes les plus complexes.

Certaines agressions extrafamiliales sont également dramatiques, par exemple quand cela vient de prêtres, de psychothérapeutes, de personnes qui représentaient un certain idéal pour l'enfant.

L'estime de soi est souvent altérée, la personne a l'impression que son corps a été souillé. Elle perd parfois le goût d'apprendre, car le fait de réfléchir à ce qui est arrivé est une chose, mais réfléchir dans d'autres domaines oblige à penser, et cette ouverture devient si dangereuse qu'il se fait un blocage de la cognition. La relation affective a été entachée d'une génitalité qui n'aurait pas dû se produire. On peut se demander comment cette personne assumera plus tard sa vie affective et sa vie sexuelle. Il faut reconnaître tout cela, mais il serait terrible de penser que ces traumatismes sont inéluctables. Après avoir cru que toute victime d'agression était marquée pour la vie, on découvre que beaucoup de sujets agressés et maltraités s'en tirent finalement assez bien, avec un minimum de séquelles.

B.L. : Vous parlez de cette confiance, mais dans l'un de vos articles, vous insistez sur le fait que la confiance en soi est altérée, voire plus atteinte encore que la confiance en l'autre. Comment cela se fait-il ?

M.L. : Je vois au moins une explication à cela. Il est terrible de mettre en cause l'image de quelqu'un qu'on aime. Il y a une telle quête d'amour, un tel désir de trouver des images d'identification chez les gens que nous aimons, qu'il est plus simple de dire « c'est ma faute » que d'accuser l'autre. D'ailleurs, cela n'est pas propre aux agressions sexuelles. On retrouve ce même phénomène chez tous les enfants maltraités.

Après des agressions terribles, des fractures ou des brûlures qui laissent des cicatrices pour la vie et qui ont entraîné un signalement par les enfants eux-mêmes, on en voit certains qui n'attendent pas deux mois en famille d'accueil pour commencer à idéaliser le parent maltraitant. L'enfant a le désir d'aimer ses parents ainsi que les adultes qui comptent pour lui, et il a toujours tendance à les défendre plutôt que de se défendre lui-même.

B.L. : Cette perte de confiance et d'estime de soi doit retentir chez l'adulte quand vient le temps d'entrer dans la vie amoureuse, dans l'intimité de la sexualité ? Une fois arrivé à l'âge de s'assumer comme parent, cette érotisation en bas âge rend-elle plus difficile le fait de repérer les signaux de son propre enfant, quand il commence à s'intéresser à l'autre sexe ?

M.L. : C'est possible. J'ajouterais qu'un parent victime d'agressions sexuelles dans son jeune âge risque d'éprouver davantage de craintes par rapport à son enfant. Tout cela me paraît logique, et une telle clairvoyance n'est pas forcément pathogène. C'est là où nous retrouvons le phénomène de la résilience, à savoir que face à des traumatismes, à des difficultés de la vie, il y a certes des marques, des cicatrices, des éléments de souffrance qui ne pourront jamais être complètement liquidés, mais en même temps, ces variables que je viens d'énumérer peuvent être elles-mêmes sources de dynamisme.

B.L. : Dans certains de vos articles, vous avez parlé de l'atteinte de l'identité sexuelle.

M.L. : Il faut d'abord préciser ce que l'on veut dire par « identité sexuelle ». Des questions se posent forcément à tout être humain : « Qui suis-je en tant que garçon ? », « En tant que fille ? », « Qu'est-ce que je fais en tant que garçon, en tant que fille ? », « Avec qui vais-je aimer vivre ? », « Au nom de quoi choisir mes amis ? » , « Comment vais-je organiser ma vie affective ? », « Comment se manifestera ma vie sexuelle ? », « Comment vais-je concrétiser la rencontre de mon corps avec un autre corps ? »

C'est tout cela, l'identité sexuelle. C'est une grande aventure, qui se déroule durant toute une vie, avec des hauts et des bas, et des occasions de dérapage. Rien n'est jamais acquis. Et cela est aussi vrai pour ceux qui ont été agressés que pour ceux qui ne l'ont jamais été. Le fait d'avoir été agressé pèse forcément dans la balance, mais rappelons-nous cette idée qu'on ne répétera jamais assez : rien n'est jamais joué une fois pour toutes.

Vers une compréhension nouvelle de l'autisme

Dialogue avec Suzanne MINEAU

Depuis 1985, le docteur Michel Lemay a créé une petite équipe, progressivement élargie, qui a pris en charge une clinique spécialisée pour enfants autistes. Cette expérience, qui est maintenant intégrée à une clinique 0-5 ans pour enfants souffrant de multiples troubles dont les troubles envahissants du développement, a conduit à bien des interrogations, à bien des remises en cause, et a débouché sur un livre publié aux Éditions Odile Jacob, L'autisme aujourd'hui.

Suzanne Mineau, qui anime l'entrevue, a une maîtrise en psychoéducation et peut être considérée comme la personne centrale dans la création de cette clinique. Elle continue des recherches dans ce domaine et les deux «partenaires» de travail discutent sur leur cheminement.

S.M. : Depuis le début de votre carrière, la conception de l'autisme a beaucoup évolué. Le premier à décrire vraiment ce phénomène a été Kanner, en 1941. Est-ce auprès de lui que vous avez été formé ?

M.L. : Je le dis tout de suite : par rapport à l'autisme, je suis parti avec rien du tout. Ce n'était pas pour moi un sujet de préoccupation. Avec mon expérience d'éducateur, je travaillais auprès de jeunes délinquants. J'ignorais presque tout de l'autisme. Après une assez longue période, j'ai travaillé à temps partiel comme psychiatre, en France, dans un centre pour déficients intellectuels. Il y avait dans cette institution plusieurs autistes profonds, dont le comportement correspondait à ce qui était décrit dans le manuel de psychiatrie de Léo Kanner.

S.M. : On était en quelle année ?

M.L. : Cela se passait entre 1962 et 1964. À partir de ce moment-là, le sujet de l'autisme commença à m'intéresser. Comme je dirigeais un centre médico-psychologique dans une ville française, j'ai commencé à rencontrer des enfants étranges. Ils avaient des comportements bizarres, présentaient des retraits.

Dans la nomenclature de l'époque, on décrivait l'état de ces enfants comme étant des « psychoses infantiles ». On mettait l'autisme dans cette catégorie nosographique et je suis resté longtemps attaché à cette conception. Quand je suis arrivé au Canada, en 1973, je plaçais encore l'autisme dans la catégorie générale des psychoses infantiles.

À cette époque, j'ai travaillé au centre d'orientation créé par madame Jeannine Guindon, et je retrouvais là des enfants dont le comportement correspondait à ce qu'on appellerait maintenant des « autistes à haut niveau ». C'est alors que je me suis davantage intéressé au domaine de la psychose infantile et de la prépsychose, pour reprendre les termes de l'époque. De quoi s'agissait-il ?

Certains enfants, manifestement intelligents, étaient dans le retrait et adoptaient une salve de comportements répétitifs ; ils témoignaient d'un imaginaire riche, bien que stéréotypé. Ils étaient envahis par des thèmes de laser, d'invasion microbienne, d'implosion, etc.

Ces enfants me fascinaient et je les observais attentivement. J'ai pris certains d'entre eux en psychodrame et, à partir d'un ensemble de données, j'ai écrit pour les éditions Fleurus un ouvrage en deux tomes intitulé *Les psychoses infantiles : contenants envahis, contenants désertés*. Dans le premier volume, j'abordais les différentes théories qui cherchaient à expliquer ce phénomène. Dans le deuxième, je proposais un certain nombre d'interventions thérapeutiques.

Mes idées étaient fortement inspirées par la psychanalyse, car c'est là ma formation de base, mais j'étais extrêmement sceptique quant à l'origine affective de ces états. Je me heurtais souvent aux positions des psychanalystes, dont la plupart continuaient à dire que l'étiologie était socio-affective.

Ma véritable découverte de l'autisme se fit grâce aux centres de jour de l'Hôpital Sainte-Justine, où nous recevions des enfants aux comportements plus typiques par rapport à la description de Kanner. Peu à peu, grâce à cette expérience et à des échanges avec de nombreux collègues, j'ai fini par comprendre qu'en plus des autistes profonds, il y avait des formes plus légères d'autisme. C'est ce que le DSM commençait à dénommer les « troubles envahissants du développement », en proposant des sous-catégories où, curieusement, on ne citait plus les pathologies caractérisées par un envahissement de l'imaginaire.

S.M. : Ce que vous racontez se situe dans les années 1980 et 1990. Diriez-vous que la nosographie proposée fut un point tournant pour vous (et pour moi puisque je faisais alors partie de votre équipe) ?

M.L. : Sans aucun doute. Ce fut un point tournant, avec ses aspects positifs et ses aspects négatifs dont nous reparlerons. Jusque-là, nous connaissions l'autisme de Kanner et nous décrivions des troubles qui s'apparentaient à la schizophrénie infantile, tout en s'en distinguant, mais sans trop savoir comment les nommer.

Nous n'avions pas encore repéré l'existence de formes plus légères, telles qu'Asperger les avaient pourtant silhouettées. On avait particulièrement occulté l'idée que, dans ces handicaps, les capacités intellectuelles étaient sauvegardées.

Oui, le concept de « troubles envahissants du développement » fut donc une révolution nosographique. Il se dégageait une idée profondément nouvelle : toute une catégorie d'enfants avait des anomalies de la communication réciproque et des modes d'expression, des préférences sensorielles insolites et des préoccupations inhabituelles, sans être totalement enfermés dans leur bulle et sans montrer de déficience intellectuelle. Il s'agissait de formes plus traitables, sur lesquelles nous pouvions mobiliser nos efforts à la fois éducatifs, pédagogiques, psychiatriques et psychologiques, en révisant totalement nos conceptions étiopathogéniques.

S.M. Dans cette grande famille des « troubles envahissants du développement », nous nous trouvions devant un tableau qui paraît très disparate, à première vue, mais qui montre en réalité tout un continuum. D'après votre expérience, et malgré cet aspect disparate à première vue, que pensez-vous de ce continuum ?

M.L. : Je reviens à ce que j'ai dit plus tôt sur les aspects positifs et négatifs du concept de « troubles envahissants du développement ». Avant de répondre à votre question, j'aimerais aborder les aspects plus problématiques de ces troubles.

À partir du moment où nous disons, « il existe des enfants avec des troubles de la communication réciproque, des troubles dans les modes d'expression et des préférences pour la répétition », nous savons que nous nous trouvons devant une grande bouteille d'encre, car un tas de troubles peuvent créer momentanément ces signes.

L'anxiété peut provoquer le retrait, d'étranges attitudes contre-phobiques ou des inhibitions cognitives. Certains troubles graves de l'attachement entraînent des manifestations de marasme et de dépression anaclitique. Certains états obsessifs compulsifs soulèvent des problèmes complexes de diagnostic différentiel. Certains grands hyperactifs n'arrivent pas à se concentrer, à se fixer sur un sujet et sur des informations et, à cause des pressions du milieu, trouvent un refuge dans le retrait et les actes répétitifs.

Avec de faux diagnostics, on risque de voir partout des « troubles envahissants du développement ». Surtout quand on s'occupe de troubles plus légers, on doit faire des diagnostics différentiels complexes, et éliminer les cas prétendument autistes, quand il s'agit d'autre chose.

Cela étant dit, il existe bien un continuum chez beaucoup d'enfants qui nous sont emmenés. Sur quoi cette hypothèse est-elle fondée ?

L'enfant qui s'inscrit dans le spectre de l'autisme présente des anomalies caractéristiques de façon prolongée et cela, dès le début de sa vie (ou à tout le moins à partir de la deuxième ou de la troisième année de son enfance). Il intègre mal les informations, qu'elles soient sensorielles ou affectives. Il n'arrive pas à lier ces informations les unes aux autres pour constituer une globalité dans ses représentations. Il développe ainsi la vision d'un monde étrange et imperméable à nos efforts de compréhension.

Cet univers parcellaire l'empêche de déboucher sur des communications avec son entourage, à moins d'être aidé. L'enfant n'arrive pas non plus, pour traduire ce qu'il ressent, à utiliser les modes d'expression symbolique que sont le langage, le jeu, le dessin. Il s'enferme dans des répétitions sensorielles, puis dans des préoccupations restreintes sur tel ou tel sujet.

Il se bâtit une bulle avec des nuances et des intensités différentes selon son âge. C'est là un trouble dont la continuité paraît certaine, sans qu'on puisse affirmer que l'étiologie soit forcément unique.

S.M. : Comme vous l'avez évoqué déjà, l'un des points essentiels dégagés par l'observation des « troubles envahissants du développement », c'est l'existence des difficultés d'intégration sensorielle.

En repérant de telles manifestations, on dépiste de plus en plus tôt les enfants qui souffrent de cette affection. Diriez-vous qu'il s'agit d'apports qui nous aident à poser un diagnostic et, surtout, à mieux aider ces sujets ?

M.L. : En effet, c'est là une de nos grandes constatations, qui nous sert non seulement à comprendre les « troubles envahissants du développement », mais probablement aussi d'autres troubles. Malgré la diversité des signes, ce qui nous frappe quand nous recevons des enfants très jeunes, âgés entre un et trois ans, c'est qu'ils ont tous (pratiquement sans exception) des manières singulières d'utiliser leur sensorialité.

Cela est particulièrement vrai sur le plan visuel, et je sais que vous-même avez commencé de telles recherches avec Laurent Mottron.

Les enfants n'appréhendent pas le monde comme nous. Un petit enfant regarde les objets par-dessus, il privilégie la vision focale, balaie l'espace en élargissant son champ visuel. Or, ces enfants dits « autistes » préfèrent la zone périphérique à la zone focale. Par exemple, ils suivent le déplacement des objets par un regard latéral ; ils placent leurs yeux au niveau même du plan de la table et se concentrent sur des détails : dans un camion, les roues ; dans un avion, l'hélice.

Ce phénomène se répète avec une telle régularité, d'enfant à enfant, qu'on a probablement ici l'un des signes spécifiques de l'autisme. De la même manière, nous retrouvons avec une fréquence extrêmement troublante des modes d'intégration sonore très particuliers. L'enfant ne semble pas entendre des sons pourtant très forts, au point de se demander s'il est sourd, puis il montre une extraordinaire sensibilité à certains sons dont le niveau est faible. Par exemple, il repère le bruit d'un avion qui passe dans le ciel bien avant que nous puissions le faire nous-mêmes.

Même chose pour les réactions cutanées tactiles : souvent, l'enfant autiste n'a pas les mêmes réactions que d'autres jeunes de son âge. En général, un petit enfant aime qu'on le caresse, qu'on touche la surface de sa peau. Or, le petit autiste se rétracte comme une amibe lorsqu'on le touche de cette manière, alors qu'il se détend quand on exerce des pressions profondes sur son corps.

Pour ce qui est des réactions gustatives, bon nombre de ces enfants se comportent de façon singulière, ce qui entraîne des caprices alimentaires difficiles à vivre.

Ils ont une réactivité à la douleur différente de celle de leurs petits camarades. Ils tournoient souvent sur eux-mêmes sans perdre l'équilibre et sans avoir les mouvements secondaires habituels de nystagmus.

Tout va donc dans le sens de modalités d'intégration sensorielle singulières, tantôt dans le sens d'une hyposensibilité tantôt dans celui d'une hypersensibilité. Les enfants sont fascinés par certains stimuli et n'arrivent pas à les effacer. Ainsi, ils vont regarder la lumière au plafond sans pouvoir s'en détacher. Indifférents aux jouets qu'on leur tend, ils restent prisonniers d'un stimulus unique et ne parviennent pas à associer les stimuli visuels, tactiles et sonores pour les réunir dans une globalité.

Ils parviennent très difficilement à moduler les signaux. C'est comme s'ils devenaient envahis et s'ils parlent, ils nous disent des phrases du genre: « C'est trop trop. » Tout cela évolue et reste identique à la fois.

Lorsque ces enfants arrivent à l'âge où les informations doivent être décodées, ils sont fascinés par une seule information, qu'ils arrivent difficilement à associer à d'autres informations.

Ce phénomène est évident dans le syndrome d'Asperger: tel enfant intelligent reste fixé sur des préoccupations au sujet de l'Égypte ancienne ou de la météo. Peu à peu, ces modalités d'intégration sensorielle insolites entraînent des représentations différentes et des modes particuliers de relation.

Prenons un exemple pour nous faire comprendre : un enfant est fasciné par le plan d'une table et n'arrive pas à s'en détacher. Bientôt, il se met à aligner des objets de manière compulsive, puis à dessiner des successions de points et, enfin, lorsque ses capacités cognitives et motrices s'améliorent, il se met à écrire des séries de lettres ou de chiffres. Il y a donc une continuité implacable et logique chez lui, dont l'origine est à rechercher d'abord dans un trouble de l'intégration du monde sensoriel, puis dans un trouble du monde émotif et cognitif, et enfin dans un trouble de décodage.

S.M. : À partir de ces réflexions, revenons au point de départ : la psychanalyse a interprété l'autisme comme un système défensif, probablement lié à un traumatisme initial. Que pensez-vous de l'apport de la psychanalyse dans ce phénomène ?

M.L. : Essayons de distinguer les apports et les contre-vérités. L'un des grands apports de la psychanalyse a été de penser que l'enfant autiste pouvait être traité, à une époque où personne d'autre n'y croyait.

Qu'il s'agisse de Mélanie Klein, de Margaret Malher ou d'autres analystes, ils se sont embarqués avec courage dans des traitements intenses et de longue durée, obtenant un certain nombre de résultats intéressants. Le courant psychanalytique a créé un mouvement d'espoir en cherchant à expliquer un ensemble de syndromes par le poids paralysant de processus inconscients qui se développaient dès le début de l'existence. Il a montré qu'avant notre histoire existait une préhistoire.

Cela est vrai pour la sensorialité, pour la prise de conscience du corps, pour les représentations, pour toute la vie psychique. Au départ, l'enfant n'est pas un être indifférencié, il est un sujet qui cherche déjà à s'achever, avec les capacités qui sont les siennes et dans un environnement particulier, qui le modèle et que lui-même construit.

Même si la psychanalyse n'avait apporté que cette idée, sa contribution serait déjà immense.

Là où je crois qu'elle s'est trompée, c'est quand elle a essayé de comprendre le petit enfant en s'appuyant partiellement sur la vision de l'enfant dit psychotique. La psychanalyse a voulu définir le début de l'existence comme une sorte d'immense chaos où le monde pulsionnel tenterait de s'orienter de façon anarchique vers les premiers objets libidinaux.

À partir de cette idée, impossible à démontrer, elle a supposé que si les premières relations mère-enfant n'étaient pas organisées, le petit allait rester dans un univers totalement anarchique et chaotique, tellement insupportable que, pour se défendre d'une angoisse insurmontable, il lui fallait se démanteler, c'est-à-dire rechercher des stimuli isolés afin d'échapper à une peur dite indicible.

À partir de là, on voit les pistes d'explication de l'autisme que les théories psychanalytiques nous ont proposées. Les anomalies sensorielles ont bien été reconnues, au moins pour l'auditif et le tactile. France Tustin a écrit de très belles pages là-dessus. Ces processus n'ont pas été vus comme des troubles de la réception et du décodage, mais comme des phénomènes défensifs, nécessaires pour juguler ce que Winicott a appelé « l'angoisse indicible », ou ce que d'autres ont dénommé « le monde cataclysmique de la toute première enfance ».

On retrouve donc des observations intéressantes dans les ouvrages psychanalytiques, en particulier chez Tustin qui a proposé des classifications. Là où je me sépare radicalement des positions psychanalytiques, c'est dans la recherche des causes initiales.

Parmi un certain nombre d'analystes (je pense en particulier à l'école lacanienne et à l'école postkleinienne), on continue à défendre l'idée que l'autisme est un maintien non dépassé d'un état archaïque de la petite enfance et la résultante d'un formidable phénomène défensif pour juguler une angoisse, souvent supposée liée à un inconscient parental qui aurait submergé l'enfant.

De telles affirmations ne coïncident pas avec nos observations cliniques.

S.M. : La psychanalyse nous a-t-elle emmenés, à un moment donné, à présupposer que l'autiste nous apprenait beaucoup sur les étapes du développement normal du bébé ?

M.L. : Oui, et je pense que c'est là que s'enracinent les résistances actuelles par rapport aux compréhensions nouvelles sur l'autisme. Pour beaucoup d'auteurs lacaniens et postkleiniens, l'autiste (en particulier l'autiste dans sa forme dite dysharmonique, avec la résurgence d'un imaginaire à la fois riche et répétitif) nous révèle, comme dans un prisme grossissant, la préhistoire de la toute petite enfance encore non structurée par le milieu, avec son monde pulsionnel et son monde d'angoisse.

Pour ces théoriciens, il y a un formidable deuil à faire, car si l'autisme est une anomalie d'abord perceptuelle, il faut remettre en cause les hypothèses sur ce monde initial de chaos et d'angoisse. Il n'est jamais facile de reconnaître que certains concepts de base doivent être modifiés.

S.M. : Si vous regardez le cheminement que vous avez fait et que vous avez constaté depuis ces 30 dernières années, qu'il s'agisse de la psychanalyse, de la neurocognition ou des apports neurobiologiques, quelles sont les découvertes qui vous semblent le plus contribuer à l'évolution de nos pratiques, autant en évaluation qu'en intervention ?

M.L. : Avant de répondre à cette question, je voudrais rendre justice à la psychanalyse dans une certaine direction. Autant je ne partage pas l'idée que des mères mortifères, des pères obsessionnels ou des familles à l'inconscient morbide dilacèrent le psychisme de l'enfant au point de l'emmener à se réfugier dans l'autisme, autant il serait absurde de nier le fait que d'avoir un enfant si étrange et si étranger à nos représentations habituelles déséquilibre notre vie émotive et fantasmatique, en tant que parent ou soignant.

Chacun doit oser regarder cette bourrasque éveillée. Les facteurs affectifs ne créent pas le trouble, mais, par son étrangeté, le trouble déclenche des émotions et des fantasmes qui risquent d'avoir des répercussions sur les attitudes des parents et des soignants.

Cela étant posé, je pense que les grands apports actuels concernent le domaine de la neurocognition. Nous sommes emmenés à nous poser les questions suivantes: « Comment l'autiste, lorsqu'il est tout petit, puis lorsqu'il grandit, intègre-t-il les informations qui lui arrivent ? », « Comment doit-on lui présenter ces informations pour qu'il donne un sens à son environnement ? »

Quelles que soient les anomalies sensorielles et les anomalies cognitives de départ, l'enfant est un être en évolution. Il utilise certaines fonctions exécutives pour se constituer une vie psychique, par exemple il présente souvent une mémoire extraordinaire, mais très sélective et très répétitive.

Comment peut-on s'appuyer sur cette émergence ? Puisque l'enfant est fasciné par des informations isolées, puisqu'il capte de manière souvent remarquable des détails que nous ne repérons même pas, comment partir de là pour ouvrir son esprit ?

Il est essentiel d'étudier sa démarche séquentielle pour l'aider à organiser son espace intellectuel et relationnel. Je ne crois donc pas qu'on a intérêt à opposer les perspectives. Les observations psychanalytiques de départ restent valables, hormis leurs hypothèses étiologiques.

Les réflexions tirées de la neurocognition ouvrent de nouvelles pistes. Quand je lis les ouvrages de Frances Tustin, je peux très bien les repenser selon un schéma neurocognitif, car cette psychanalyste britannique avait un talent d'observation extraordinaire.

Puisque nous disposons de tests plus précis, puisque nous avons créé des situations standardisées et des grilles d'observation de grande valeur, nous regardons différemment ces enfants. À partir de ce regard nouveau, nous pouvons bâtir des stratégies éducatives et pédagogiques qui aident aussi bien les parents que les praticiens.

Prenons un exemple tout simple: mettre un mobile au-dessus du berceau de l'enfant permet à ce dernier d'être attiré par la couleur et le mouvement, et cela l'incite à atteindre la cible, à mobiliser ses potentialités. Agir ainsi avec un petit autiste, c'est l'enfermer dans un cercueil, puisqu'il va rester fasciné par le mouvement ou par la couleur sans s'ouvrir à d'autres virtualités.

Une observation aussi banale nous montre que la compréhension du monde neurocognitif de l'enfant conduit à des interventions différentes de ce que l'on fait avec un enfant qui capte normalement son environnement.

S.M. : Oui. Parmi les apports de la neurocognition, il faut faire place à la théorie de l'esprit.

M.L. : Absolument. Si l'enfant ne parvient pas à se situer par rapport à lui-même, il ne parvient évidemment pas à se situer par rapport à l'autre. Il ne peut ni se penser ni pressentir que l'autre a sa pensée propre.

La théorie de l'esprit n'explique pas l'origine de l'autisme, comme on l'avait espéré à un moment donné, mais elle montre l'une des conséquences dramatiques des anomalies perceptuelles de départ. L'enfant autiste n'arrive pas, sans aide spécifique, à se distancier de lui-même et à reconnaître l'autre comme un sujet pensant, comme un sujet éprouvant des choses différentes de lui-même.

S.M. : Ce que vous dites m'emmène à relier ces constatations aux travaux issus de la neurobiologie. Je pense en particulier à l'équipe de Schultz et à ses collaborateurs, qui ont cherché à montrer combien certaines régions du cerveau ne s'activaient pas de la même manière chez des enfants autistes que chez d'autres enfants.

M.L. : L'autisme est pour moi une grande leçon. Pour en comprendre la complexité, nous avons autant besoin de la psychanalyse (à condition de la décanter) que de la neurocognition, de la neurobiologie, de l'imagerie cérébrale et de la génétique.

Grâce aux neurosciences, nous commençons à mieux comprendre que les recherches sont disparates par rapport à ce qui se joue dans les circuits neuronaux, le cortex, les zones limbiques, mais elles repèrent toujours les mêmes régions, le gérus fusiforme, les amygdales, l'hippocampe, les communications interhémisphériques, etc. Elles mettent en évidence des réponses singulières.

Le problème reste que les images obtenues ne définissent pas un groupe homogène. Nous additionnons des anomalies sans repérer, pour le moment du moins, telle ou telle région cérébrale particulièrement atteinte.

Les études ne portent guère sur le petit enfant pour d'évidentes raisons pratiques et éthiques. Elles concernent plutôt des enfants à partir de six ou sept ans, des adolescents et des adultes. Il est donc difficile de distinguer ce qui est « anomalie originaire » de ce qui est « processus adaptatif et compensateur secondaire ».

Au fur et à mesure que progressent les sciences neurologiques, nous y verrons de plus en plus clair. Et sans doute aurons-nous de grandes surprises qui nous permettront de mieux comprendre non seulement l'autisme, mais également d'autres pathologies.

S.M. : Les recherches épidémiologiques et génétiques progressent également et nous interpellent beaucoup.

M.L. : L'une des grandes questions consiste à savoir si l'autisme est un trouble génétique et, si c'est le cas, quel gène est en cause.

On a quelques éléments de réponse. La transmission génétique ne fait plus de doute, mais quelle est son étendue, quels sont les risques pour la fratrie, voilà autant de questions qui sont encore sans véritables réponses.

Nous savons que, pour les jumeaux vrais, le risque de transmission est énorme, car selon les recherches les chiffres oscillent entre 40 % et 60 %. Nous savons aussi que dans la fratrie d'un enfant autiste, nous retrouvons de manière significative davantage de troubles cognitifs parmi les collatéraux immédiats. Cela correspond tout à fait à nos propres observations effectuées dans notre clinique.

Beaucoup de parents nous disent aussi : c'est étrange, mais les troubles qu'a notre enfant je les ai un peu, de manière plus légère, par exemple la fascination pour les détails, la difficulté d'associer plusieurs stimuli à la fois. Ce discours se répète trop souvent pour qu'il soit le produit du hasard.

Par contre, nous ne savons pas si l'autiste peut transmettre la maladie à ses propres enfants, car le concept du trouble envahissant du développement est récent et notre recul n'existe que pour les autistes profonds, qui ne se reproduisent pas entre eux. Sur ce plan, les prochaines décennies nous apporteront des éclaircissements, puisque les autistes dits à haut niveau vont procréer, par exemple les sujets Asperger.

Certains chromosomes sont particulièrement ciblés et, avec les autres cliniques spécialisées de Montréal, nous participons à une recherche qui devrait apporter des renseignements très importants, bien que tous les chercheurs soient persuadés aujourd'hui que ce trouble est polygénique et polychromosomique.

Reste la deuxième question : existe-t-il des facteurs biologiques acquis pouvant créer ou aggraver l'autisme ? Tenter de répondre à cette interrogation éveille des passions, car tous les parents sont hantés par la recherche du remède miracle et de la cause unique permettant d'espérer la guérison rapide de l'enfant. Il ne se passe guère de mois sans qu'une nouvelle hypothèse surgisse, allant des déficits en mégavitamines aux troubles du système immunitaire, en passant par des problèmes gastro-intestinaux, l'ingestion de métaux lourds ou les perturbations du pancréas.

L'affirmation repose généralement sur l'amélioration de deux ou trois enfants qui ont effectivement des troubles associés et, quand leur état général va mieux et que cela se répercute sur leur psychisme, on crie au miracle, ce qui généralise les choses de façon abusive.

Il est un fait à présent admis: plusieurs maladies mentales entraînent des symptômes physiques marqués. La personne souffrant de dépression majeure est dans un état nauséeux, ressent des difficultés alimentaires et une grande fatigue, son corps est donc en souffrance et il faut s'en occuper. Certaines déficiences intellectuelles d'origine génétique entraînent également de grandes fragilités corporelles.

C'est le cas du syndrome de Down, où l'on retrouve souvent des complications cardiaques ou autres. L'autiste ne fait sans doute pas exception à cette règle et il est possible qu'il existe une certaine fragilité, par exemple du système gastro-intestinal.

Le problème, c'est que ces troubles peuvent s'expliquer de différentes manières. Nous voyons en effet un nombre relativement grand d'enfants autistes qui ont des troubles gastro-intestinaux, comme la diarrhée, la constipation, des maux de ventre. Cependant, ces enfants mangent très mal, précisément à cause de leurs modalités sensorielles gustatives particulières, ce qui se répercute inévitablement sur leur état physique.

Plusieurs d'entre eux portent tout à leur bouche, ils sucent et avalent un tas de choses. Ils risquent donc d'avoir des complications parasitaires et infectieuses. On ne voit plus, alors, ce qui relève d'un processus primaire et ce qui résulte de facteurs secondaires. Tout ce que cela nous indique, c'est qu'il y a nécessité de traiter leurs troubles physiques lorsqu'ils existent. Cela est d'autant plus important qu'ils supportent mal le changement, les situations nouvelles qui émanent de leur corps.

Cela nous rappelle une réalité trop souvent oubliée: le psychiatre doit savoir rester un médecin, il doit aussi savoir rester sceptique devant les prétendus miracles que proposent certains charlatans ou illuminés. Cela n'est pas facile, car un parent désemparé se laisse facilement attirer par de telles personnes.

S.M. : Certains parents se positionnent d'une façon passionnée vis-à-vis des vaccins.

M.L. : Oui, et on voit bien pourquoi ils s'interrogent. Sur le plan du repérage, nous distinguons deux groupes d'enfants autistes. Dans le premier, les signes sont apparus dès les premiers mois de la vie. Dans le deuxième groupe, le plus nombreux, les premiers symptômes n'ont été repérés qu'entre 18 et 30 mois. Or, cet âge coïncide avec la période de certaines vaccinations. Il est donc tentant de rendre responsable le vaccin d'une atteinte cérébrale, même s'il n'y a pas de signes encéphalitiques visibles. Nous savons que les recherches actuelles, qui sont assez nombreuses, ne vont pas dans le sens de cette hypothèse.

S.M. : Il y a cependant un fait qui paraît troublant. Toutes les études épidémiologiques montrent une augmentation du diagnostic des troubles envahissants du développement. Se situer par rapport à cette constatation suppose sans doute qu'on parle d'abord de la démarche diagnostique, telle que vous l'avez mise en place avec d'autres, à l'Hôpital Sainte-Justine.

M.L. : On ne peut bien étudier un syndrome que si l'on dispose d'un nombre suffisant de sujets atteints. Quand on est psychiatre de secteur, on voit une grande diversité d'enfants, parmi lesquels se glissent quelques autistes. Disons deux ou trois par année. Ce petit nombre ne permet pas d'avoir un recul suffisant pour comprendre ou pour traiter ce handicap rare.

L'avantage d'une clinique spécialisée consiste à recevoir de nombreux enfants provenant de multiples origines. C'est ainsi que depuis l'ouverture de la clinique, nous avons évalué plus de sept cents enfants et suivi une centaine d'entre eux pendant de longues années.

Cela nous donne des perspectives tout à fait différentes, tant sur le plan diagnostique, qui s'affine peu à peu, que sur le plan des modes d'intervention à privilégier. C'est la raison pour laquelle j'ai été partisan de créer une telle clinique.

Je sais bien que plusieurs personnes ont des réserves par rapport à ce choix, parce que l'existence d'une telle clinique déclenche un afflux de demandes dans un même hôpital, ce qui crée de longues listes d'attente, mais avec le recul, je me réjouis de ce choix.

S.M. : La création de cette clinique n'avait-elle pas été demandée aussi par l'Association des parents d'enfants autistes de Montréal ?

M.L. : Oui, à l'origine les gens qui ont soutenu le projet furent madame Lahaie, de l'Association, et le docteur Marquette qui, à l'époque, était chef du Département. Cette collaboration est à souligner. Il n'est pas toujours facile de travailler la main dans la main avec des associations de parents, car leurs attentes sont grandes et parfois différentes des nôtres, mais leurs demandes nous bousculent et nous dynamisent, tout en nous faisant bien voir les réalités de la vie quotidienne.

S.M. : Dans le remaniement que la clinique a connu sur le plan de la démarche diagnostique, qu'est-ce qui vous a le plus marqué ?

M.L. : J'ai été marqué par plusieurs choses. Par exemple, le diagnostic, qui est un mouvement vers l'objectivité.

Cela paraît une évidence, mais au cours de ma formation psychanalytique, j'avais été imprégné par des slogans du type « l'objectivité est la rencontre de deux subjectivités ». L'essentiel consistait à éprouver le ressenti d'un discours, tout en restant neutre, pour permettre à l'enfant d'exprimer le monde archaïque déposé en lui et construit par lui. Ainsi, peu à peu, il se dégageait une impression clinique la moins projective possible, qui était en principe liée à la rencontre de deux subjectivités, la nôtre et celle du sujet « parlant ».

L'autiste m'a appris une autre manière de faire. Bien sûr, il faut savoir éprouver le ressenti, mais si vous ne faites pas une démarche codifiée, si vous ne placez pas l'enfant dans des situations particulières, ce que vous allez voir, c'est un garçon ou une fille qui regarde sa main et qui l'agite de haut en bas, qui fixe le plafond et, à partir de là, vous allez fantasmer sur quelques gestes et mimes, en bâtissant votre théorie issue elle-même de schèmes préconçus.

L'autiste m'a appris que le diagnostic doit oser être intrusif. Le diagnostic est une démarche de recherche où nous engageons l'enfant dans une série de situations pour faire surgir des comportements, des désirs, des amorces de liens. Le regard doit se porter sur la communication, sur les modes sensoriels choisis, sur les praxis conservées, sur les formes d'expression, sur les préoccupations inhabituelles.

À partir des situations standardisées que l'on propose, on repère certes des éléments déficitaires, mais on découvre aussi des zones plus saines qui peuvent être élargies grâce à des attitudes, à des activités dosées, à un climat relationnel maîtrisé. Il se dessine alors un début de stratégie thérapeutique.

J'avais également été bercé par l'idée qu'un parent enlisé dans la subjectivité ne pouvait pas y voir clair. Il allait nier le diagnostic, déformer les observations à partir de sa propre histoire qu'on devait l'aider à décoder. Alors qu'au contraire, le parent devient un remarquable observateur lorsque nous le considérons comme un collaborateur et lorsque nous lui posons « les bonnes questions » sur son quotidien.

Dans la majorité des cas, le parent repère autant les déficits que les forces de son enfant, tout en reprenant espoir en ses capacités. Cela ne veut pas dire qu'il faille abandonner notre savoir et notre pouvoir de façon démagogique, mais il faut entreprendre avec le parent une double démarche d'écoute, de compréhension, de transmission réciproque dans une attitude de respect mutuel. Le parent n'est pas un patient potentiel, c'est un collaborateur dont nous reconnaissons non seulement les aptitudes, mais aussi les souffrances.

C'est le but, par exemple, d'instruments comme l'A.D.I. (Entretien pour le diagnostic de l'autisme), où le parent transmet ce qu'il observe et ressent. C'est le but de l'évaluation ADOS (Échelle d'observation diagnostique de l'autisme) et des examens cliniques complémentaires. Étant présent, il voit les mêmes choses que nous sur le plan factuel puis, avec notre aide, il arrive à les décoder sur un plan plus subjectif.

Quand je regarde maintenant ma façon de faire avec des enfants qui ont d'autres troubles psychiques, je découvre avec surprise que je ne m'y prends plus de la même manière qu'autrefois. L'autiste m'a appris à mobiliser d'une façon différente ma démarche diagnostique.

S.M. : Depuis que nous travaillons ensemble, vous et moi, ainsi qu'avec d'autres cliniques, nous tentons d'établir une espèce de ligne directrice à suivre pour tout enfant susceptible de présenter un trouble envahissant du développement. Croyez-vous vraiment qu'il est nécessaire de bâtir ainsi des lignes directrices ?

M.L. : Notre démarche diagnostique nous a confirmé l'importance d'un travail d'équipe. Pendant longtemps l'idée régnait selon laquelle une équipe devait être homogène, c'est-à-dire avoir les mêmes références théoriques. Je me rappelle que Michel Soulé nous disait : « Le squelette d'une équipe, c'est la psychanalyse. »

Si les approches étaient différentes, elles étaient censées perturber l'enfant. Or, je crois aujourd'hui qu'il n'est pas du tout intéressant d'avoir trois ou quatre personnes qui ont la même vision. Mieux vaut alors travailler seul. L'équipe n'est valable que si elle procure des visions complémentaires. L'un de nous éclaire l'aspect neurosensoriel, l'autre le sens possible des comportements, le troisième propose des hypothèses sur le fonctionnement familial, etc. Vision psychodynamique, vision systémique, vision interactionnelle, vision neuroperceptuelle s'associent, à la condition de respecter les perspectives de chacun.

Cela ne veut pas dire qu'il faille découper l'enfant en petites tranches de saucisson, où l'un regarde le langage, l'autre le cognitif, le troisième le moteur, le quatrième l'état physique, le cinquième l'affectif et le sixième le pédagogique.

L'équipe diagnostique doit être réduite à un petit groupe de personnes au départ, qui décident par la suite des examens complémentaires nécessaires, tout en donnant un sens à ces investigations. Je ne développe pas cette idée plus avant, car elle fait l'objet d'un autre entretien.

S.M. : Quelle que soit sa manière de faire, la démarche diagnostique débouche toujours sur une rencontre avec les parents, au cours de laquelle ils sont informés des résultats de l'évaluation.

M.L. : Cette entrevue est capitale. Elle est souvent dramatique, puisqu'il faut révéler un diagnostic dont le pronostic est redoutable, même quand on a dégagé des capacités évolutives. L'étroite collaboration avec le parent, tout au long de la démarche, conduit celui-ci à reconnaître un ensemble de signes.

Il a décrit en détail ce que la vie quotidienne lui a révélé de son enfant, par rapport aux troubles de la communication, aux anomalies des modes d'expression, aux répétitions de comportement, etc. Lors de l'examen clinique, incluant l'ADOS, il a pu constater que dans certaines situations, avec certaines attitudes, son enfant était moins répétitif, communiquait un peu mieux, s'ouvrait vers de nouveaux champs d'intérêt. Il a donc découvert non seulement des éléments déficitaires, mais également des capacités évolutives. En reprenant cela avec lui, nous lui donnons un espoir qui n'est pas utopique.

Chacun a interprété différemment ce qu'il a vu, mais la discussion franche et authentique permet de donner un sens à ce qui paraissait incompréhensible et de mobiliser le dynamisme parental. Le mot « autisme » est redoutable, mais il a pu être nommé et partiellement démystifié.

Dans la majorité des cas, d'ailleurs, le parent « savait », mais se cachait la réalité. Quand le voile du silence est déchiré, on peut commencer à agir. Certains parents nient, deviennent très passionnels et ont besoin de faire vérifier le diagnostic par quelqu'un d'autre.

Ce cheminement doit être respecté, car il y a un certain deuil à faire. Les parents doivent aussi retrouver une certaine espérance. D'une manière générale, les faits nous montrent que la plupart des parents participent activement à la démarche diagnostique et deviennent des collaborateurs, parce qu'ils se sont sentis écoutés, accompagnés et placés dans une situation où on ne trichait pas avec le diagnostic.

S.M. : Avant d'aborder le domaine des interventions, j'aimerais parler de la fameuse question des diagnostics différentiels. Tout en reconnaissant l'appellation de « trouble envahissant du développement », on a souvent discuté de ces enfants étranges qu'on appelait autrefois des « sujets prépsychotiques ou dysharmoniques ». Comment vous situez-vous par rapport à cette catégorie d'enfants ?

M.L. : Sur ce plan, je suis en désaccord avec le DSM-IV, ainsi qu'avec un certain nombre de praticiens qui me semblent nier l'existence de la prépsychose. Parmi les enfants que nous rencontrons, un certain nombre manifestent des anomalies de la communication réciproque, des anomalies de l'expression, des préférences répétitives, mais ils ont aussi un monde imaginaire très particulier, dont les thèmes se ressemblent étonnamment d'enfant à enfant, quelle que soit leur culture. Qu'ils soient d'origine hindoue, chinoise ou québécoise, ils nous disent tous la même chose.

Et que nous disent-ils ? À peu près ceci : « Non seulement j'ai du mal à intégrer les stimulations et je suis enfermé dans un monde singulier, mais je suis aussi submergé par les stimuli. C'est comme si j'étais transpercé, traversé par eux. Je me sens fragile et j'essaie de traduire cette fragilité par des images que je dessine ou que je joue. Je parle de tremblements de terre, d'éruptions volcaniques, de rayons lasers, de microbes qui m'envahissent, de mon ventre qui veut éclater. Quand j'urine ou que je défèque, j'ai peur de me vider. »

Aux signes classiques de l'autisme de Kanner se surajoute donc l'impression d'être vulnérable, morcelé, mal protégé par le « moi peau ». La psychanalyse s'est particulièrement intéressée à ces enfants en proposant des termes différents, comme « prépsychose » ou « état-limite ».

Ces étiquettes ne sont pas heureuses, car ces enfants n'évoluent généralement pas vers la psychose quand on les suit sur un plan longitudinal. Ils sont bien dysharmoniques, mais en dépit de leurs bizarreries, ils gardent un certain contact avec la réalité.

Dans mon dernier livre, j'ai proposé de les appeler des « autistes atypiques, avec envahissement imaginaire excessif ». Je crois qu'il faut reconnaître cette forme de trouble, car elle suppose des formes d'interventions éducatives et thérapeutiques particulières.

Autant les autistes en général ne sont guère aidés par les psychothérapies d'orientation psychodynamique, autant ceux-ci ont besoin d'un lieu pour aborder le monde terrifiant qui est en eux. Leur évolution ne suit pas la trajectoire des autres, elle se fait habituellement vers une sorte d'obsessionnalisation de la vie émotive, leur monde imaginaire se raréfiant, mais leurs capacités intellectuelles sont souvent suffisamment sauvegardées pour entreprendre des études en milieu scolaire régulier.

Je regrette que le DSM-IV, fasciné par le « trouble envahissant du développement » dans la forme de l'autisme profond et de l'autisme léger, ait abandonné cette description. Je regrette aussi que certains praticiens refusent de regarder cette réalité clinique, sous prétexte que nous reviendrions aux errances de la psychanalyse sur le plan des étiopathogénies.

S.M. : En ce moment, sous quelles entités diagnostiques regroupe-t-on ces enfants ?

M.L. : On triche un peu et on les met sous les diagnostics d'Asperger ou de « l'autisme non spécifié », sans les voir dans leur singularité. Ces jeunes me paraissent pouvoir être particulièrement aidés par des services de soins de jour en milieu pédopsychiatrique. Je trouve dommage qu'au Québec, les milieux pédopsychiatriques tendent actuellement à les refuser pour de longs traitements, dont ils ont pourtant besoin.

S.M. : Je voudrais aborder aussi les diagnostics différentiels entre « autisme », « déficience intellectuelle sévère », « troubles du langage » et « troubles graves de l'attachement », de type « carence relationnelle ».

M.L. : Ce sont des diagnostics d'autant plus difficiles à faire que rien n'interdit d'avoir plusieurs problèmes à la fois. Le syndrome carentiel m'a particulièrement intéressé, et j'ai même écrit sur ce sujet le livre *J'ai mal à ma mère*. Certains enfants montrent des signes qui s'apparentent à l'autisme quand ils ont été désinvestis au sein de leur milieu familial, ou ballottés entre plusieurs placements, ou encore inscrits dans des milieux très chaotiques.

Ils sont en retrait, n'arrivent pas à communiquer, se réfugient dans des préférences sensorielles de type « balancement » ou « fascination pour un stimulus visuel unique ». Ils ont donc, apparemment, une symptomatologie autistique et il est possible que certains enfants atteints de marasme ne parviennent pas à sortir de cet état. Heureusement, nous ne voyons plus guère de ces grandes pathologies liées à l'hospitalisme, tout au moins dans nos pays.

Par contre, nous rencontrons des formes plus légères qui s'apparentent à ce que René Spitz appelait les « dépressions anaclitiques ». Ces jeunes peuvent momentanément nous induire vers une erreur diagnostique, mais si nous améliorons leurs conditions de vie, les signes disparaissent assez vite. Ces enfants demeurent fragiles, ils souffrent souvent de troubles du comportement, mais ils évoluent vers des manifestations tout à fait différentes de l'autisme ; je dirais que ce sont des « pseudo-autistes ».

Chez le jeune enfant, il est très difficile de faire la distinction entre la déficience intellectuelle sévère et l'autisme. Les deux s'associent souvent dans l'autisme profond. Chez les autistes plus légers, la déficience cognitive n'est pas la règle et cela remet en cause bien des conceptions antérieures. Par contre, il y a des anomalies dans l'utilisation de l'intelligence et si nous n'aidons pas ces sujets à s'ouvrir sur l'environnement, ils risquent de souffrir d'une débilisation secondaire.

Cela justifie les interventions précoces, car si un enfant reste dans la répétition des mêmes recherches sensorielles et s'enferme dans sa bulle, il ne parviendra pas à faire des acquisitions ou se fixera excessivement sur un seul champ, comme cela tend à se produire avec les Asperger. Chez les très petits, il est parfois nécessaire d'attendre un certain temps que la maturation se fasse pour distinguer le syndrome autiste d'une déficience profonde. En effet, tant qu'un sujet n'est pas équipé pour donner un sens à son environnement, il ne peut qu'adopter une conduite de repli.

L'autre difficulté consiste à faire la distinction entre l'autisme d'une part et un trouble du langage réceptif et expressif d'autre part. C'est dans ce domaine que j'ai fait le plus d'erreurs diagnostiques.

Sous la nosographie de « trouble envahissant du développement non spécifié », nous voyons parfois une évolution vers un autisme net et, d'autres fois, seules les fonctions symboliques conscientes restent entravées (surtout le langage et un peu les jeux imaginaires), tandis que l'enfant révèle des capacités relationnelles insoupçonnées.

Par ailleurs, il y a une zone trouble à approfondir : existe-t-il un continuum entre l'autisme et les dysphasies, en particulier la dysphasie sémantique pragmatique ? Ou avons-nous affaire à deux syndromes très différents dans leur étiopathogénie ?

Dans la dysphasie isolée, nous voyons bien des retraits, des difficultés de communication réciproque, mais nous voyons aussi surgir des mouvements compensateurs par la mimique et la gestualité, ce qui nous met sur la voie.

Il n'en demeure pas moins que le problème est très complexe.

S.M. : Nous avons souvent discuté ensemble à ce sujet. Je crois que le troisième domaine, celui des intérêts particuliers, des anomalies sensorielles et des thématiques répétitives, ouvre un champ de recherche pour détecter les marqueurs positifs d'un trouble envahissant. Peut-être trouvera-t-on des marqueurs positifs d'un trouble du langage ?

M.L. : Je sais que cela fait partie de vos recherches et il serait intéressant de voir si, chez des enfants évoluant vers la dysphasie, il existe les mêmes anomalies des modalités d'intégration sensorielle, en particulier les anomalies visuelles, ou si ces signes sont pathognomoniques d'un TED.

S.M. : Après un diagnostic, nous dirigeons l'enfant et ses parents vers telle ou telle intervention. J'aimerais, docteur Lemay, que vous nous disiez ce que vous a appris l'autisme par rapport à ces interventions, en vous appuyant sur votre expérience du centre de jour de Sainte-Justine dont vous avez été responsable pendant de nombreuses années.

M.L. : J'ai appris par l'autisme, et par d'autres syndromes, la nécessité de ne pas s'enfermer dans une seule approche théorique, mais d'essayer plutôt de regrouper ce que chacune d'entre elles apporte de positif pour un enfant donné.

Rester uniquement fixé à l'aspect comportemental (et, dans celui-ci, à une seule approche) est une erreur, mais les théories cognitives comportementales nous ont révélé la valeur d'une observation, d'un plan individualisé et d'une intervention active. Le rôle des renforçateurs positifs dans l'action quotidienne est indéniable. La fréquence des troubles sensoriels et leurs conséquences énormes sur la prise de conscience du corps et de l'environnement démontrent la nécessité de travailler ce domaine, que ce soit par l'eau, les massages ou les techniques des ergothérapeutes.

Rappelons-nous qu'un petit autiste peut faire une crise durant une journée, simplement parce que l'étiquette de son tee-shirt lui frotte le cou, ou se réfugier dans d'éternelles stéréotypies parce que le niveau sonore est trop élevé dans la pièce. Il est alors essentiel d'obtenir la collaboration de la famille. Les parents ne sont pas des patients, ils sont des collaborateurs et ils doivent comprendre ce que nous faisons.

Il peut être très utile d'appliquer dans le domaine de l'autisme ce que nous ont appris des théories systémiques. Grâce aux soins de jour, l'action éducative s'est révélée essentielle, tant par ses attitudes, par l'organisation du quotidien et par la vie en groupe que par la mise en place d'activités dosées et réfléchies en fonction de chaque sujet. Cette action doit se faire en étroite collaboration avec les orthophonistes et les pédagogues, du moins pour les enfants plus âgés. Les psychologues, eux, apportent leur précieuse collaboration dans le domaine cognitif et dans les aspects affectifs, ainsi que pour entreprendre des psychothérapies individuelles ou de groupe, selon les indications posées.

Le psychiatre joue un rôle important, en tant que coordonnateur d'une équipe et en tant que participant à des formes d'approche spécifique, incluant le domaine physique.

Tout cela, nous l'avons d'abord conçu pour des interventions d'une durée relativement longue (entre un et trois ans). Nous avons ensuite réduit nos temps de séjour grâce à des collaborations plus étroites avec des organismes extérieurs, comme les écoles, les CRDI (Centres de réadaptation en déficience intellectuelle), les classes spécialisées. Nous avons mis en place des groupes d'une journée ou d'une demi-journée, des ateliers thérapeutiques parents-enfants.

Peu à peu, on nous a demandé d'axer nos forces sur la démarche diagnostique plutôt que sur le traitement, en raison d'aspects financiers, de listes d'attentes, d'orientations idéologiques différentes.

Je me demande sincèrement si ce choix est bon et si des interventions de quelques semaines, même si elles sont suivies par des traitements ponctuels dits ambulatoires, ont une valeur réellement thérapeutique. L'histoire le dira, mais il est certain que nous nous trouvons à une époque où il faut faire plus, plus vite et avec moins de moyens, ce qui s'inscrit dans la crise de la pédopsychiatrie dont j'ai parlé ailleurs.

S.M. : Nous sommes effectivement beaucoup interpellés par les orientations du réseau. De plus en plus, l'action thérapeutique prolongée nous échappe. La plupart des enfants sont dirigés vers des établissements dont les approches sont surtout d'inspiration behaviorale, de type « méthode ABA (Advanced Behavioral Analysis ». Qu'en pensez-vous ?

M.L. : Nous n'échappons pas aux modes. Il y a eu la mode psychanalytique et, dans son ère hégémonique, le centre de jour était un lieu noble, surtout en raison des psychothérapies qu'on y pratiquait. Le reste était vu plus comme de l'occupationnel, ce qui a été manifestement une erreur.

À l'heure actuelle, le courant idéologique penche vers le comportementalisme, avec des approches de type behavioral qui ont leur valeur, mais aussi leurs limites et leur côté simpliste. La grande difficulté a toujours été d'associer différentes approches en même temps sans que s'installent entre elles des hiérarchies et des rivalités.

Nous pouvons dire que pendant un certain temps, nous y sommes parvenus, et avec de bons résultats puisque nous avons pu suivre sur un plan longitudinal nombre d'enfants pris en charge. L'aspect psychanalytique était maintenu, surtout pour regarder le ressenti de l'enfant avec l'aidant. On valorisait les aspects comportementaux ergothérapiques, orthophoniques, médicaux, neurodéveloppementaux.

À partir d'une telle expérience, notre mission consiste à devenir des multiplicateurs et d'oser transmettre la richesse de nos expériences dans les CRDI, dans les classes spécialisées et auprès des parents, afin qu'elles ne demeurent pas de simples souvenirs.

S.M. : Nous avons ouvert des groupes d'intervention (quatre enfants de quatre et cinq ans) une journée par semaine en collaboration étroite avec les parents et en association avec les maternelles. Que pensez-vous de cette tentative ?

M.L. : C'est une direction qui me paraît bien intéressante. Le fait de prendre des enfants trois heures par semaine paraissait dérisoire au premier abord. Dans la mesure où cela se fait en intrication permanente avec les familles et les lieux scolaires, cela semble donner de bons résultats.

Il est possible que l'une des orientations à adopter consiste à augmenter le nombre de ces groupes dits « thérapeutiques », qui sont à la fois de courte durée, dans le sens d'une densité de l'action (généralement trois heures par semaine), et de plus longue durée, par exemple dans le sens d'un prolongement des interventions sur plusieurs années.

Nous voyons que nos observations et nos modalités d'action se transmettent dans le cadre de l'école et dans la forme d'un transvasement extrêmement utile. Cela ne répond sûrement pas aux besoins de tous les jeunes autistes, mais la piste reste à approfondir dans la perspective de créer un éventail de moyens.

S.M. : Pouvez-vous nous parler du suivi de ces enfants, je parle d'un suivi à long terme. Vous en avez connu quand ils étaient jeunes, et puis les années ont passé. Quelles réflexions vous a apporté ce suivi longitudinal, que vous proposez presque systématiquement ?

M.L. : Beaucoup, beaucoup de surprises. Les autistes profonds restent malheureusement des enfants extrêmement handicapés. Je ne connais pas d'exception à cette règle. Ils demeurent des sujets très déficients. On leur fait acquérir une certaine autonomie par des approches comportementales, mais ils restent de grands handicapés.

Il faut créer pour eux des foyers de groupe, des ateliers protégés, des centres d'aide par le travail, des appartements supervisés quand ils deviennent adolescents et adultes. C'est un drame pour les familles de voir tant d'efforts réalisés quand ils sont petits et puis, à 18 ans, de constater que les moyens se raréfient au point d'être parfois totalement absents. C'est un drame et c'est un scandale qu'il faut dénoncer.

Les enfants autistes légers, les sujets Asperger, ceux que l'on appelait autrefois les « dysharmonies psychotiques » gardent avec une étonnante continuité les principaux signes de la série autiste, du moins sur les quinze et parfois vingt ans où j'ai pu les suivre.

Cependant, il se produit d'étonnantes transformations développementales. Par là, je veux dire que certains d'entre eux parviennent à trouver des modes adaptatifs, autant cognitifs que relationnels, pour s'ajuster à l'existence. Ils le font même parfois avec une grande originalité et j'en connais plusieurs qui ont débouché sur des métiers comme informaticien, potier, agriculteur, éleveur. L'aspect structural de la personnalité n'a pas vraiment changé (tendance au retrait, fuite devant maints stimuli, étrangeté de certaines conduites, fixations inhabituelles), mais sur le plan économique ils s'ajustent et trouvent un sens à leur vie.

Les enfants souffrant d'un « trouble envahissant du développement non spécifié » (ceux dont tous les domaines ne sont pas altérés) doivent recevoir ce diagnostic d'attente au moins jusqu'à six ou sept ans. Une partie d'entre eux évolue vers des autismes caractéristiques, d'autres (à peu près la moitié) voient leurs signes s'effacer, même s'ils continuent habituellement à souffrir de problèmes dysphasiques.

L'appréciation du troisième domaine (les préoccupations inhabituelles, les anomalies sensorielles, les comportements très répétitifs) me paraît le meilleur indice pronostic.

Je voudrais ajouter un point important : plus longtemps on garde les liens avec l'enfant et sa famille, plus l'approche est efficace, même si elle demeure limitée. La discontinuité des interventions est une plaie béante au sein de notre système, et pas seulement pour les autistes !

S.M. : Dans le suivi longitudinal avec les enfants ayant un autisme léger, diriez-vous qu'il apparaît des points tournants auxquels il faut prêter particulièrement attention ?

M.L. : La période des six ou sept ans est capitale pour reconnaître les réelles capacités intellectuelles de ces sujets. Avant cela, il est difficile de dire si les aptitudes cognitives sont sauvegardées ou non.

Le passage du primaire au secondaire est un moment délicat. Au primaire, le jeune se trouve avec une seule personne, dans un cadre structuré, même s'il n'était pas dans une école spécialisée. Puis, brusquement, il se retrouve avec de multiples professeurs, au moment même où il connaît les changements pubertaires.

Tout cela est lourd à porter pour un enfant qui veut que tout reste immuable. Il a donc souvent besoin, lors de cette phase, d'un soutien de type éducatif.

La fin de l'adolescence est aussi une période très difficile à vivre, car il n'est pas simple d'entrer dans le monde du travail. Par ailleurs, l'éclosion d'une vie sentimentale éveille des sentiments bien complexes.

Ajoutons qu'à cet âge, il n'est pas facile de faire l'arrimage entre la pédopsychiatrie et la psychiatrie adulte.

S.M. : Je voudrais aborder une autre question sur l'orientation actuelle de la pédopsychiatrie. Comme beaucoup d'autres symptômes, par exemple l'hyperactivité, le trouble envahissant du développement tend à ne plus être considéré, dans certains milieux, comme un trouble psychiatrique, mais plutôt comme un trouble neurodéveloppemental. Qu'en pensez-vous ?

M.L. : J'ai déjà discuté de cet aspect dans un autre entretien, je serai donc bref.

Je suis inquiet devant un tel discours. De plus en plus, les recherches nous font comprendre que les grands syndromes ont une composante neurobiologique importante. On le voit pour la schizophrénie infantile, pour la dépression, pour les grands états anxieux, pour l'hyperactivité dans sa forme sévère et, bien sûr, pour l'autisme. Si, à chaque fois que cette prévalence neurobiologique est mise en évidence, on déclare que ce n'est plus de notre domaine, je ne vois pas très bien ce qu'il nous restera.

Nous avons répété pendant des décennies que nous voulions avoir une vision biopsychosociale, et tout se passe à nouveau comme si l'aspect biologique devait être évacué de notre champ. Il y a une ambivalence dans notre profession. Nous sommes là pour traiter les pathologies graves, mais dans les faits nous restons bien attirés par les souffrances existentielles de type anxiété, inhibition, troubles scolaires, difficultés d'adaptation sociale, qui sont peut-être plus du ressort de la psychoéducation, de la psychologie clinique et du travail social.

Compte tenu de notre nombre et des autres praticiens autour de nous, nous avons, d'abord et avant tout, à nous occuper des grands handicaps mentaux de l'enfance. L'autisme en fait partie. Notre responsabilité ne se limite pas à faire des investigations diagnostiques, mais à trouver des suivis thérapeutiques de plus en plus efficaces, en étroite collaboration avec d'autres professionnels.

La pédopsychiatrie ne se maintiendra que si elle se définit ainsi. Sinon elle va se noyer progressivement dans la pédiatrie neurodéveloppementale, la psychanalyse et la psychologie clinique.

S.M. : Une dernière question. Quelle est, selon vous, la place de la médication dans les troubles envahissants du développement ?

M.L. : À l'heure actuelle, nous ne connaissons pas de médicaments pour soigner l'autisme, mais nous avons à notre disposition un certain nombre de substances pharmacologiques pouvant diminuer les symptômes qui perturbent la vie de l'autiste et de sa famille.

Je pense aux grandes agitations motrices, aux phases de très grandes angoisses, aux automutilations qu'on voit souvent apparaître au début de l'adolescence, ainsi qu'aux symptômes obsessifs. Il ne faut pas se contenter de faire des prescriptions sans être authentiquement présent auprès de l'enfant et de sa famille. Dans une stratégie thérapeutique bien orchestrée, la médication peut devenir un adjuvant précieux.

Que penser de la résilience ?

Dialogue avec Michel TOUSIGNANT

Il était normal de terminer le livre par un mouvement d'espérance. Celui-ci s'appuie beaucoup actuellement sur le concept de résilience.

Michel Tousignant, professeur titulaire à l'Université du Québec, et le docteur Michel Lemay ont fait partie d'un groupe d'études sur la résilience coordonné par Boris Cyrulnik. Avec ce dernier et le docteur Michel Manciaux, professeur émérite à la Faculté de médecine de Nancy, ils ont continué à échanger et à tenter d'approfondir l'idée de la résilience.

Dans cette dernière entrevue, ils partagent leurs points de vue sur ce sujet, en se demandant si la résilience est un mythe rassurant ou une réalité clinique pleine d'espoirs et de leçons.

M.T. : Pour commencer à aborder le thème de la résilience, je vais vous poser directement une question sur les mécanismes de défense, tels qu'ils ont été décrits par Anna Freud[1]. Puisque vous connaissez très bien les aspects psychanalytiques, trouvez-vous que le concept de « résilience » apporte du nouveau par rapport à la notion de « mécanismes de défense » qui prévalait auparavant, ou s'agit-il de redondances ?

M.L. : La question est importante et je vais tenter d'y répondre le mieux possible. Le concept de « résilience » s'appuie évidemment sur un ensemble de recherches antérieures, parmi lesquelles on trouve le concept de « mécanismes de défense ». Ces mécanismes font partie d'un système à la fois d'adaptation et de défense, que nous possédons tous et qui peut se retourner contre nous.

Sur le plan de l'adaptation, nous possédons des moyens de nous protéger de notre énergie pulsionnelle et de l'angoisse qui en découle. Rappelons que la psychanalyse aborde les mécanismes de défense dans un sens bien particulier. Des pulsions agressives et sexuelles sont constamment en recherche d'objets libidinaux et elles se heurtent aux principes de la réalité. L'être humain se bat donc perpétuellement avec des exigences pulsionnelles qui permettent le plaisir et la survie, et avec d'autres réalités, comme les interdits.

Dans cette lutte, nous mettons en jeu un ensemble de mécanismes protecteurs pour nous adapter tant bien que mal et pour trouver l'équilibre. D'ailleurs, la psychanalyse place ces mécanismes dans une hiérarchie, allant des plus primitifs (comme la régression), jusqu'aux plus organisés (comme la sublimation).

Cela nous amène à l'autre aspect, celui de la défense. À un moment donné, la protection de l'appareil psychique ne suffit plus et on aboutit à des compromis que les psychanalystes considèrent comme des symptômes.

Si on étudie la résilience, on doit tenir compte de ces apports, mais il y en a bien d'autres. Prenez Winnicott[2], par exemple. Ce psychanalyste a longtemps présenté le jeu comme un mécanisme d'adaptation à la réalité et, encore une fois, comme une manière de métaboliser une évocation pulsionnelle. Quand il parle d'« espace intermédiaire », il nous dit que l'enfant cherche à se situer dans un univers à mi-chemin entre pulsion et réalité. Par ces scénarios et ces représentations, il tente d'évacuer des sentiments pénibles, ce qui lui permet de s'intégrer peu à peu au monde de la réalité.

Nous pouvons aussi parler d'un autre auteur, Hartman[3], qui, dans ce qu'il appelle la « psychanalyse du moi », a développé l'idée selon laquelle il existerait des zones libres et indépendantes des conflits intrapsychiques. Selon lui, ces zones permettent au sujet de s'adapter dans l'existence.

La psychanalyse a donc fourni des apports essentiels pour comprendre la résilience, bien que cet apport se limite à l'univers intrapsychique. Par contre, les facteurs sociaux, génétiques, environnementaux ou interpersonnels de groupe n'ont pratiquement pas été abordés.

Ce qui me paraît intéressant dans la résilience, c'est l'ouverture non seulement aux concepts psychanalytiques, mais aussi aux théories sociales, aux découvertes génétiques, aux théories de la personnalité, aux apports des recherches cognitives.

C'est un carrefour pour penser à un secteur non plus d'une manière univoque, mais d'une manière globale.

M.T. : Si je comprends bien ce que vous dites, les mécanismes de défense seraient surtout élaborés pour mettre en échec les réalisations pulsionnelles, partiellement ou totalement, alors que la résilience ferait appel à des processus diversifiés pour affronter la dure réalité, les adversités de la vie quotidienne et, parfois, des défis apparemment insurmontables ?

M.L. : Oui, et j'ajouterais une autre idée : non seulement nous pouvons affronter la douleur sans être détruits par elle, mais nous pouvons aussi rebondir et en faire quelque chose. La psychanalyse l'avait déjà dit, sans doute, en parlant de « sublimation », mais elle n'avait pas intégré les facteurs sociaux et certains troubles comme les problèmes d'attachement ou les multiples stress qui jalonnent notre vie.

M.T. : Par rapport à ce que vous venez de dire, ne pourrait-on pas penser que certains traumas font partie de la vie, à condition qu'ils ne soient pas trop prononcés ? Je pense à des deuils, à des séparations, à des échecs, etc. Si ces épreuves étaient absentes de la vie d'un enfant ou d'un adolescent, ces derniers seraient peut-être moins protégés pour affronter la réalité, une fois devenus adultes ?

M.L. : Oui, et là encore, nous rejoignons une idée de Winnicott [4]: celle du nécessaire passage de l'illusion à la désillusion. Nous avons connu un état narcissique premier, où tout nous était apporté. Nous pouvions être convaincus que la souffrance, la solitude, la mort n'existaient pas. Maman venait toujours ou presque, quand on avait besoin d'elle.

Il a fallu ensuite déchanter et découvrir que la douleur, l'isolement, la mort faisaient partie intégrante de notre existence, et nous apercevoir que nos parents ne pouvaient pas toujours nous protéger, même s'ils étaient les meilleurs parents du monde.

À cause de cette prise de conscience, déprimante en soi, il nous a fallu mettre en place des mécanismes adaptatifs. Sans eux, nous serions incolores, inodores, sans saveur et, en quelque sorte, sans caractère.

Le conflit est donc nécessaire, car il nous mobilise. Évidemment, il ne s'agit pas de faire un panégyrique de la souffrance. Ce qu'il faut comprendre, c'est que la vie sans conflits est une illusion. Pour évoluer, il nous faut sans cesse être déséquilibrés, sortir du train-train de nos façons de penser, de nos manières d'être, de nos conceptions.

Quand je regarde ma vie, je vois bien que c'est après les coups durs que j'ai donné ce que j'avais de meilleur.

M.T. : Ces coups durs permettent de former le caractère et d'acquérir une plus grande résilience. Il y a eu un courant psychanalytique qui a beaucoup développé l'idée d'un « ego fort », sans faire suffisamment appel à la notion de « vulnérabilité ». Pensez-vous que la résilience modifie un peu cette vision un peu trop béatifiée ?

M.L. : À quoi faites-vous allusion en parlant de cette glorification de l'ego ?

M.T. : À cette idée qui fut répandue un certain temps qu'un ego fort pouvait mettre en échec les conflits.

M.L. : On a essayé de définir par différents termes les facteurs qui permettent de résister au stress. Il est intéressant de jeter un coup d'œil sur la série d'expressions qui ont été utilisées à cet effet.

L'un des premiers fut le mot « terrain » : dans l'esprit du praticien, on avait un « bon » ou un « mauvais terrain ». Quelles que soient les graines que l'on semait, si le sol n'était pas bon, rien de valable ne pouvait pousser. J'ai le souvenir d'avoir vu, vers 1952-1953, des certificats de pédopsychiatrie disant que le sujet était à rééduquer au moindre prix, car il était dégénéré.

On a ensuite parlé de la « constitution » dans les livres de psychanalyse. On voit souvent ce terme chez Mélanie Klein. Lorsque le patient n'évoluait pas d'une manière satisfaisante, on mettait en cause la constitution même, plutôt que l'indication thérapeutique.

Vint alors le « tempérament » : c'était un pas en avant, car le tempérament résulte de la combinaison de facteurs innés et environnementaux.

On a ensuite parlé de « caractère » et, dans un dernier livre de Lebovici et Diatkine, le mot « ressource »[5] a été proposé. Avec ce dernier terme, on soulignait qu'il fallait avoir un certain nombre de capacités en soi pour avancer, mais qu'il fallait aussi avoir une certaine fragilité pour que ces capacités puissent s'actualiser.

À l'heure actuelle, on parle de « résilience ». Il y a donc une sorte de trajectoire qui indique des changements subtils dans le mode de pensée et, bien sûr, d'ici quelques années on trouvera une autre expression.

M.T. : Quand vous parlez de « terrain », vous déplacez un peu la question, puisque l'interaction entre un individu et son environnement est alors occultée, tandis que tous les autres termes jettent un regard sur la psychologie de l'individu. C'est le cas, par exemple, des mots « tempérament », « ressource », « caractère »...

M.L. : En effet, de « terrain » à « ressource », en passant par « tempérament », l'intrication du biologique et du psychosocial a progressé. On est passé de l'idée d'un être plus ou moins fort, plus ou moins capable de résister aux sollicitations de l'environnement, à l'idée d'un être essayant de s'adapter à ces sollicitations, avec ses forces et ses faiblesses. Le concept interactionnel est un concept nettement moins figé.

M.T. : De plus en plus, on découvre qu'un corps résilient est un corps qui a du vide, et ce vide a un rôle à jouer. Les physiciens nous disent la même chose : un corps solide risque plus de se briser au contact d'un coup dur. Le concept de « résilience » n'apporte-t-il pas une vision différente de ce qu'on appelait un « tempérament fort » ou un « caractère fort » ?

M.L. : Il apporte une nuance de taille par rapport au concept de James Anthony[6], qui parlait d'« invulnérabilité ». Cela rejoint l'idée d'un « ego fort », dont vous parliez tout à l'heure. L'intérêt du terme « résilience » consiste à montrer qu'on n'est pas toute sa vie en capacité de résistance, on n'est pas non plus résilient dans toutes les circonstances. Cela dépend d'un certain nombre de facteurs qui ne sont pas reliés uniquement à nous-mêmes, mais qui dépendent de l'environnement.

La souplesse d'un être humain, c'est de pouvoir se pencher et s'incliner, comme le roseau, et cette souplesse suppose une certaine fragilité. Je ferai ici volontiers appel à un auteur, qui a été d'ailleurs d'orientation analytique et sociale. Il s'agit d'Erickson[7], qui avait bien compris l'importance de ces associations.

Erickson disait que le petit enfant devait avoir en lui beaucoup de confiance, mais aussi une bonne dose de méfiance. Il lui fallait être autonome, mais oser craindre. Il devait douter, tout en reconnaissant son besoin de dépendance, prendre des initiatives, mais se méfier de certaines d'entre elles. Chez Erickson, il y avait l'idée que pour s'adapter au monde, on doit associer « solidité » et « fragilité », « qualité » et ce qu'on appelle « défaut ».

Bref, si on n'est pas un peu blessé, si on ne porte pas de cicatrices, on ne peut pas mobiliser nos anticorps psychiques pour se défendre.

M.T. : On parle davantage d'une certaine psychologie des paradoxes, d'une manière peut-être plus orientale, où les contraires se rassemblent et opèrent des synthèses pour mieux affronter la réalité.

M.L. : Tout cela remet aussi en cause le concept de « pronostic ». Ce mot a marqué la psychiatrie. Tel syndrome ou telle situation voulait dire, à peu près inexorablement, telle évolution. Nous connaissons à présent le danger de ces prédictions. Des événements apparemment identiques, sur le plan des stress, n'ont pas forcément la même portée et n'entraînent pas automatiquement les mêmes conséquences, négatives ou positives.

M.T. : Le concept de « résilience » défait un certain nombre d'idées préconçues. Ainsi, plusieurs études démontrent que la négligence a des effets plus néfastes sur le développement de l'enfant que la violence physique. La négligence est pourtant moins spectaculaire et, en apparence, moins intense.

Ce paradoxe montre à quel point le déterminisme des adversités n'est pas nécessairement linéaire. Les problèmes de développement ne dépendent pas uniquement de l'intensité des adversités, mais de nombreux autres facteurs qui vont du sens qu'on donne à un événement aux réponses qu'on donne à des questions apparemment inextricables.

M.L. : Il est sans doute plus terrible d'avoir vécu dans un entourage qui ne manifeste aucun désir à votre égard que dans un milieu pathogène, mais où l'on veut tout de même vous apporter quelque chose.

La négligence conduit au sentiment d'être un bouchon ballotté par les flots. Au gré des humeurs des personnes, on est tantôt rejeté, tantôt utilisé, tantôt brièvement protégé. Cette absence de cohérence fait que la vie devient absurde. Il n'y a plus de points de repère, il n'y a plus de moyens de s'accrocher à quelque chose.

Dans une situation de violence, qu'elle soit physique ou sexuelle, on est bien sûr marqué de façon terrible par un désir pervers. C'est terrifiant. Pourtant, c'est moins grave de se sentir l'objet d'un désir pervers que d'être dans un manque absolu de désir.

Cela m'emmène à une autre idée selon laquelle le plus épouvantable ne serait pas tant la peur que l'angoisse. Si je suis angoissé, je ne peux pas me défendre. Si j'ai des peurs, je peux lutter contre elles, par exemple éviter la présence d'animaux, s'il s'agit d'une phobie de ce genre.

De la même façon, si je ne comprends pas pourquoi ma mère ne s'occupe pas de moi, il est difficile de donner un sens à ma vie, alors que si ma mère (ou mon père) me bat pour un motif injuste, par exemple parce que je fais encore pipi au lit, ce reproche donne du sens à ma vie et je ne suis plus dans l'absurde.

M.T.: Nous arrivons dans une période de l'histoire humaine, probablement jamais vécue dans le passé, où beaucoup d'enfants uniques se ramassent avec cinq ou six parents, alors qu'auparavant, nous avions un parent pour cinq enfants. Les pyramides se sont inversées et aboutissent à des situations paradoxales. L'enfant devient trop protégé par rapport à la violence et aux adversités, sauf peut-être quelques frustrations qui émanent du milieu scolaire. N'y a-t-il pas quelque chose de dangereux dans tout ce bonheur artificiel? Ne risque-t-on pas d'avoir des bombes à retardement et des enfants moins résilients, car non préparés aux réalités de l'existence?

M.L.: C'est bien possible. Cela me fait penser à une question que je pose souvent aux parents: «Acceptez-vous que votre enfant souffre un peu?» Devant une telle interrogation, la plupart des parents me disent que l'idée même leur est insupportable. Je leur réponds: «Quel dommage!»

Je crois qu'effectivement, on ne peut pas être original, dans le sens d'avoir un certain caractère, sans traverser et sans se heurter aux parois de ce tunnel inaugural qui porte le nom d'enfance. Vouloir qu'un être passe dans une sorte de tunnel huilé, pour aboutir ensuite à la lumière de la vie adulte et pour déboucher finalement sur une consommation excessive, je ne suis pas très sûr que ce soit le meilleur moyen de faire des êtres épanouis. Je crains un peu cette forme d'éducation, assez répandue à l'heure actuelle, tout autant qu'une éducation violente.

On retrouve finalement une idée, que nous avons développée tout à l'heure sur un plan individuel, à savoir qu'on ne peut se développer, sur le plan social, que s'il y a à la fois de la dureté et de la douceur, de la souffrance et des bonheurs, de l'adversité et des gratifications. C'est une vision utopique que de vouloir des enfants totalement dans le bonheur. Ce seraient des sujets hors de la réalité, car il faut toujours une certaine dose de souffrance pour se constituer.

M.T.: Je vais vous emmener maintenant dans un autre champ de réflexion, celui de la thérapie. Aux États-Unis, il existe un mouvement, qui relève de ce qu'on appelle la «psychologie positive» et qui favorise une approche mettant un peu de côté les préoccupations autour du symptôme. On se dit: « Puisque les symptômes sont réticents à la guérison, puisqu'ils ont la peau dure, pourquoi s'acharner à lutter contre eux ? » On mise plutôt sur les qualités, même chez des gens dits « malades mentaux ». On suggère de laisser de côté les délires et d'apprendre plutôt à affronter la vie. À renforcer ce qu'on appelle le « potentiel » de quelqu'un. On se dit que, dès lors, les symptômes seront peut-être oubliés ou mieux tolérés ou, à tout le moins, circonscrits.

Croyez-vous qu'une certaine partie de la psychologie fait fausse route en négligeant ainsi le symptôme au profit d'un soi-disant renforcement de la résilience ?

M.L. : Les mouvements de balance sont toujours excessifs. À un moment donné, on a trop insisté sur le symptôme, et ce fut le cas des approches behaviorales. D'autres courants, surtout psychanalytiques, affirmaient ne pas vouloir s'occuper du symptôme, mais plutôt de l'aspect structural de la personnalité. Je n'ai d'ailleurs jamais bien compris ce que voulait dire ce terme qui, en fait, est beaucoup trop général.

Sur le plan des visions thérapeutiques, les positions sont souvent conflictuelles. Faut-il s'attaquer au symptôme ou faut-il créer une sorte de milieu dans lequel le sujet oubliera ce symptôme en trouvant le bonheur ? Il ne faut pas oublier une chose : le symptôme rend terriblement étranger, à soi-même et à l'autre. Le négliger me paraîtrait une erreur.

Je peux vouloir essayer à tout pris d'être heureux, mais si je suis schizophrène et que j'hallucine, si je vois des personnages qui veulent m'agresser, je ne peux pas être satisfait. Si j'ai des idées obsédantes, semblables à des mouches qui reviennent tout le temps sur mon front et que je n'arrive pas à chasser, on peut me proposer le meilleur lieu du monde, il n'empêche que ces obsessions seront insupportables.

On ne peut donc pas échapper au désir d'attaquer le symptôme de front. C'est vrai qu'il est terriblement coriace, et cela pour un tas de raisons, d'abord neurobiologiques. Il y a aussi des réponses apprises et des compromis à faire. Un symptôme apporte également sa part d'avantages secondaires.

À ce sujet, j'ai une anecdote amusante à vous raconter. Au moment de la découverte de la cortisone, j'étais en France, étudiant en médecine. Pas mal de gens étaient d'anciens gazés de la guerre de 1914, qui souffraient terriblement de bronchite chronique. Ils en tiraient un certain avantage, car ils étaient des rescapés des tranchées et cela faisait d'eux des sortes de héros, même à leurs propres yeux.

Et voilà que cette cortisone effaçait en quelques jours leur bronchite chronique ! Pendant un certain temps, on a cru qu'ils étaient guéris, jusqu'à ce qu'on découvre que l'amélioration était seulement transitoire. On aurait cru que ces gens seraient reconnaissants envers des médecins qui supprimaient leurs symptômes. En fait, un certain nombre d'entre eux se sont sentis déprimés, car ils perdaient le sens de leur existence. Pendant plus de 30 ans, ils avaient été des victimes. On les avait admirés à cause de ce qu'ils avaient vécu et de la souffrance que cela leur avait occasionnée, et voilà qu'ils se remettaient à respirer librement en perdant leur identité d'anciens combattants de Verdun.

Cet exemple montre à quel point on peut tirer des avantages d'un handicap. On peut aimer le symptôme tout en étant blessé par lui.

M.T. : Je pourrais conclure en disant que l'essentiel revient à la notion de sens. Elle est au cœur de la résilience.

M.L. : Les aventures stressantes qui nous arrivent peuvent jouer un rôle destructeur, selon leur intensité, mais ce qui compte le plus, c'est le sens que nous donnons à ces événements pathogènes. Si je trouve une situation épouvantable et injuste, et si on me convainc que ma vie n'a pas de sens, que je suis dans l'échec en permanence, cette situation sera beaucoup plus grave que si je la ressens comme un processus passager.

M.T. : Certains événements sont terribles, ils traduisent une injustice soit personnelle soit collective. C'est le cas des génocides. Jusqu'à un certain point, il nous faudrait reconnaître l'idée de ces profondes injustices pour devenir ensuite résilients ?

M.L. : Je dis souvent qu'il n'y a pas plus antidémocratique que la condition humaine. Sur le plan génétique, on peut tirer un bon ou un mauvais numéro. On peut vivre tranquillement dans un utérus ou être atteint par un facteur hémolytique, viral, microbien ou encore métabolique. On peut naître comme une lettre à la poste ou encore, coincé dans la filière pelvigénitale, et souffrir d'une anoxie néonatale. Nous pouvons nous développer à merveille ou attraper une encéphalite coquelucheuse dans les quatre semaines qui suivent le début de notre existence. Nous arrivons dans une famille épanouie ou divisée. Je pourrais donner encore bien des exemples.

À partir de telles constatations, deux choix s'offrent à nous: l'un étant la dérive sociale, et nous croyons alors que la vie est une affaire de chance ou de malchance, qu'on ne peut rien y faire. L'autre choix consiste à se dire que de telles conditions sont inacceptables et qu'il faut tout faire pour les modifier dans une perspective médicale, sociale, pédagogique ou familiale.

On peut utiliser le terme de résilience dans un sens constructif ou dans un sens pervers. Il est constructif si on se dit que, malgré tous ces éléments d'injustice, des gens s'en tirent mieux que d'autres en utilisant les forces qu'ils découvrent en eux ou dans leur environnement. Essayons de comprendre ces forces et, après les avoir repérées, servons-nous de ces leçons, à la fois sur un plan thérapeutique individuel et sur un plan social, pour modifier les conditions premières des aberrations. Dans ce cas, le terme de résilience est formidable.

Toutefois, s'il aboutit à se dire qu'il y a les bons et les mauvais, les dégénérés et les normaux, on est dans le racisme, la ségrégation et l'eugénisme.

M.T. : Nous devons donc, jusqu'à un certain point, faire le deuil de ces déterminismes qui ont handicapé notre existence afin de vivre dans les projets futurs ?

M.L. : Oui. Cependant, il faut oser les regarder en face, parce qu'on peut modifier certains de ces déterminismes. Ainsi, le déterminisme génétique n'est pas aussi inexorable qu'on le pensait autrefois. Il en va de même des déterminismes néonatals et périnatals. Nous savons maintenant que, pendant la grossesse, nous pouvons éveiller les capacités d'accueil d'une femme à l'égard de son enfant. Nous pouvons réactualiser chez l'être humain un désir de créer et un désir de vivre, un désir de se dépasser. Cela suppose des accompagnements et c'est, finalement, le grand message de la résilience.

M.T. : Revenons un peu à notre point de départ, à savoir les possibilités thérapeutiques. Le terme résilience a-t-il apporté des éléments nouveaux pour la pratique thérapeutique ?

M.L. : Cette notion a remis en cause le fait qu'un syndrome est toujours lié à un pronostic. Déjà, bien des auteurs avaient tenté de faire cela auparavant. Un syndrome est un ensemble de symptômes liés à des facteurs qui n'aboutissent pas forcément à tel ou tel résultat. La résilience nous a amenés à croire un peu plus à la fonction anticipatrice du miroir. Cette fameuse fonction anticipatrice a été développée par Winnicott et Lacan[8].

Qu'est-ce que cela signifie ? On ne voit jamais l'enfant tel qu'il est, on voit l'enfant tel qu'on imagine qu'il sera. On le voit sourire avant qu'il ne sourie, on le voit parler avant qu'il ne parle, on le voit faire des gestes auxquels on donne un sens avant qu'ils en aient véritablement. En anticipant ses mouvements gestuels, verbaux, émotifs, on lui renvoie, comme dans un miroir, l'image non pas de ce qu'il est présentement, mais de ce qu'il sera plus tard. L'enfant capte cette image et tend à devenir l'être qu'on voulait qu'il devienne. Et il devient, effectivement, un sujet parlant, souriant et donnant un sens à sa gestuelle.

La résilience est justement une vision anticipatrice et optimiste, non seulement sur le plan individuel, mais aussi sur le plan de la communauté humaine. Elle nous montre qu'il n'y a pas un facteur unique pour se construire. Un ensemble de variables forme une véritable alchimie et, à partir de ces combinaisons, quelque chose d'imprévisible se produit. Dire que tel gène, telle agression et telle situation sociale aboutissent à tel résultat, c'est une pensée finalement inacceptable. On a sans cesse à lutter contre de tels diktats.

On dira, par exemple, que le parent carencé risque de créer des enfants qui, à nouveau, deviendront des parents carencés. Il y aurait donc une implacable transmission intergénérationnelle. C'est vrai que le risque est un peu plus grand, mais il n'est pas insurmontable.

On dit aussi que lorsqu'on a été agressé sexuellement on risque de devenir un agresseur sexuel à son tour. Or, il est vrai que, parmi les agresseurs, il y a une proportion un peu plus grande de sujets antérieurement agressés, mais on peut modifier ces choses.

Il faut donc lutter contre ce genre de condamnation mortifère de la vision de l'être humain. J'aime bien utiliser le concept de résilience dans deux orientations différentes. La première consiste à voir comment s'en sont tirées des personnes ayant vécu des traumatismes. À partir de leur témoignage, nous pouvons consolider certaines de nos théories, par exemple l'importance de l'attachement. Plus une personne a connu d'attachements « sécures », plus elle peut faire face à des stress. Le danger consiste alors à déboucher sur ce que j'appelle la « récupération d'un équilibre antérieur par la résilience » en se disant : « Elle nous démontre que nous avions raison. »

Je préfère donc la deuxième orientation. Je vois des personnes qui s'en tirent et cela ne colle pas avec mes théories. Cet enfant, par exemple, aurait dû être dans un état d'hospitalisme et il ne l'est pas. J'essaie alors de comprendre, au-delà de mes concepts, mais sans me rattacher d'emblée à d'autres points de vue univoques. Je dois alors tenter de me déstabiliser pour entrer dans une recherche qui met en évidence des facteurs nouveaux et, surtout, des interpénétrations de variables.

J'aime bien cette deuxième orientation, car elle déséquilibre notre savoir. Nos théories expliquent les choses en partie, mais elles ne rendent pas compte de tous les phénomènes, ni des zones de mystère qu'il nous faut à la fois accepter et dépasser. Si nous cherchons à repousser l'inconnu, si nous voulons aller plus loin dans nos essais thérapeutiques, nous débouchons sur des visions moins limitées et nous acceptons d'écouter ceux qui n'ont pas les mêmes points de vue que nous.

M.T. : Parfois, nous nous félicitons pour des guérisons, croyant que nous les avons provoquées, mais souvent nous comprenons très mal ce qui s'est passé. Les améliorations ne viennent pas nécessairement confirmer nos théories, et elles nous emmènent vers d'autres questions.

M.L. : Vous avez raison. Je suis psychiatre dans une clinique spécialisée sur l'autisme. On ne peut pas imaginer un état plus grave que celui-là. Chaque année, nous recevons des enfants autistes qui habitent près de la clinique et d'autres, à mille kilomètres de là. Nous prenons parfois en traitement ceux qui habitent plus près et nous constatons souvent que leur état s'améliore. Bien entendu, nous espérons que ces changements favorables sont la conséquence de notre intervention. Cependant, nous ne pouvons pas suivre les enfants qui habitent à mille kilomètres de là et pourtant, bien qu'ils vivent dans des lieux où il ne semble pas y avoir grand-chose pour les aider, ces enfants reviennent souvent, après deux ans, en montrant de nettes améliorations. Si nous les avions pris en traitement, nous aurions cru que ces transformations étaient liées à nos actions.

Ces constatations montrent l'intérêt de la résilience. Demandons-nous comment ces enfants utilisent leurs forces dans un milieu extérieur qui ne se prétend pas thérapeutique, mais qui joue un rôle considérable. Devant de tels faits, nous devenons humbles, tout en nous mobilisant dans des directions auxquelles nous n'avions pas pensé.

Un ami de Bruxelles, un psychanalyste, était scandalisé par le fait qu'on se précipite dans les écoles pour intervenir auprès d'enfants considérés comme traumatisés par des agressions sexuelles, tout de suite après la découverte des événements. Cet ami se demandait si la panique de l'adulte n'était pas projetée indûment sur les enfants.

M.T. : C'est vrai qu'il existe actuellement une phobie de la pédophilie. Jusqu'à un certain point, on a raison d'avoir peur, mais cela peut conduire à une « sexophobie », où l'on s'imagine que tous les maux de l'humanité viennent des agressions sexuelles.

En 1999, à la suite de certains scandales aux États-Unis, une revue très réputée, le *Psychological Bulletin*, a fait une synthèse de toutes les recherches qui avaient été faites auprès de collégiens victimes d'agressions sexuelles. En regroupant les données autour des agressions, mineures ou majeures, chez des gens ayant dépassé le niveau collégial et en tenant compte d'un certain nombre de variables, on se rendait compte que ces agressions n'avaient pas nécessairement eu d'effets négatifs et graves à long terme.

Cela veut dire que beaucoup de gens ayant eu une expérience d'agression sexuelle durant leur jeunesse ont néanmoins un développement normal. Ces observations nous font mettre en cause les déterminismes et certains postulats concernant les traumas de l'enfance.

M.L. : Je vais vous raconter une anecdote qui concerne les agressions sexuelles, il s'agit d'un événement qui m'est arrivé personnellement. Quand j'étais enfant, je devais avoir douze ans, j'avais un copain à l'école. Un jour, un prêtre qui s'occupait de nous et qui était manifestement pédophile nous a emmenés dans sa chambre ; il nous a invités à nous déshabiller pour nous expliquer la biologie du corps humain. Nous avons accepté et il ne s'est rien passé d'autre. Je me rappelle qu'une fois rhabillés, en sortant, mon copain et moi, on s'est dit : « Quel con ! On aurait vraiment pu comprendre la biologie sans avoir besoin d'enlever nos habits. »

Des années plus tard, alors que j'étais étudiant en médecine, je me suis retrouvé dans une réunion d'anciens élèves du collège. Ce prêtre s'est dirigé vers moi et il m'a dit : « Je vous demande pardon. » Sur le coup, je n'ai même pas compris ce qu'il voulait dire et j'ai pensé, « oui, c'est vrai qu'il ne faisait pas bien ses cours ». Ce n'est que des années plus tard que je me suis dit que j'avais eu affaire à un pédophile.

Si cet événement s'était passé aujourd'hui, j'aurais sans doute parlé, compte tenu de tout ce qui m'entourait. J'aurais déclenché un scandale, il y aurait eu la police, les interrogatoires, le journal ;

et mes processus de résilience de l'époque (négation et banalisation) n'auraient pas pu s'enclencher. J'aurais peut-être vécu une victimisation secondaire.

Voilà maintenant une deuxième anecdote. Je suis un enfant de la guerre, qui a connu des bombardements. Un jour, la maison à côté de chez nous s'est effondrée en partie, tandis que nous étions dans la cave. Je suis sûr qu'aujourd'hui, à la suite d'un tel choc, des psychologues viendraient me voir pour travailler ce qu'ils appelleraient un éventuel « stress post-traumatique ». Avec le recul, je vois bien les processus de résilience que nous mettions en place dans mon enfance. Nous jouions à la guerre, nous faisions nos propres bombardements, nous faisions s'effondrer des maisons en carton.

Si j'ai cité ces deux événements, ce n'est pas pour dire qu'il est inutile d'aider les enfants ; ce que je veux affirmer, c'est qu'une aide psychologique immédiate, et surtout un branle-bas policier dans le premier cas et beaucoup d'émotions dans le deuxième, n'auraient peut-être pas été aussi aidants qu'on l'affirme.

L'autre jour, en France, j'ai vu à la télé une histoire de pédophilie dans une maternelle. Une armée de 14 psychologues s'est abattue sur les 15 ou 16 gamins et gamines qui se trouvaient là et qui avaient cinq ans. La plupart d'entre eux n'avaient pas été victimes et je crains qu'avec la passion qu'on y a apportée, l'aide ait été plus nocive qu'autre chose.

M.T. : On peut donc accorder trop d'importance à un trauma et même handicaper, de façon rétroactive, des gens qui ont vécu ces traumas ?

M.L. : Oui. La publicité que l'on fait autour des traumatismes peut inciter des gens à douter de leur propre équilibre secondaire. Il est tout aussi dangereux de nier les faits que d'oublier les mécanismes de protection qui se mettent en place, que ce soit pour l'individu ou pour le groupe. Dans mon cas, j'étais soutenu par une famille qui était très aidante.

À ce sujet, je vais prendre un troisième exemple personnel. Comme les bombardements continuaient, mes parents ont cru bien faire en m'envoyant dans une famille d'accueil, à l'extérieur de la ville. Cette attitude protectrice fut en réalité traumatisante. Du village où je me trouvais, je voyais les escadrilles d'avion se diriger vers ma ville et la bombarder. Chaque fois, je craignais que mes parents disparaissent et, pendant des années, j'en ai gardé des souvenirs de cauchemars. En fin de compte, l'événement le plus traumatisant, sur le plan psychique, ce fut la mesure de protection prise par mes parents.

M.T. : En tant que professionnels, nous avons beaucoup de difficultés à nous mettre dans la peau de la victime et à voir les véritables besoins des gens qui font face aux adversités.

Je vais orienter maintenant mes questions sur l'intervention auprès des familles. Actuellement, même si on se plaint d'un manque de personnel, il y a des petites armées de travailleurs sociaux dont la charge consiste à se rendre sur place quand il y a un appel urgent, comme un enfant blessé, négligé ou agressé. À présent, beaucoup d'interventions se font dans les familles.

Si on appliquait le concept de résilience d'une façon saine, n'arriverait-on pas à réduire un peu le nombre de placements ? Certes, nous nous trouvons devant des parents partiellement incompétents, qui exposent leurs enfants à certains dangers, mais le concept de résilience pourrait-il nous aider à mieux intervenir et à éviter des séparations, pour des enfants qui se retrouvent soit en famille d'accueil, soit en centre de jeunes ?

M.L. : Vous posez là une grande question, car les réponses s'appuient autant sur des arguments en faveur de maintenir le lien familial à tout prix, que sur des arguments qui vont contre cette idée. Les arguments qui sont contre soulignent le danger de laisser un enfant, au nom de la capacité de résilience de la famille, dans une situation extrêmement traumatisante d'agressions sexuelles, de violence physique ou de négligence.

D'ailleurs, on voit souvent un juge donner une chance à des parents en plaçant leur enfant pendant six mois, et quand les choses s'améliorent, on renvoie l'enfant dans sa famille. Bien souvent, la situation se détériore et on retourne encore l'enfant dans une famille d'accueil. On se retrouve ainsi devant des situations de six, sept, huit ou dix placements au bout de sept, huit, neuf, dix ans. On ne peut évidemment que dire « arrêtons des choses de ce genre ».

Vous avez évoqué un concept important, celui de « compétence partielle ». Souvent, la compétence parentale est trop altérée pour prendre l'enfant en charge jour et nuit, mais elle est suffisamment sauvegardée pour qu'on aménage des rencontres qui permettent au jeune de garder un lieu d'appartenance et un sentiment de filiation. Dans la mesure où une famille en difficulté accepte l'idée que son enfant vit dans une famille substitutive, de manière stable et prolongée, tout en ayant la garantie de garder un lien, cette formule (vers laquelle on tend) permet d'éviter un certain nombre de placements excessifs.

Cependant, il me paraît bien dangereux d'aller vers la désinstitutionnalisation à tout prix, au nom d'une résilience utopique de la famille pathogène. On fait de l'acharnement thérapeutique pendant des années, ce qui entraîne de considérables effets pathogènes secondaires.

M.T. : En effet, nous ne devrions pas nous permettre de renvoyer des enfants sans renforcer la compétence ou la résilience de la famille, et nous avons des responsabilités en ce sens. J'imagine que dans un autre entretien, vous parlerez d'autisme, mais je me demande si je ne peux pas aborder le sujet de la résilience à partir de l'autisme. J'ai très peu d'expérience avec ce problème, mais les enfants autistes semblent avoir des handicaps de communication très sévères et je voudrais vous demander si vous avez appris des choses par rapport à la résilience chez les enfants qui naissent avec un tel handicap ?

M.L. : Oui, j'ai découvert que ces enfants étaient capables de résilience, ainsi que leur famille. En quoi y a-t-il des processus de résilience chez l'enfant, mis à part les autistes très profonds, avec déficience mentale sévère, chez qui les évolutions sont très réduites (ce qui ne veut pas dire qu'on ne puisse pas créer pour eux des milieux de vie adaptés qui les rendent relativement heureux) ?

À part cette population, on voit des enfants qui étaient des sujets profondément atteints dans leur communication réciproque, installés dans leur répétitivité, handicapés dans leur mode d'expression symbolique à l'âge de cinq ans par exemple, et on les revoit vers neuf ou dix ans, avec des capacités d'évocation, d'élaboration et de communication auxquelles on ne s'était pas attendu, car on pensait qu'un syndrome aussi grave était fixé à jamais. On voit pourtant des évolutions se forger et certains enfants dépassent nos prévisions.

Cela pose le problème du danger de faire un pronostic. Pour que le pronostic soit intéressant, il doit être vu comme un ensemble d'obstacles à vaincre. Cependant, si on le voit comme une fin inexorable liée à un syndrome, le pronostic peut alors déclencher de véritables anticipations mortifères.

Il y a aussi des résiliences familiales tout à fait étonnantes. Je me suis souvent demandé comment je tiendrais le coup si j'avais un enfant autiste dans ma famille. Ces jeunes éveillent un grand désir de communiquer, de les aimer et, en même temps, ils semblent souvent indifférents aux autres. Ils sont donc, en principe, très déséquilibrants pour la famille. Il est vrai que la proportion de séparation est plus grande dans les familles où il y a un enfant autiste, il est vrai aussi que dans certaines familles, les mécanismes d'adaptation sont parfois pitoyables, mais dans la majorité des cas, on trouve des parents étonnamment capables de faire face au drame. La résilience peut donc se concevoir ici dans les deux sens.

M.T. : On peut donc aider un enfant, quelle que soit sa pathologie. Docteur Lemay, durant votre carrière, vous avez eu deux chapeaux : vous avez été thérapeute et psychanalyste, mais vous vous êtes également orienté vers la psychoéducation. Diriez-vous que votre fonction d'éducateur vous a permis d'être plus sensible et ouvert à la notion de résilience que ceux qui œuvrent uniquement dans le domaine de la thérapie ?

M.L. : Je ne sais pas si ce double chapeau m'a ouvert à l'idée de résilience, mais il a sans aucun doute constitué un événement déterminant dans ma carrière professionnelle. J'ai commencé comme éducateur, pendant mes études de médecine, et c'est aussi comme éducateur que je suis allé aux États-Unis, dans un établissement qui recevait des jeunes très handicapés. Le fait d'avoir rencontré des enfants, non seulement dans un bureau, mais aussi dans le quotidien, le fait d'avoir partagé avec eux et d'avoir vu directement leurs symptômes, par exemple leur agressivité, leur opposition, tout en étant heureux de jouer, de chanter, de communiquer, d'organiser des activités avec eux, tout cela m'a amené à comprendre que ces jeunes, même s'ils ont vécu des choses terribles dans leur famille, gardaient en eux des zones non touchées.

J'ai été fasciné par le mélange de difficultés et de capacités créatrices de ces jeunes qui, malgré leur lourd passé et même s'ils posaient parfois des actes révoltants, étaient capables de générosité. On ne voit cela que si l'on vit avec eux. Je bénis donc le Ciel d'avoir pu vivre une expérience d'éducateur avant celle de psychiatre. Cela m'a permis de constater l'influence déterminante du jeu dans les capacités adaptatives des enfants. Ce n'est d'ailleurs pas un hasard si j'ai privilégié le psychodrame comme forme de thérapie. Ainsi, je trouvais chez les jeunes non seulement une capacité de s'exprimer et d'évacuer les tensions, mais aussi la possibilité d'exprimer la joie, de jouer des rôles et d'utiliser l'imaginaire pour rendre possible l'impossible.

M.T. : L'espace réservé à la liberté et au rêve serait donc un des éléments déterminants de la résilience ?

M.L. : Il est tout à fait extraordinaire d'utiliser le jeu et l'imaginaire pour rendre possible l'impossible. Je suis d'ailleurs tout à fait convaincu que le délinquant est un grand déficitaire de la vie imaginative. Il ne parvient pas à fantasmer, comme nous le faisons dans nos rêves. Il agit, au lieu de penser et de rêver. J'essayais donc d'envoyer ces jeunes dans ce monde qu'ils n'ont pas connu ou qu'ils ont fui. C'est l'expérience éducative qui m'a permis de le faire. Ce n'est pas non plus un hasard si, dans ma carrière, je me suis occupé successivement de jeunes délinquants, puis de jeunes carencés et maintenant de jeunes autistes. Ce sont trois groupes particulièrement difficiles à fréquenter.

Ce n'était pas du masochisme de ma part, mais j'étais convaincu que dans la mesure où on s'affrontait à des zones mal connues, on pouvait davantage avancer et aider ensuite des personnes moins handicapées. Ces sujets délinquants, carencés et autistes ont été mes professeurs. Par exemple, ils m'ont permis de découvrir le rôle du préverbal dans le langage, ils m'ont aidé à mieux saisir la souffrance des parents et de tous les gens qui s'occupent directement d'eux.

M.T. : Vous parlez d'un espace de rêve, et cette réflexion risque de devenir une terrible critique envers le système d'enseignement. À mesure qu'on avance dans les étapes, l'école réserve de moins en moins d'espace au jeu. Certes, il y a eu des progrès à cet égard, mais on reste tout de même très orienté vers les résultats, vers la productivité. Il y a de moins en moins de place pour le ludique, pour le rêve, pour le projet.

M.L. : Le système scolaire provoque très certainement des injustices. Il est aussi antidémocratique que le reste. Pour y réussir, il faut avoir une bonne mémoire, être intelligent, savoir abstraire, raisonner, analyser, synthétiser. Si on a des facilités dans le domaine du langage, ça peut toujours aller, mais on laisse pour compte les bricoleurs, les manuels, ceux qui passent par la manipulation pour aller à l'abstraction. Pourtant, ils ont autant de valeur que les autres ! Malgré des progrès énormes sur le plan pédagogique dans les petites classes, tout le système d'aboutissement, collégial et universitaire, exige qu'on finisse par manier l'abstraction, la réflexion, l'analyse, la mémorisation, tandis que des aspects comme le sensoriel, le moteur et la manipulation concrète sont bien peu mis en valeur. Que faire ? J'avoue que je n'en sais rien.

M.T. : En tout cas, on peut se poser des questions sur le projet éducatif par rapport ce que l'on apprend de plus en plus sur la résilience. Pour finir, je voudrais voir si vous avez des pistes de réflexion à ce sujet. On a dit beaucoup de choses, vous avez livré sans doute l'essentiel de votre expérience et de votre savoir, mais si vous aviez à orienter de jeunes chercheurs ou de jeunes éducateurs pour avancer un peu dans l'analyse de la résilience, comment les guideriez-vous ?

M.L. : Dans un premier temps, je leur dirais de chercher à observer ce qui est en décalage avec ce qu'ils ont appris, les théories intégrées. En fait, je leur soulignerais l'importance « d'apprendre à apprendre ». On a la manie de vouloir immédiatement expliquer un comportement ou une observation, en se raccrochant à une théorie, qu'elle soit psychanalytique, cognitive, interactionnelle ou sociale.

Cet empressement à trouver des réponses toutes faites stérilise ces interrogations que nous fournit précisément la résilience : « Pourquoi certaines personnes échappent-elles à ce qui nous paraît une relation de cause à effet presque inexorable ? », « Pourquoi certains sujets se mettent-ils en porte-à-faux par rapport à nos théories sur l'attachement ? », « Pourquoi certains autres, qui étaient très profondément atteints dans leur délire, dans leur vision de la réalité, sortent-ils de cela, et pas uniquement grâce à nos moyens thérapeutiques actuels ? »

C'est tout cela qu'il faut regarder. Ce que j'approuve, dans le processus de résilience, c'est qu'il déséquilibre notre savoir.

M.T. : Ça va un peu à l'encontre des principes de la recherche, surtout des recherches subventionnées, qui ne permettent guère aux chercheurs de courir des risques.

M.L. : Je suis d'accord avec vous. Je doute que les études de deuxième et de troisième cycles, vers lesquelles on oriente plusieurs de nos étudiants, servent à mobiliser le doute et à faire en sorte que leur esprit s'ouvre dans de nouvelles directions.

M.T. : Il faudrait avoir des étudiants délinquants ou un peu transgresseurs pour passer à côté du système. Auriez-vous une conclusion, un dernier mot à nous offrir sur la question de la résilience, quelque chose qui nous aurait échappé ?

M.L. : Je crois qu'il nous faut d'abord être persuadés qu'un tas de choses nous ont échappé. Le manque, nos imprécisions, c'est précisément là que d'autres s'engouffreront pour approfondir le thème tout à fait fascinant de la résilience.

M.T. : Je vous remercie beaucoup.

Références bibliographies

FREUD, A. *Le moi et les mécanismes de défense.* Paris : PUF, 1949.

WINNICOTT, D.W. *Jeu et réalité : l'espace potentiel.* Paris : Gallimard, 1975.

HARTMANN, H. *Ego Psychology and the Problem of Adaptation.* New York : International Universities Press, 1958.

WINNICOTT, D.W. *Processus de maturation chez l'enfant : développement affectif et environnement.* Paris : Payot, 1970.

LEBOVICI, S., R. DIATKINE et M. SOULÉ. *Traité de psychiatrie de l'enfant et de l'adolescent.* Paris : PUF, 1985.

ANTHONY E.J., C. CHILAND et C. KOUPERNIK. *L'enfant vulnérable.* Paris : PUF, 1982.

ERIKSON, E.H. *Identity and the Life Cycle : Selected Papers.* New York : International Universities Press, 1959.

LACAN, J. « Le stade du miroir comme formateur de la fonction du je ». In *Écrits.* Paris : Éditions du Seuil, 1966 : 93-100.

En guise de conclusion

Faut-il apporter une conclusion à un tel livre ? Oui, si elle est vue comme une ouverture vers d'autres possibles.

Pendant près de deux ans, je me suis embarqué dans une drôle d'aventure. Elle a commencé par une visite apparemment toute simple de l'instigatrice de ces rencontres qui est Brigitte Leblanc. Cette femme décidée, ergothérapeute, comédienne, psychodramatiste, mère et aussi amie est venue me proposer un curieux contrat. À votre âge, me déclara-t-elle avec son style direct et si caractéristique, vous pouvez non seulement adopter une distance par rapport à ce que vous avez fait mais prendre des risques sur ce que vous pouvez dire. Que penseriez-vous d'être interviewé sur différents sujets avec des interlocuteurs qui, possédant bien leur domaine, vous aideraient à vous rendre un peu au-delà de ce que vous auriez pensé tout seul ? J'ai regardé Brigitte de façon interloquée, mais comme son aplomb et son charisme renverseraient facilement les montagnes, je lui ai presque tout de suite répondu oui sans trop savoir où tout cela allait nous mener.

Monsieur Luc Bégin qui a créé dans l'Hôpital Sainte-Justine une remarquable collection de livres destinés aux parents et aux professionnels accepta immédiatement de se lancer dans une telle réalisation. Pour y parvenir, il fallait trouver des interlocuteurs engagés et compétents qui, tout en établissant un dialogue empathique, accepteraient non seulement de poser des questions mais de s'engager avec tout leur savoir dans la discussion. Tous ceux qui furent sollicités acceptèrent sans réserve et nous eûmes ainsi, presque chaque mois, des échanges passionnants sur des thèmes diversifiés. Sans le talent de ces partenaires, je n'aurais jamais pu me livrer à de tels aveux et désaveux sur une trajectoire de plus de quarante année de pédopsychiatrie. Je veux donc leur témoigner de mon estime et de mon amitié.

Les réflexions formulées ne cadraient pas obligatoirement avec les orientations de l'Hôpital et, à aucun moment, je n'ai connu de pressions de la part des responsables du milieu hospitalier et de mon département pour atténuer ou modifier tel ou tel de mes propos. Cela témoigne du grand espace de liberté de pensée dont nous disposons et de la grande sécurité de mes collègues en fonction d'autorité. Après les discussions enregistrées, je recevais le mot à mot de nos échanges. Cette phase était toujours un peu persécutrice, car il y a un tel décalage entre un discours oral et une présentation écrite que l'interlocuteur et moi-même nous nous trouvions quelque peu atterrés par le décousu apparent de nos propos. Il fallait les remettre un peu en ordre, puis les confier à un linguiste qui nous les renvoyait dans un style sachant à la fois corriger nos fautes grammaticales et respecter le contenu. Que Monique Proulx, cet artisan essentiel à la bonne marche du volume, soit remerciée pour ses aptitudes de synthèse et pour sa capacité de rester fidèle au climat de chaque rencontre.

Voilà, le manuscrit est maintenant devant moi et il faut bien le signer de mon nom tout en soulignant combien derrière cette signature se cachent tous ces amis qui ont collaboré avec moi.

Dans ces dernières pages que j'écris, puis-je me permettre de formuler encore quelques idées ?

La pédopsychiatrie est une discipline toute nouvelle. Si elle est médicale, elle s'inspire tout autant de l'éducation, de la psychologie, de la sociologie et de l'anthropologie car, parmi les grands noms qui l'ont façonnée et qui continuent à la bâtir, il y a certes des médecins mais il se trouve aussi de nombreuses personnes issues de tout ce qu'on appelle les Sciences humaines. En cela, elle est devenue un carrefour de tant d'idées qu'il est bien difficile d'en définir clairement les contours et les limites. C'est autant sa force que sa faiblesse car, à vouloir trop brasser, on finit par se dissoudre.

Je crois que certains voudraient à l'heure actuelle la faire revenir à des dimensions plus modestes, celle d'une discipline strictement médicale, à savoir une étude scientifique de la maturation cérébrale et de ses dysfonctionnements. Je crois que les futures recherches nous permettront effectivement de mieux distinguer ce qui se dénomme la souffrance existentielle propre à tout être humain des maladies du cerveau qui, comme les autres perturbations physiques, auront besoin de praticiens très spécialisés. Je pense cependant que nous perdrions beaucoup si l'un s'occupait de l'enfant neuronal alors que les autres se pencheraient sur l'enfant inscrit dans son environnement. Si un cœur est déjà sensible aux émotions alors qu'il est une simple pompe, que dire de ces milliards de cellules qui captent, enregistrent, organisent nos pensées et nos affects tout en étant remodelées et sculptées par ces même pensées et ce mêmes affects dont l'origine vient d'ailleurs tout en ayant besoin d'un substrat issu du dedans ? Nous pourrons sûrement modifier, apaiser et soigner par une pharmacologie de plus en plus puissante, mais si la pédopsychiatrie et la psychiatrie tout court devenaient l'agent de changements voulus par les autres au nom du « meilleur des mondes », elles deviendraient l'instrument redoutable de l'inhumain. Ce qui paraît dans le moment une menace issue de la science-fiction est sans doute beaucoup plus proche qu'on ne le pense ; l'une de nos missions, tout en sachant accueillir les découvertes nouvelles, est de rester le gardien vigilant de ces déviances possibles.

L'un de nos espoirs est de pouvoir mettre en place de meilleurs moyens de détection afin d'assurer une prévention plus efficace. Si, par dépistage, on entend mieux repérer les facteurs de nuisance afin de soutenir les multiples creusets familiaux pour que l'enfant issu d'eux puisse s'épanouir, on ne peut évidemment qu'applaudir. Sur ce plan, des interventions bien intéressantes ont été tentées. Elle nous ont montré que, par des actions coordonnées, on pouvait dans le domaine de la maltraitance et de la négligence par exemple, rendre possibles des transformations jugées jusque là impossible.

Un autre danger nous guette cependant, celui de confondre détection et prédiction. Certains termes sont utiles s'ils favorisent la création de structures communautaires ou l'implantation de formes diversifiées de soutien. Ils deviennent redoutables si, au nom de « familles à risque », de marqueurs dépistant l'incompétence parentale, de repérages basés sur des enquêtes statistiques, d'indicateurs de transmissions intergénérationnelles, on débouche sur des anticipations négatives qui nient les processus d'adaptation individuels, les phénomènes de résilience et les mécanismes de cicatrisation. De la même manière qu'une psychopharmacologie peut être une libération ou une violence potentielle, de la même manière une certaine vision sociopathologique peut être un soutien efficace ou une subtile mise en cage d'individus ou de groupes jugés à l'avance comme étant des réalités dangereuses.

Je terminerai par un point qui fut continuellement repris au cours des différentes rencontres. La plaie la plus évidente de nos systèmes de soins actuels est la discontinuité de nos interventions. Des milieux hospitaliers aux CLSC en passant par les Centres jeunesse et les équipes de prévention, le maître mot qui sous-tend nos approches est celui de l'action à court terme. Des multiples courants thérapeutiques qui m'ont été proposés durant les 45 années de mon travail, les seules certitudes que j'ai pu vraiment dégager sont 1) la qualité de la relation professionnelle offerte et 2) la durée de celle-ci si cela s'avère nécessaire. La qualité de la relation professionnelle dépend du jeu subtil de qualités innées et de tout un travail formatif autant dirigé vers nos résonances que structuré par un savoir spécifique à chaque discipline. La durée n'est pas synonyme de densité. On peut être disponible à un sujet ou à un parent pendant de longues années sans que les rencontres soient nécessairement fréquentes. L'essentiel est que la personne elle-même inscrite dans un organisme repéré puisse être revue lorsque le besoin s'en fait sentir. Il ne s'agit pas de mise en dépendance, mais d'un engagement permettant au professionnel et, s'il n'est plus là, à la structure dont il dépend, de devenir une figure symbolique d'attachement et de pouvoir apporter au «bon moment» l'aide particulière dont le sujet a besoin. Il est étrange que cette variable autant vérifiable par les résultats obtenus que par les témoignages recueillis soit à ce point bafouée.

Puisque je veux être fidèle au titre de l'ouvrage, je conclurai par ces termes: l'absence de cette continuité tant dans sa qualité que dans sa permanence est ce qui m'apparaît dans l'immédiat le plus important à avouer et à désavouer.

collection INTERVENIR

Dans la même collection

Soins aux enfants et pluralisme culturel
Sous la direction de Sylvaine de Plaen
ISBN 2-922770-99-0
2004, 136 pages

Soins du développement : des soins sur mesure pour le nouveau-né prématuré ou malade
Marie-Josée Martel et Isabelle Milette
ISBN 2-89619-039-2
2006, 280 pages

Les soins palliatifs pédiatriques
Sous la direction de Nago Humbert
ISBN 2-922770-98-2
2004, 656 pages

Une juste place pour tous les enfants
Plaidoyer pour l'action
Sous la direction de Christine Colin
ISBN 2-922770-94-X
2004, 208 pages

Site internet

www.chu-sainte-justine.org/editions

notes :

sur l'empathie, p. 64
enf. tr. attachement p. 85
sur la clarificat° de la demande p. 103
travail multi p. 105-6
continuité ds les services p. 127-8
symptômes 129
sur la demande/volontariat p. 145

MARQUIS
MEMBRE DU GROUPE SCABRINI
Québec, Canada
2006